Antonia Ridge
Die Rosenfamilien

Antonia Ridge

Die Rosenfamilien

Die Geschichte eines Lebens für die Rosen

Ehrenwirth

CIP-Titelaufnahme der Deutschen Bibliothek

Ridge, Antonia:
Die Rosenfamilien : die Geschichte eines Lebens für die Rosen / Antonia Ridge. [Aus d. Engl. von Karin Schreyer]. – 6. Aufl. – München : Ehrenwirth, 1990
Einheitssacht.: For love of a rose <dt.<
ISBN 4-431-02590-0

Die Originalausgabe erschien unter dem Titel
FOR LOVE OF A ROSE
bei Faber & Faber, London
Aus dem Englischen übertragen von Karin Schreyer

ISBN 4--431-02590-0

Druck: Pera-Druck, Gräfelfing
Printed in Germany 1990e

In Liebe und Dankbarkeit für »Pepette« und »Memette« und die ganze Familie Meilland. Sie haben mir nicht nur erlaubt, die Geschichte ihrer Familie aufzuschreiben, sondern sie haben auch, wie Papa Meilland es ausdrückte, mit mir gesprochen, »wie man nur mit einem Freunde spricht«.

A. R.

En souvenir de Francis Meilland (1912–1958)
A ta chère mémoire et ton oeuvre féconde
Ce livre est dédié. Il célèbre à la ronde
Les dons et les vertus de Ceux que tu aimais
Et l'hommage fervent qu'ont te doit à jamais
Pour ces royales fleurs que pour nous tu créais
O magicien des Roses!

Henri Fessel

Es ist immer dasselbe: Eine Familiengeschichte wird um so verwickelter, je weiter man von einer Generation zur anderen kommt. Um nun jede unnötige Verwechslung in dieser Lebensgeschichte von vier Generationen von Rosenliebhabern und Rosengärtnern zu vermeiden, folgt hier ihr

Wer ist wer? bei Lyon:

Joseph Rambaux	bei Tag ein Gärtner im Tête-d'Or-Park, in seiner Freizeit ein leidenschaftlicher Rosengärtner
Francis Dubreuil	Josephs Schwiegersohn, ein Schneider, der mit Josephs Hilfe ein erstklassiger Rosengärtner wurde
Claudia Dubreuil	Francis Dubreuils Tochter
Antoine Meilland	heute Papa Meilland genannt; seit seinem elften Lebensjahr ein Rosengärtner aus Lust und Liebe; heiratete Claudia Dubreuil
Grandmère Jenny	Antoine Meillands Mutter
Francis Meilland	Antoines und Claudias Sohn, ein glänzendbegabter Züchter, der der Welt die »Gloria Dei« und viele andere beliebte Rosen geschenkt hat, Gründer der Universal Rose Selection

Wer ist wer? in Antibes an der Côte d'Azur:

Papa Korporal	das Oberhaupt der großen Familie der Paolinos
Mamma Paolino	seine Frau und das Finanzgenie der Familie
Francesco Paolino	ihr Sohn, Schuhmacher wider Willen, der ein sehr glücklicher Rosengärtner geworden ist; heute allen als Pepette bekannt
Marie-Elisabeth Paolino geborene Greco	Francescos Frau; heute allen als Memette bekannt
Louisette Meilland geborene Paolino	Tochter von Pepette und Memette, ihr einziges Kind und die Frau, jetzt die Witwe, von Francis Meilland

Louisettes Verheiratung mit Francis Meilland verband die beiden Familien. Die Kinder aus dieser Ehe sind:

Alain Meilland	ein hervorragender junger Züchter und hingebungsvoller Rosenliebhaber; nimmt jetzt seines Vaters Stelle in der Universal Rose Selection ein
Michèle Richardier geborene Meilland	Michèles junger Ehemann ist ein vorzüglicher Rosengärtner in Tassin bei Lyon – wo diese Geschichte ihren Anfang nahm.

Antoine

Dies ist nicht nur die wahre Geschichte einer der geliebtesten und berühmtesten Rosen der ganzen Welt, sondern auch die wahre Geschichte einer Familie, und wie immer in einer wahren Lebensgeschichte, ja, wie bei jedem Stückchen Historie überhaupt, ist es schwer zu entscheiden, wo und wann und mit wem man denn nun eigentlich beginnen soll.

Nun, man muß irgendwo einen Anfang machen. Und ich meine, auch wenn Papa Meilland selbst nicht der gleichen Meinung ist, diese Familiengeschichte sollte an jenem lieblichen Junitag im Jahre 1884 beginnen, an dem er, aus vollem Halse schreiend – so hatte man ihm berichtet –, in dem französischen Dörfchen Chamboeuf auf die Welt kam.

Chamboeuf ist ein stilles kleines Dorf und liegt verloren in einer hübschen, aber keineswegs atemberaubenden Landschaft etwa neunzehn Kilometer von der rußigen freundlichen Bergwerksstadt Saint Étienne entfernt und etwa fünfzig oder mehr Kilometer von der sauberen stolzen Stadt Lyon. Soweit Papa Meilland weiß, ist noch niemand auf den Gedanken gekommen, sich hinzusetzen und ein paar Zeilen über sein Dorf Chamboeuf für einen Reiseführer zu schreiben oder gar ein Gedicht darauf zu machen. Aber um ganz aufrichtig zu sein: Warum in aller Welt sollte man auch? Es gibt nichts, gar nichts Sehenswertes oder gar Poetisches in und um Chamboeuf.

Und doch, wohl gerade deshalb schneuzt sich Papa Meilland jedesmal die Nase vor Rührung, wenn er eines jener alten Lieder hört, etwa »Die Stimme der Wälder« oder »Die Ochsen«, alle jene alten Lieder, die man auch heute noch in Frankreich singt, besonders wenn man nach einem guten Schmaus zur Feier irgendeines großen Familientages so richtig zufrieden und sentimental gestimmt beisammensitzt. Er hätte schwören mögen, daß die Dichter aller dieser Lieder gerade in *seinem* Dorf geboren sein müßten. Aber das glauben wohl Millionen anderer Franzosen auch, die in einem Dorf irgendwo in Frankreich geboren sind.
Papa Meilland sagt, das sei gar nicht so verrückt, wie es sich anhöre, denn Chamboeuf sei nur in einem Punkt bemerkenswert: Es ist so bemerkenswert ähnlich einer Million anderer stiller, wenig bemerkenswerter Dörfer in ganz Frankreich. Und darum passen auch diese schlichten Heimat-süße-Heimat-Lieder auf sie alle wie ein Handschuh auf die Hand.
Dazu kommt noch, daß Chamboeuf sich seit Papa Meillands Kindheit kaum verändert hat. »La Place«, das Herz des Dorfes, ist ganz unverändert: Dieselben freundlichen Platanen stehen noch da und in ihrem Schatten dieselben abgenützten Bänke, auf denen man ausruhen und einen Schwatz halten kann, wenn man alt geworden ist. Und rings um La Place: die Kirche, das Café, die Schule und die »Épicerie«, wo man in Papa Meillands jungen Tagen alles zum Leben Notwendige kaufen konnte, vom Zucker angefangen bis zu Salz, Paraffin und Hausschuhen und einem uralten Heilmittel, das ihm ganz wunderbar vorkam, denn es sollte, so wurde jedenfalls berichtet, schon bei der Schlacht von Azincourt gute Dienste geleistet haben. Damals hatte es im Triumph alle von den Hakenbüchsen und den umherschwirrenden Pfeilen der englischen Eindringlinge Ver-

wundeten geheilt, bis auf die tödlich Getroffenen. Und auch jetzt noch glaubte man vertrauensvoll, daß es das allerbeste Mittel gegen die kleinen Wehwehs sei – und natürlich auch gegen Schädelbrummen, Schnupfen und Schüttelfrost. Entweder schluckte man einen Löffel voll von dieser Medizin, oder man rieb sie ein, je nach Gutdünken oder Lust und Laune.

Aber nun zurück nach Chamboeuf. Dort steht – ebenfalls am Marktplatz – die »Mairie«, die Bürgermeisterei. Und oft, sehr oft, hat sich Papa Meilland in seinem jugendlichen Patriotismus am 14. Juli heiser geschrien, um Monsieur, den Bürgermeister des Dorfes, aus seiner Mairie heraustreten zu sehen, stolz auf die blauweißrote Bürgermeisterschärpe und in seiner Würde als Repräsentant der großen französischen Republik an diesem glorreichen Tage um mindestens drei Kopf größer als sonst.

Anderntags, eingeschrumpft zu seiner natürlichen Größe, steckte der Herr Bürgermeister wieder mitten in der Arbeit auf dem Feld oder im Weinacker, wie jeder andere Bürger im stillen Chamboeuf auch.

In jenen Tagen wurde Papa Meilland natürlich noch mit dem Namen Antoine gerufen, den er in der Heiligen Taufe erhalten hatte. Bei diesem Akt hatte er so laut gebrüllt, daß die Worte des Monsieur le Curé, des Pfarrers, kaum zu hören gewesen waren. So pflegte sich jedenfalls seine empörte Mutter noch später bei Antoine zu beklagen.

Er war eins von vier Kindern, und seine Eltern hatten einen kleinen Hof, zwei oder drei Kühe, ein paar Felder mit Weizen und Kartoffeln, einen Obstgarten, einen kleinen Weinacker und einen großen Gemüsegarten, in dem jede Handbreit fein säuberlich bebaut war; jede Menge Hühner, Enten, Gänse und Kaninchen und, wie jedermann in jener Gegend und in jenen Tagen, ein feistes, zufriedenes Schwein – Seigneur Cochon, »Seine Durchlaucht das Schwein«, wie sein Vater gern und oft gescherzt hatte.

Aber gebe sich ja niemand der romantischen Vorstellung hin, das Leben auf jenem kleinen Hof sei voller Poesie gewesen. Weit gefehlt! Antoines Eltern mußten jede Stunde, die Gott ihnen schenkte, schwer arbeiten. Und trotzdem war das Geld immer knapp. Fleisch gab es nur am Sonntag und bei besonderen Gelegenheiten, Kaffee war ein ganz seltener Genuß, den man sich nur an hohen Feiertagen gönnte. Und doch glaube ja niemand, daß sie hungerten. Ganz und gar nicht! Sie bekamen jeden Tag die herzhaftesten, bekömmlichsten Gerichte vorgesetzt. Papa Meillands Mutter war, bevor sie heiratete, Köchin in einem vornehmen Hause gewesen und hatte gelernt, aus guten Gemüsen und Früchten, die sie nun auf ihrem kleinen Hof ernteten, etwas Schmackhaftes zu zaubern. Wirklich und wahrhaftig, kein Festessen hat Papa Meilland jemals nur halb so gut geschmeckt wie die knusprigen goldbraunen Kartoffelchips, die seine Mutter hoch auf ihre Teller häufelte, mit einem Berg grünen Salat daneben, oder wie die dampfende dicke Gemüsesuppe, die sie mit einem sparsamen Stückchen Gepökeltem von der vorjährigen »Durchlaucht« ein wenig aufgebessert hatte.

Übrigens trauerte niemand auch nur im geringsten um »Seine Durchlaucht«. Wirklich nicht. Denn für jede Familie im Dorf und Meilen im Umkreis war es einer der fröhlichsten Tage im Jahr, wenn die Freunde und Nachbarn kamen und mithalfen, die »Durchlaucht« des Jahres in barmherziger Eile zu schlachten und die köstlichen Würste zuzubereiten und dies und das Gepökelte, mit dem die Familie das ganze folgende Jahr auskommen mußte, mit der größten Sparsamkeit natürlich. Auch schätzte man ja, wie sein Vater immer an diesen fröhlichen geschäftigen Tagen zu erklären pflegte, nicht nur jedes Fitzelchen von der guten »Durchlaucht«, vom Ringelschwänzchen bis zu den fetten rosigen Backen, sondern man hatte ja auch »Seine Durchlaucht« immer mit der allergrößten Zuvorkommenheit behandelt. Sie wurde gut gefüttert, hatte einen guten Stall und genoß ein sorgenfreies, ein glückliches Leben, solange es eben währte. Und das war mehr, als man von manchem armen Teufel von Menschen sagen konnte. Papa Meillands Vater wußte Bescheid! Niemand besser als er! Hatte er nicht im Französisch-Preußischen Krieg von 1870 gekämpft? Für uns heute scheint dieser bittere Krieg schon Jahrhunderte zurückzuliegen. Aber für Papa Meillands Vater schien es gerade erst gestern gewesen zu sein. Manchen Winterabend hat Papa Meilland dagesessen, und die Haare sträubten sich ihm auf dem Kopf, wenn er seinen Vater zum soundsovielten Male erzählen hörte, wie er in Paris gewesen sei während der schrecklichen Belagerung und wie die preußischen Kanonen Tag und Nacht feuerten und die Leute von Paris vor Hunger und Kälte tot auf der Straße umfielen. »Und man ist nicht wählerisch, wenn man am Verhungern ist«, sagte sein Vater. Also gab es auch kein Pferd mehr in der Stadt, keine Katze, keinen Hund, keine Taube und keine Ratten. Sie waren aufgegessen worden, Stück für Stück.

Mag sein, daß die Erinnerungen seines Vaters an jene grausamen hungrigen Tage schuld daran waren, daß die Dienstagsbettler so regelmäßig auf ihrem kleinen Hof Unterschlupf fanden. In jenen Tagen und in jener Gegend machten die Bettler – unter ihnen gab es freilich einige recht talentierte Profis – jede Woche ihre Runde und besuchten bald dieses, bald jenes Dorf an ganz bestimmten Tagen der Woche. Dienstags kamen sie immer nach Chamboeuf, und nicht ein einziges Mal, mochte das Geld auch noch so knapp sein, verließ ein Bettler wieder ihren Hof, ohne daß er vorher einen Teller mit guter heißer Suppe und einen Kanten Brot mit Schweineschmalz bekommen hätte. Und wenn es kalt war und dunkel wurde, konnten sie sicher sein, daß man ihnen ein warmes behagliches Plätzchen zum Schlafen in der Scheune anbot.

Und jedes Jahr im Sommer, pünktlich wie die Uhr, stellten sich noch andere und weit unterhaltendere Gäste ein: die italienischen Stuhlmacher. Das waren lustige Leute mit dunklen Gesichtern und schwarzen tanzenden Augen. Und was für Arbeiter das waren! Sie suchten einen Kirschbaum aus, der noch in irgendeinem Garten stand, fällten ihn, sägten ihn mit flinker schöner Genauigkeit in Stücke, und in drei Tagen, in genau drei Tagen, standen sie da: die neuen Stühle, fertig zum Draufsitzen und viel besser als die Stühle, die man zum doppelten Preis in Saint Étienne oder in Lyon kaufen konnte.

Diese freundlichen Italiener lebten natürlich bei der Familie, für die sie arbeiteten. Irgendwo und irgendwie machte man für sie Platz. Und wenn es dunkel wurde, aber auch nicht einen Augenblick früher, kamen sie zum Abendessen herein, spülten es mit ein paar Flaschen Wein hinunter, setzten sich dann vor die Küchentür und genossen die kühle Nachtluft. Und einer nahm sein Akkordeon vor und spielte eine Melodie, und alle fingen an zu singen. Manchmal war es eine so zarte sehnsüchtige Weise, daß einem dabei, auch wenn man kein Wort verstand, die Tränen in die Augen traten und das Herz wie Butter schmolz. Dann, im nächsten Augenblick, fielen sie in eine so ansteckend fröhliche Melodie, daß die Mädchen nicht mehr zu halten waren. Und es dauerte gar nicht lange, da brachten ihnen diese lachenden Italiener das Tanzen bei, als wären sie lauter Ballerinen.

Und dann erinnerte sich Papa Meilland so deutlich, als wäre es erst gestern gewesen, wie seine eigene kleine Person sich jeden Tag auf den Weg zur Schule machte, in einem praktischen schwarzen Overall, hinten geknöpft, mit einem Gürtel um den Bauch und mit zwei geräumigen Taschen, in denen er alle möglichen Schätze unterbringen konnte, und an den Füßen ein Paar feste schwarze Stiefel mit dicken Holzsohlen, die großartigen Lärm machten, wenn er die Straße entlangklapperte.

Ja, wahrscheinlich war es auch wegen dieser holzbesohlten Stiefel, die alle seine Schüler trugen, daß der arme dürre Monsieur Spécel, der Dorfschullehrer, mit ihnen Gymnastik nur von der Taille an aufwärts trieb. Sie hatten nur einen einzigen Raum in ihrer Schule, müssen Sie wissen, und der war recht klein. Dort saßen sie nun ihrer dreißig oder mehr, und alle mit diesen Stiefeln an den Füßen, einer dicht neben dem anderen auf den abgenutzten Bänken: Jungen und Mädchen, jüngere und ältere, kleine und große. Und man darf Papa Meilland schon glauben: Wenn dreißig Paar dieser Stiefel in dem einen kleinen Schulzimmer beim Ruf »Achtung!« aufpolterten, oder wenn sie den Takt schlugen, dann wäre sogar Napoleon bei dem Lärm taub geworden. Und Gott und die Geschichte wissen: Napoleon liebte das Gedonner marschierender Stiefel.

Deshalb also turnte der arme Monsieur Spécel mit seinen Schülern nur von der Taille an aufwärts. Und selbst dann machte er meistens nur Atemübungen. Aber auch das ist verständlich, denn dabei mußten sie wenigstens für ein paar Minuten den Mund halten.

Aber warum turnte Monsieur Spécel mit seinen holzbesohlten Schülern nicht auf dem Schulhof? Aus dem einfachen Grunde: Weil sie keinen hatten. In der Pause schickte er sie alle dankbaren Herzens zum Toben und Schreien auf La Place.

Und was nun den Unterricht betrifft: Nun ja, der arme Mann tat sein Bestes. Aber alle mußten in dem einen kleinen überfüllten Schulzimmer unterrichtet werden, und in allem. Nicht genug damit! Oft kamen auch die geplagten Mütter und luden, wenn sie sich anders nicht mehr zu helfen wußten, ihre Zwei- und Dreijährigen bei dem armen Monsieur Spécel ab und ließen sie strampelnd und schreiend dort, während sie zur Arbeit aufs Feld eilten. So war es selbstverständlich, daß die älteren Schüler Monsieur Spécel zur Hand gehen mußten, was sie auch nur zu gern und mit rücksichtsloser Strenge taten. Ja, Papa Meilland muß leider, leider zugeben, daß auch er mehr als einem jungen Dummkopf das Alphabet, die Zahlen von eins bis zehn, die Flüsse Frankreichs und andere nützliche Kenntnisse mit Püffen und Ohrfeigen eingebleut hat. Aber im Ernst: Wenn Papa Meilland heute zurückdenkt, dann wundert er sich wohl, wie der arme Monsieur Spécel es trotz alledem fertiggebracht hat, sie so gut in so vielem zu unterrichten.

Aber mehr noch als alles andere muß es Monsieur Spécel das Herz abgedrückt haben, daß kaum einer seiner dreißig oder mehr Schüler lange genug auf der Schule gelassen wurde, um in dem fortgeschrittenen Alter von zwölf Jahren das Abschlußexamen für das »Certificat d'Études«, das Studienzeugnis, zu machen und, wenn er erfolgreich war, auch ihn mit akademischem Glanz zu überstrahlen. Aber nein, mit zehn Jahren arbeiteten fast alle seine Schüler schon den ganzen Tag über auf dem Feld oder hüteten die Kühe, oder sie waren drunten in den dunklen Schächten von Saint Étienne, um ihr Brot zu verdienen. Und mit dem Lernen war es ein für allemal vorbei.

Nun, Papa Meillands Eltern hatten nie die Möglichkeit, nie das Glück gehabt, die Schule zu besuchen. Aber das schien seine Mutter nur um so ehrgeiziger für ihre eigenen vier Kinder zu machen. Mochte kommen, was wollte: Sie bestand eigensinnig auf ihrem Plan, daß sie alle vier auf der Schule bleiben und weiterlernen sollten, bis sie zwölf Jahre alt waren und dann für jenes ehrenvolle Certificat d'Études die Prüfung machten. Eines Tages, so Gott wollte, würden sie dort hängen, jene vier Zeugnisse, eingerahmt, eines neben dem anderen an der Wand, so daß jedermann sie sehen und bewundern konnte.

Papa Meilland erzählt, daß er selber nicht gerade begeistert gewesen sei über die Aussicht, noch länger die Schulbank drücken zu müssen. Aber andrerseits war die Schule auch keine Strafe für ihn. Er mochte den armen Monsieur Spécel, und er mochte sogar hin und wieder seinen Unterricht. Und er wollte gerne seiner Mutter, die so schwer arbeiten mußte, eine Freude machen. Und einmal – später natürlich – wollte er richtig für die Schule pauken, damit auch er sein Certificat d'Études bekommen und an die Wand hängen könnte.

Aber bis dahin allerdings verlebte er die schönsten Stunden außerhalb des überfüllten lauten kleinen Schulzimmers, besonders jene Stunden, jene wunderbaren Stunden, die er bei Madame Mivière verbrachte.

Madame Mivière, liebe, gute Madame Mivière! Wie wenig träumte ihr davon, daß sie sein ganzes Leben beeinflussen, ja, bestimmen sollte.

Sie war die Witwe eines pensionierten Lehrers und lebte jetzt in dem stillen Chamboeuf, eine schlichte kleine Frau mit einem freundlichen Wort und einem Lächeln für jedermann. Aber heute weiß Papa Meilland, daß sie eine ganz außergewöhnliche Frau war und in ihren Ansichten ihrer Zeit um Jahre voraus, vor allem in ihren Ansichten über Kinder. Sie verstand es so gut, das Interesse und die Phantasie eines Kindes zu wekken. Sie lehrte Antoine, die Augen, die ihm der liebe Gott geschenkt hatte, zu gebrauchen, mit eigenen Augen die immer wechselnden Wunder und die Schönheit der Felder und Wälder zu sehen.

Oft nahm sie ihn mit auf ihren langen Spaziergängen durch Feld und Wald. Und dann kam es vor, daß sie ihn plötzlich stillstehen ließ, um einen Vogel oder ein Insekt zu beobachten. Oder sie machte ihn auf die vollendet schöne Form und den Duft einer wilden Blume aufmerksam oder die Anmut und Farbe eines Beerenzweiges im Herbst. So viele vertraute und schöne Dinge, an denen er bisher immer vorbeigaloppiert war, und denen er niemals auch nur einen Blick, einen flüchtigen Gedanken geschenkt hatte!

Sie zeigte ihm auch die Plätze, wo die besten Pilze wuchsen, Pilze aller Art. Sie lehrte ihn ihre Namen, und er erinnert sich noch heute mit unbeschreiblicher Freude an eine gewisse kleine Tannenfamilie im nahegelegenen Wald; dort, zu ihren Füßen, wuchsen die niedlichsten und schmackhaftesten kleinen Pilze.

Aber es war Madame Mivières Garten, der ihn am meisten entzückte. Immer und immer wieder strich er um ihre Gartenpforte herum, so vor sich hinpfeifend, als komme er gerade ganz zufällig vorbei; bis sie ihn hörte und einlud, hereinzukommen. Sie hatte das gütigste Herz, denn nicht ein einziges Mal, gleichgültig wie sehr beschäftigt sie war, ließ sie den kleinen Jungen fühlen, daß er sie störte, daß sie ihn nicht brauchen konnte. Sie gab ihm immer das Gefühl, als habe sie gerade auf ihn gewartet, denn, schau her, da begann gerade etwas Neues und Interessantes in ihrem Garten zu sprießen oder aufzublühen.

Madame Mivière liebte Blumen, die verschiedenartigsten Blumen. Aber am meisten liebte sie Rosen, die lieblichen altmodischen Rosen, die sie in ihrem Garten zog.

Man kann es nicht erklären, aber da war etwas an diesen Rosen, das an Papa Meillands junges Herz rührte und es gefangennahm. Oft stand er da, schaute sie an, roch vorsichtig an ihnen und war so verloren in Staunen und Entzücken, daß er hätte weinen mögen, wenn er sich nicht zu Tode geschämt hätte, etwas von diesem fremden neuen Gefühl zu verraten – außer durch einen männlichen Schnaufer oder zwei.

Er sieht sie noch immer vor sich, jene lieblichen alten Rosen in Madame Mivières Garten: ihre karminrote »Jean Liabaud«, ihre goldgelbe »Duchesse de Ausstädt«, ihre bezaubernde »Rosa noisettiana«. Ach ja, Papa Meilland hat die Namen von Madame Mivières Rosen viel besser behalten als die Namen der Dichter Frankreichs, die der arme Monsieur Spécel seinem jungen unpoetischen Kopf einzutrichtern versucht hatte.

Und Madame Mivière, behend und überglücklich, als sie sein Interesse bemerkte, begann von der langen, langen abenteuerlichen Geschichte der Rose zu sprechen. Sie erzählte ihm, wie vom Anbeginn der Zeit in aller Welt die Menschen von ihrer Liebe zur Rose gesprochen haben. »Lies in der Geschichte nach oder reise, wohin du magst«, sagte Madame Mivière, »du wirst immer die rührendsten Zeugnisse dafür finden, wie sich das menschliche Herz der Rose geöffnet hat.« Und er lauschte ihr wie gebannt und sah sie vor sich, die chinesischen Kaiser, die nun schon lange, lange tot waren, wie sie in ihren seidenen Prunkgewändern in dem himmlischen Duft ihrer riesigen kaiserlichen Rosengärten meditierten, oder er sah die rauhen Seeleute aus alter Zeit in ihren Nußschalenbooten die sieben Weltmeere befahren und zu Hause davon erzählen, wie der Duft gelber Rosen über die blauen Wasser an der Küste von Rhodos wehte und die Herzen weichstimmte, so weich wie Samt. Er liebte es auch, sich den edlen stolzen Thibaut vor-

zustellen, den König von Navarra, wie er von irgendeinem glorreichen Kreuzzug heimgaloppierte und einige Reiser der Damaszener Rose aus den Gärten der heidnischen Türken bei sich trug, um sie in seinen königlichen christlichen Garten zu pflanzen.
Aber am liebsten stand er vor Madame Mivières Noisette-Rose und schaute sie sich an, und sein Herz fühlte sich – man denke! – zu der Kaiserin Josephine hingezogen, die ebenfalls Rosen geliebt und die gleichen Rosen in ihren Garten in Malmaison gepflanzt hatte. Und in demselben Augenblick glaubte er, einen großen ungeschlachten Mann, einen Riesen von einem Mann, in Josephines Rosengarten rumpeln zu sehen, einen Mann mit klobigen, mißgestalteten Händen, mit den Händen eines Erdarbeiters, so sagte man. Aber diese Hände konnten Blumen malen und vor allem Rosen, in solch einer Anmut, solch einer Zartheit, solch einer Liebe, daß, so sagte Madame Mivière, seine Bilder das Herz ansprachen ebenso wie das Auge.
Sein Name war Pierre-Joseph Redouté. Und Madame Mivière, Tränen in den Augen, erzählte, wie er eines Tages in das Zimmer hereingerumpelt sei, in dem die arme Josephine im Sterben lag. Zwei wunderschöne Blüten hielt er in den häßlichen Händen, frisch aus ihrem Garten.
»M-majesté«, stammelte er, »ich werde sie für Euch malen.« Madame Mivière erzählte, daß die herzensgute Josephine mühsam gelächelt und gekrächzt habe: »Dann komm mir aber nicht zu nahe, du könntest sonst meinen schlimmen Hals bekommen.«
Josephine starb in jener Nacht an ihrem schlimmen Hals, und die letzten beiden Blumen, die sie zu sehen bekommen sollte, waren jene zwei in Pierre-Joseph Redoutés Händen. Und obgleich es in keinem Geschichtsbuch verzeichnet steht, glaubt Madame Mivière doch,

daß es gewiß Rosen gewesen sind, vielleicht zwei zarte Noisette-Rosen, gerade solche, wie die in ihrem eigenen kleinen Garten.

Ach ja, Papa Meilland lauschte begierig jedem Wort, das Madame Mivière über Josephine und ihre Rosen zu erzählen wußte. Doch wenn sich der arme Monsieur Spécel über Napoleon und seine siegreichen Schlachten heiser redete, hörte er nur mit halbem Ohr hin.

Das war aber noch nicht alles, was Madame Mivière in ihrer Gutherzigkeit für ihn tat. Sie lieh ihm auch die Kataloge, die sie jedes Jahr von einem Rosengärtner aus der Umgebung von Lyon erhielt.

Papa Meilland erinnert sich noch, daß ihm der Katalog so langweilig, so uninteressant, so trocken vorkam; kein glänzendes teures Papier, keine leuchtenden Farbbilder, wie man sie heute hat, nein, überhaupt keine Abbildungen, nur eine Aufzählung der alten und neuen Rosensorten mit einer kurzen Beschreibung und dem Preis für jeden Stock und jede Kletterrose, alles in winzig kleinem schwarzem Druck.

Aber für ihn wurden sie der Schlüssel zu einer zauberischen Welt. Er brütete über diesen Katalogen, bis er jede Rose auswendig kannte, bis er sie in Gedanken vor sich sah, die Hochstammrosen, die Busch- und Kletterrosen, die jener ehrbare Rosengärtner so trocken beschrieben hatte.

Nun begann Madame Mivière ihm mit unendlicher Geduld zu erklären, wie die Menschen im Laufe von Jahrhunderten gelernt hatten, nicht nur Rosen zu vermehren, sondern auch Rosen zu »kreuzen«, das heißt, eine Rose mit einer anderen zu verheiraten, in der Hoffnung, daß aus dieser Ehe noch schönere Kinder hervorgehen möchten. Ihre Lieblingsrose zum Beispiel, die Noisette, war die Tochter der süßduftenden amerikanischen Moschusrose und einer zartrosa chinesischen Rose.

So hatte es Madame Mivière einmal in einem Botanikbuch gelesen. Aber die »Kreuzung« einer Rose mit einer anderen war, wie Madame Mivière sagte, eine Arbeit, die viel Geschick erforderte und die Hand eines Fachmannes, der bereit war, auf der Suche nach einer neuen und schöneren Rose unendlich viel Zeit und Geduld aufzuwenden.

Aber sie selber experimentierte auch oft, nahm Stecklinge von einer geliebten Rose oder pflanzte hoffnungsvoll die winzigen Samenkörner der reifen Hagebutten des Spätherbstes. Aber noch viel wunderbarer für seine jungen Augen war, wenn sie ihm die einzig zuverlässige Methode zeigte, wie man eine Rose vermehren konnte – »okulieren« nannte sie es. Zuerst grub sie eine kräftige junge Hundsrose aus, die sie wildwachsend irgendwo im Wald gefunden hatte, brachte sie nach Hause und schnitt sorgfältig alle Zweige ab – bis auf einen sehr kurzen mittleren Schößling, und in diesen von ihr ausgewählten Schößling setzte sie, mit Hilfe des sehr scharfen Okuliermessers, des »Greffoir«, ein Auge jener Rose ein, die sie vermehren wollte. Und als Antoine mit seinen eigenen Augen sah, wie das Wunder geschah, sah, wie herrliche Rosen heranwuchsen und aufblühten, genährt von den Wurzeln jener willigen und robusten jungen Hundsrose, da schaute er auf seine eigenen zwei kräftigen Hände und wußte, was er in seinem Leben einmal anfangen würde.

Mit zwölf Jahren wollte er die Schule verlassen und zu arbeiten anfangen. Das war üblich. Aber er würde nicht wie all die anderen Jungen von Chamboeuf auf den Feldern arbeiten oder die Kühe hüten oder in die dunklen Schächte von Saint Étienne steigen. Nein, nein, und noch einmal nein!

Rosen. Er würde arbeiten und sein ganzes Leben mit Rosen verbringen.

Er schaute wieder auf seine Hände. Niemals könnte er Rosen malen wie Pierre-Joseph Redouté, niemand konnte das. Aber er, Antoine Meilland, würde Rosen pflanzen und vermehren, schöne, anmutige Rosen, und er würde sein Geld damit verdienen, daß er seine Rosenstöcke an andere Leute verkaufte, und in seiner freien Zeit würde er eine hübsche Rose mit der anderen kreuzen. Und eines Tages würden alle professionellen Rosengärtner Mund und Nase aufsperren, wenn sie die herrliche neue Rose zu sehen bekämen, gezüchtet von Monsieur Antoine Meilland, Rosengärtner in Chamboeuf.

Aber dann, mit einem Plumps, landete Monsieur, unser künftiger Rosengärtner, wieder auf der Erde. Zuerst kam ja noch das verhängnisvolle Certificat d'Études. Ein Rosengärtner von Beruf brauchte das ebenso wie ein Okuliermesser. Er mußte buchstabieren können und die Rosen beschreiben, die er für den Verkauf gepflanzt hatte. Er mußte Rechnungen ausstellen und höfliche, grammatikalisch richtige Briefe an seine Kunden schreiben.

Und dann war ja da auch noch seine Mutter. Er liebte sie. Er wollte ihr Freude machen, er *mußte* also das Certificat heimbringen. Und plötzlich, sehr zum Erstaunen von Monsieur Spécel, setzte sich der junge Antoine Meilland im Alter von elf Jahren auf den Hosenboden und begann mit sehr erfreulichem Eifer zu lernen. Er schmetterte die Vergangenheitsformen der unregelmäßigen Verben, die Namen der Flüsse, der Häfen, der historischen Persönlichkeiten Frankreichs aus Vergangenheit und Gegenwart und all den übrigen Wissenskram, den ein zwölfjähriger Franzose herunterrasseln können mußte, so geläufig und intelligent wie ein abgerichteter Papagei. Das erwarteten die gelehrten Herren, die nicht nur die schriftlichen Arbeiten aller Kandidaten für das Certificat zensierten, sondern die Jungen und Mädchen auch noch einer gründlichen mündlichen Prüfung unterzogen. Ebenso eifrig, aber ganz im geheimen, so erzählt Papa Meilland, begann er jeden Sou zu sparen, und die lagen in seinen jungen Jahren nicht gerade auf der Straße. Ein Rosengärtner brauchte nun einmal sein eigenes Okuliermesser, und das Okuliermesser eines richtigen Rosengärtners kostete dreißig Sou – in jenen Tagen ein Vermögen für ein jedes Kind aus Chamboeuf.

Aber das war noch nicht alles, was ihm im Kopf herumging. In dieser Zeit nämlich begann Monsieur le Curé die Jungen und Mädchen seines Alters für den feierlichsten, den heiligsten Tag ihres Lebens vorzubereiten – für die Erstkommunion.

Ja, es schien Antoine nun auf einmal, als sei er plötzlich, fast über Nacht, kein Kind mehr, und als würde alles bedeutungslos, was bisher so furchtbar wichtig gewesen war: die Dienstagsbettler, die italienischen Stuhlmacher, das Schlachtfest für »Seine Durchlaucht das Schwein«. Es war, als versinke alles das in blasse Bedeutungslosigkeit. Und eines denkwürdigen Tages standen er und seine Mutter im Morgengrauen auf und machten sich auf den Weg zum Bahnhof, um nach Saint Étienne zu fahren.

Nun war ja zwar Saint Étienne nur neunzehn Kilometer von Chamboeuf entfernt, und doch war dies seine erste, seine allererste Fahrt mit der Eisenbahn. Und nicht genug damit, er sollte auch zum allerersten Mal in seinem jungen Leben einen neuen Anzug bekommen, eine vollkommen neue Ausstattung für den feierlichsten Tag seines Lebens. Bis dahin hatte er immer die Kleider seines älteren Bruders geerbt, gestopft und geflickt und für seine Größe zurechtgeschneidert. Aber jetzt hatte seine Mutter das Geld genau abgezählt und in den abgegriffenen schwarzen Geldbeutel gesteckt. Jetzt sollte er von Kopf bis Fuß in neuem Glanz erstrahlen, alles

würde neu sein, und obendrein sollte er noch ein weißes Taschentuch für die Brusttasche seines ersten neuen Anzugs für die erste Heilige Kommunion bekommen.
Papa Meilland erinnert sich, wie seine Mutter neben ihm im Zug saß, genauso aufgeregt wie er. Mit der guten schwarzen Sonntagsjacke zum langen Rock, den schwarzen Strohhut fest auf den Kopf gedrückt, und wie immer war kein Härchen da, wo es nicht sein sollte. Und er erinnert sich, daß er, die Kante des harten hölzernen Sitzes fest umklammernd, die Felder, Kühe und Hecken in beängstigendem Tempo vorüberschaukeln sah. Und als sie endlich nach Saint Étienne hineingeschossen kamen, schlug ihm das Herz bis zum Halse, und immer wieder fühlte er nach, um sich nur ja zu vergewissern, daß er sie nicht verloren hatte, daß sie bei diesem Tempo nicht aus seiner Hosentasche hinausgeschüttelt worden waren – seine dreißig Sou –, die er fest in ein Taschentuch eingeknüpft hatte. Es war ihm gerade noch gelungen, er hatte dieses Vermögen zusammengespart, diese dreißig Sou. Er hatte sogar seiner Mutter erzählt, was er sich dafür kaufen wollte, und ihre Antwort lautete, ja, aber natürlich erst dann, wenn sie mit seiner neuen Ausstattung fertig waren.
Es kam ihm so vor, als legten sie Kilometer um Kilometer in den belebten Straßen von Saint Étienne zurück, während sie ein Geschäft nach dem anderen be sichtigten. Zuallerletzt entschloß sich seine Mutter das Geschäft, das sie zuallererst besucht hatten, zu beehren, und nun begann das lange sorgfältige Auswählen, die eingehende Prüfung der Nähte und Säume, ob man sie auch noch auslassen könne, wenn er gewachsen war, und dann endlich, endlich kam der herrliche Augenblick, da alle Einkäufe einschließlich des neuen weißen Taschentuches getätigt waren und sie sich auf den Weg zur Place Marengo machten. Dort, auf dem hübschen

belebten Platz, setzten sie sich auf eine Bank und hielten Picknick. Seine Mutter hatte natürlich alles in einem Korb mitgebracht.

Ein anderes Mal wäre es wunderschön gewesen, dort zu sitzen, hartgekochte Eier zu schlemmen, Wurst, Käse und große Stücke guten Brots, und die Leute zu beobachten, die vorbeispazierten oder zu ihrem Mittagessen nach Hause eilten. Aber heute wünschte er sich nichts sehnsüchtiger, als diesen Schmaus so rasch wie möglich zu beenden. Er brannte darauf, zu den Geschäften zurückzukehren, nicht zu den Herrenausstattungsgeschäften, Gott behüte, nein, zu den viel verheißungsvolleren Läden, die er hier und da entdeckt hatte und die Werkzeuge aller Art verkauften, die ausgezeichneten Werkzeuge, made in Saint Étienne, die besten in der Welt. Alle sagten das.

Und wirklich, die Verkäufer von Saint Étienne waren die freundlichsten, die verständnisvollsten Herren; an jenem goldenen Tag bedienten sie einen Buben mit dreißig Sou Kapital, als wäre er der Herr Landwirtschaftsminister höchstpersönlich und wolle das gesamte Werkzeug von Saint Étienne aufkaufen. Und schließlich, nachdem er glückselig eintausendundein Okuliermesser begutachtet hatte, traf er seine Wahl, knüpfte sein Taschentuch auf, zählte die dreißig Sou auf den Ladentisch und nahm sein Okuliermesser an sich.

Und auf der Rückfahrt, ja, da saß er im Zug, blind wie eine Fledermaus für die vorüberfliegende Landschaft, wie berauscht von glücklichem Stolz und Zufriedenheit. Dort auf dem Schoß der Mutter lagen die Pakete. Seine erste nagelneue Ausstattung: lange Hosen, Weste, Jakkett, weißes Hemd, neue Schuhe und Strümpfe und ein schneeweißes Taschentuch, und hier in seiner Hosentasche, wo er es greifen konnte, lag ein Greffoir, und kein Okuliermesser in der ganzen Welt war es so wert, mit glänzendem Gold aufgewogen zu werden, wie das des Rosengärtners in spe Antoine Meilland.

Nun ist die Erstkommunion in Frankreich nicht nur ein sehr feierlicher Tag für die Kinder, sondern auch ein großer Tag für die ganze Familie. Und Papa Meilland erzählt, daß sich, wie erwartet, die Verwandten und Freunde einstellten, alle in ihren schönsten Kleidern, und daß sie ihm, ebenfalls wie zuversichtlich erwartet, kleine fromme Geschenke mitbrachten: einen Rosenkranz, ein Kindergebetbuch, ein gerahmtes Bild vom heiligen Antonius und anderes. Und ebenso wie erwartet, bewunderten sie ihn alle in seinem neuen Anzug.
Sie sagten auch, daß Monsieur le Curé die beste Predigt seines Lebens gehalten habe, nicht zu lang und nicht zu kurz; der gute biedere Pfarrer wußte, daß sich alle Mütter von Chamboeuf und Umgebung andächtig, aber vergeblich bemühten, die Ängste um das Festmahl zu unterdrücken, das sie mit so viel Liebe und Mühe vorbereitet hatten und nach dem Hochamt ihren Familien vorsetzen wollten.
Papa Meilland muß nun leider zugeben, daß er selber nur den ersten Satz von jener Predigt, der besten, die Monsieur le Curé in seinem Leben gehalten, gehört hat, jenen Satz, in dem er so wunderschön vom lieben Gott und seinem Frieden gesprochen hatte. Aber er glaubt doch, daß sie alle beide, der liebe Gott und Monsieur le Curé, dem so feierlich dreinschauenden Bub vergeben hätten. Er saß dort ganz still, weit entrückt in seine eigene hehre, himmlische Welt, und pflanzte in den schimmernden Weiten von Gottes Himmel unermüdlich – was wohl? – Rosen, die herrlichsten Rosen, die er im Katalog jenes braven Rosengärtners finden konnte, mochten sie nun kosten, was sie wollten.

Plötzlich brachte ihn ein kräftiger Schubs seines Banknachbarn wieder auf die Erde zurück, und auch er rappelte sich auf die Füße und begann mit den anderen zu singen: »Au Ciel! Au Ciel!« – »Im Himmel! Im Himmel!« Aber auch während er sang, sah er noch die lieblichen Rosen, die er gepflanzt hatte, blühen zur Ehre Gottes. Sicherlich, der Himmel wäre ohne Rosen nicht der Himmel. Nicht ohne Rosen.

Nachdem nun dieser fromme und glanzvolle Tag vorüber war, schienen sie schnell immer drohender näher zu kommen, die schicksalhaften zwei Tage des Certificat d'Études. Der erste Tag war für die schriftlichen Arbeiten bestimmt, der zweite für die noch unangenehmere mündliche Prüfung. Papa Meilland denkt heute noch dankbar an den armen Monsieur Spécel, der es nicht einfach dabei bewenden ließ, ihn bis zum Platzen mit Wissen vollzustopfen, sondern auch nie müde wurde, sein Selbstvertrauen zu stärken. Aber der brave Schulmeister hatte doch wohl recht, als er meinte, daß Antoine leicht über dem Französischen Aufsatz ins Stolpern geraten könnte. Dann werde er Hals über Kopf, den armen Monsieur Spécel mitreißend, schmählich zu Fall kommen. Immer machte man nur dem Lehrer Vorwürfe, klagte der arme Monsieur Spécel, niemals dem Schüler – o nein, niemals dem Schüler!

»Du scheinst immer noch nicht verstanden zu haben, wie man ein Thema *entwickelt* Antoine! Also um Himmels willen, dieses eine Mal nimm dir Zeit! Sitz still und denk nach! Konzentrier dich! Tauch nicht gleich deine Feder ins Tintenfaß und schreib die üblichen paar Sätze in deiner größten Schrift und bild dir ein, du könntest dem Prüfer weismachen, das sei ein Aufsatz. Du mußt dein Thema entwickeln, Antoine, entwickeln! Und mindestens zwei Seiten lang!«

Monsieur Spécel kannte natürlich Antoines schwache Seite. Papa Meilland gibt zu, daß er immer am Federhalter kaute und in blanker Bestürzung eine Aufgabe wie etwa die folgende anstarrte:

Beschreibe ein Gewitter
oder
Ein altes Sprichwort sagt: »Ein guter Name ist Goldes wert!« Sag, was du von diesem Ausspruch hältst.

Es gab unzählige ähnliche erhabene Themen, über die man damals Zwölfjährige schreiben ließ, aber Antoine brachte nie mehr als ganze vier Sätze zu Papier, reine Aussagesätze, und alle vier, wie Monsieur Spécel vorwurfsvoll bemerkte, in seiner größten Schrift, und dann saß er da wie ausgetrocknet, nicht einen einzigen Gedanken mehr im Kopf; keinen einzigen weiteren Satz konnte er finden, und wenn er sich noch so sehr den Kopf zerbrach.

Viel zu schnell natürlich war jener schicksalhafte Tag gekommen, und Antoine machte seine zweite Fahrt mit der Eisenbahn, dieses Mal in die nahe Kleinstadt Saint Galmier. Noch heute ist diese freundliche kleine Stadt für ihr ausgezeichnetes Mineralwasser bekannt, aber damals gab es dort nicht weniger als zwanzig Quellen; und mit dem Wasser aller dieser Quellen konnte man nicht nur jede Krankheit unter der Sonne heilen, sondern man konnte auch ohne Gefahr so viel von diesem sprudelnden Wasser trinken, wie man wollte, selbst wenn man heiß und fiebrig war, so daß ein Trunk gewöhnlichen Wassers den sicheren Tod bedeutet hätte.

Papa Meilland meint, daß vielleicht aus diesem Grund Saint Galmier als idealer Ort für ein heißes Examen gewählt worden war, aber aus welchem Grund auch immer, jedes Jahr wurde die zweitägige peinliche Befragung für das Certificat d'Études für alle Jungen

und Mädchen – meilenweit aus der Umgebung von Saint Galmier – dort abgehalten. Manches Jahr kam allerdings kein einziger Prüfling von einer Dorfschule zur Prüfung. Das mag Ihnen zeigen, wie wenige Eltern es sich leisten konnten, ihre Kinder bis zu dem gelehrten Alter von zwölf Jahren auf der Schule zu lassen.
Aber in jenem Jahr war es eine Rekordzahl. Neunzehn waren gekommen, Jungen und Mädchen, die alle ängstlich auf die – wie es ihnen vorkam – vielen Quadratmeter weißes Papier starrten, die sie mit überzeugenden Beweisen ihrer fortgesetzten Studien füllen sollten.
Dann legten sie los, und gelobt sei der Himmel und Monsieur Spécels gewissenhafter Unterricht, denn Grammatik, Diktat und Rechnen gingen ziemlich glatt.
Dann kam er, der gefährliche Französische Aufsatz.
Antoine starrte und starrte auf das Papier, er traute seinen Augen nicht, er las es noch einmal und ganz, ganz langsam, um sicher zu sein, daß er nicht träumte, aber nein, da lächelte es ihm entgegen, das einzige Thema, das er gewählt, wenn man ihm die Wahl gelassen hätte, das eine und einzige Thema, das er entwikkeln und entwickeln und entwickeln konnte.

»Sage, welches Gewerbe oder welchen Beruf du gerne ausüben würdest, und nenne die Gründe für deine Wahl!«

Noch nie war ihm die Zeit so schnell vergangen; noch nie hatte ein Schüler sein Thema mit mehr Leichtigkeit, mit größerer Freude entwickelt. Er nannte nicht nur die praktischen Gründe für seine Wahl, sondern auch die romantischen, und führte, bitte schön, jene rosenverehrenden chinesischen Kaiser an und die Insel Rhodos und den edlen stolzen Kreuzfahrer, König Thibaut, und dann witschte er weiter zu der Kaiserin Josephine und dem Maler, dem sie so viel Freundschaft bewies, zu Pierre-Joseph Redouté, und erklärte großartig, daß, wenn man auch selbst nicht hoffen könne, Rosen zu malen wie Monsieur Redouté, es doch ebenso schön wäre, Rosen zu pflanzen und zu züchten und der Welt eines Tages eine neue Rose zu schenken, lieblich wie die »Rosa noisettiana« oder die »Jean Liabaud« oder die »Duchesse de Ausstädt«.

Ach ja, wenn Papa Meilland es auch selber sagt, die Gründe, die er für seine Berufswahl nannte, glänzten nur so von Gelehrsamkeit, dank der guten Madame Mivière! Und als er gerade das Gefühl tiefer Freude und Befriedigung beschreiben wollte, das man empfindet, wenn man mit Erfolg eine Rose »okuliert« hat, mußten sie ihre Arbeiten abgeben, und er hatte nicht einmal mehr Zeit, mit dem Löschpapier zu trocknen oder gar durchzulesen, was er geschrieben hatte, oder sorgfältig die Schreib- und Zeichenfehler zu korrigieren, wie es ihm der arme Monsieur Spécel so sehr ans Herz gelegt hatte.

Aber vielleicht liebte auch der Prüfer die Rosen, vielleicht erkannte er gerade an den Tintenklecksen, an den Schreibfehlern und dem eifrigen Gekritzel, das sich so himmelweit von der korrekten Schrift seines Diktats unterschied, den geborenen Rosengärtner, denn er bestand, er, Antoine Meilland, bestand die Prüfung.

Und nicht nur das, er hatte sogar sehr gute Noten. Noch einige mehr, und er wäre der Beste gewesen. So war nur ein kleiner Flederwisch von einem Mädchen noch besser als er; sie war die Beste, und er war der Zweitbeste – wahrscheinlich hatte sie Zeit gehabt, ihren Aufsatz mit dem Löschpapier abzutrocknen.

Papa Meilland sagt, der arme Monsieur Spécel sei glückselig über *ihren* Erfolg gewesen, aber es war der Ausdruck in den Augen seiner Mutter, den er nie vergessen würde: Sie strahlten förmlich vor Liebe, Stolz und Freude. Jetzt hatten alle ihre vier Kinder das Certificat d'Études. Ihre Familie war die einzige in ganz Chamboeuf, die das fertiggebracht hatte. Ihr Traum hatte sich erfüllt. Nebeneinander hingen jene vier Zertifikate an der Wand in ihrer Wohnstube, und jedermann konnte sie dort sehen und bewundern.

Es mag Ihnen seltsam erscheinen, vielleicht auch unglaublich, die Wahrheit ist oft so verwunderlich, aber in diesem bewegenden Augenblick sah Antoine seine unermüdliche, schwerarbeitende Mutter zum erstenmal richtig an, zum erstenmal als ein Erwachsener. Und in plötzlich aufwallender Liebe, die ihm fast die Kehle zuschnürte, erkannte er, was sie alles für sie tat – und das alles nur mit einer Hand.

Ja, wirklich, mit einer Hand. Seine Mutter hatte nur eine Hand; die andere war ihr abgenommen worden, nach einer Blutvergiftung durch einen heimtückischen Dorn.

Aber er hatte bisher nicht mit einem einzigen Gedanken daran gedacht. Sie wurde immer mit allem so großartig fertig, sie schaffte für zwei mit dieser einen Hand und dem eisernen Haken an dem Stumpf, der von dem anderen Arm übriggeblieben war. Und plötzlich, als hätten sich seine unbekümmerten Kinderaugen vor dem Schein triumphierender Liebe und dem Stolz in ihrem Gesicht geöffnet, sah er, was seine Mutter für sie bedeutete, für jede Seele, für jedes Wesen auf ihrem kleinen Hof.

Aber sprach er darüber? Nein, mit keinem Wort, mit keiner Silbe. Man trägt nicht sein Herz auf der Zunge, jedenfalls nicht in Chamboeuf. Vielleicht liegt's am Klima.

Doch irgend etwas drängte ihn jetzt in diesem Augenblick, da er das Certificat d'Études hatte, zu sagen, daß er Rosengärtner werden und bei jenem Rosengärtner arbeiten wolle, der seine Gärten bei Lyon hatte und der immer seine Kataloge an Madame Mivière schickte.

Da passierte es! Was er immer heimlich gefürchtet hatte: Sein Vater explodierte fast. Er hielt diese Idee für idiotisch, ja, geradezu für hirnverbrannt, und prompt kam der arme Mann wieder auf die Hungertage im Französisch-Preußischen Krieg anno 1870 zu sprechen. Um Gottes willen, warum Rosen pflanzen? Rosen konnte man nicht *essen*. Sie waren reiner Luxus. Kartoffeln, Weizen, Kühe, Schweine, Ziegen, Schafe, Hühner, Enten, Kaninchen und hunderterlei anderes Viehzeug waren sicherer und nützlicher als Rosen.

Auch seine Mutter hatte Bedenken. Aber er stellte sich auf die Hinterbeine, berief sich immer wieder auf das glänzende Zeugnis, das er bekommen hatte, und schließlich wurde man sich einig, daß es ja nicht schaden könne, wenn er jenem Rosengärtner einmal *schreiben* würde. Also wurde in der Épicerie eine Packung besonders feines Briefpapier mit Umschlägen besorgt, und er setzte sich hin und schrieb den Brief seines Lebens, das »Sesam-öffne-dich« für seine ganze Zukunft. In seiner besten Schrift natürlich und so höflich und erwachsen wie möglich. Und auch nicht zu lang, entschied er, denn dieser Rosengärtner war gewiß ein vielbeschäftigter Mann, andererseits auch nicht zu kurz, denn er mußte ihn ja überzeugen, daß dieser Antoine Meilland gerade der Richtige für ihn war. Und keine Kleckse natürlich, keine grammatischen Fehler, und alle Punkte und Kommas dorthin, wohin sie gehörten.

Ja, Papa Meilland berichtet, daß er über diesem Brief förmlich ins Schwitzen kam und daß zum Entsetzen seiner sparsamen Mutter ein Entwurf nach dem anderen ins Feuer flog, bis er sich schließlich für den folgenden entschied:

Monsieur,
ich bitte Sie, mir zu verzeihen, daß ich mir die Freiheit

nehme, Ihnen diesen Brief zu schreiben, in der Hoffnung, daß Sie ihn lesen.
Ich bin zwölf Jahre alt und lebe in Chamboeuf, also nicht weit von Lyon entfernt.
Ich freue mich, Ihnen mitteilen zu können, daß ich das Certificat d'Études habe und daß ich für mein Alter groß und kräftig bin.
Vor einigen Jahren habe ich mich entschlossen, Rosengärtner zu werden wie Sie. Und ich möchte Ihnen jetzt erklären, wie ich auf diesen Gedanken gekommen bin.
In unserem Dorf lebt eine Dame, die in ihrem Garten Rosen zieht und mir nicht nur erlaubt, sie zu betrachten, sondern mir auch gezeigt hat, wie man sie zurückschneidet, wie man Stecklinge abnimmt und wie man okuliert.
Der Name dieser Dame ist Madame Mivière, und sie ist eine Kundin von Ihnen. Sie erhält Ihre Kataloge und ist so freundlich, sie auch mir zu leihen. Ich studiere sie immer sehr genau, und ich versichere Ihnen, daß ich die Namen, Farben und Preise aller Rosen kenne, die Sie zum Verkauf anbieten.
Jetzt habe ich Ihnen alles erklärt und komme nun zu meiner Bitte: Würden Sie, Monsieur, mich freundlicherweise als Lehrling einstellen? Ich versichere Ihnen, daß ich mich immer bemühen will, Sie in jeder Weise zufriedenzustellen, und ich habe auch schon ein Okuliermesser, das ich in Saint Étienne gekauft habe.
In der Hoffnung auf eine freundliche Antwort verbleibe ich, Monsieur, mit dem Ausdruck vorzüglicher Hochachtung

Antoine Meilland

Es schien ihm, als dauere es drei volle Jahre, und nicht nur drei ganz gewöhnliche Tage, bis Antwort aus Lyon kam. Und wie ein Kartenhaus fielen alle seine schönen

Hoffnungen, alle seine Träume zusammen. Oh, jener Rosengärtner war ein freundlicher Mann; er tat sein Möglichstes, den Schlag zu mildern. Er erklärte, daß er alle Arbeiten selber mache und daß er nur gelegentlich Hilfe von gelernten Arbeitern annehme. Aber wenn es Antoine wirklich ernst sei, Rosengärtner zu werden, dann täte er gut daran, erst einmal Erfahrungen zu sammeln, wenn nicht mit Rosen, so doch mit Bäumen. Und er schloß seinen Brief mit den Worten: Wenn sich Antoine wieder bei ihm melden wolle in, sagen wir mal, so in vier Jahren, wenn er diese Erfahrungen gesammelt habe, dann könnte es schon möglich sein, daß er ihn brauchen könne ...

Erfahrung! Er *hatte* Erfahrung. Er hatte es doch in seinem Brief geschrieben.

Und in *vier* Jahren! Ach was, dann war er ja schon sechzehn.

Er weinte nicht, jedenfalls nicht vor den anderen. Aber am nächsten Tag machte er sich finster entschlossen auf den Weg, um Arbeit zu suchen, irgendeine Arbeit. Andere Jungen in seinem Alter hatten schon zwei Jahre lang gearbeitet. Und er stand da! Mit seinem Certificat d'Études, ohne Arbeit und ohne Aussicht auf Arbeit.

Papa Meilland sagt, man solle niemals über die schwarze Verzweiflung eines Zwölfjährigen lachen. Er hat es erfahren. Er fühlte sich wie ein ganz elender Versager – trotz seines Certificat d'Études, und das um so mehr, als niemand, meilenweit im Umkreis, für einen kräftigen arbeitswilligen Jungen eine Arbeit zu haben schien, nicht einmal der Schweinemetzger im Nachbardorf, und Gott weiß, wie ihm davor grauste, Schweinemetzger zu werden. Aber das zeigt nur, wie wild entschlossen er war, Arbeit zu bekommen, irgendeine Arbeit, jede Arbeit, nur um zu beweisen ... Was er aber so brennend gerne bewiesen hätte, das wußte er selber nicht.

Da kam ihm die gute Madame Mivière zu Hilfe. Sie erklärte ihm ganz ruhig, sie verstehe jenen Rosengärtner sehr gut. Der Brief besage ja nur, daß er nicht die Zeit habe, einen Lehrling anzulernen, so wie er angelernt werden sollte. Und was die Erfahrung betraf, nun, da mußte man ein Einsehen haben. Alles, was sie wußte, hatte sie sich selbst angeeignet; sie war zwar eine begeisterte Rosenliebhaberin, aber als Gärtnerin ganz und gar ungeschult, das war sie, und sie machte noch immer Fehler über Fehler.
Und Gott sei Dank, lachte Madame Mivière, daß sie ihr Brot nicht mit den Rosenstöcken verdienen mußte, die sie in ihrem Garten hatte, sonst müsse sie bald mit den Dienstagsbettlern herumziehen.
Und je aufmerksamer man den Brief las, um so vernünftiger schien der Rat des Rosengärtners zu sein, und desto mehr wirkliche Hoffnung schien er zu geben. Warum also nicht genau das tun, was er vorschlug? Eine Arbeit in einer Baumschule suchen? Schließlich gehörten ja auch die Rosen zu der großen Familie der Bäume, und es war immer leichter, einen Arbeitsplatz zu bekommen, wenn man schon einmal *in* der Arbeit drinsteckte und einige Erfahrungen gesammelt hatte.
Und schau doch einmal, rief die gute Madame Mivière, war das nicht ein Fingerzeig des Schicksals? Hier in dem Provinzblättchen, das ihr jede Woche gebracht wurde, stand eine Anzeige, die Anzeige eines Baumschulbetriebes. Und dieser Betrieb hatte seine Pflanzungen in der Nähe von Saint Galmier, dem freundlichen kleinen Saint Galmier mit den zwanzig sprudelnden Mineralquellen. Madame Mivière war schon mehr als einmal dort gewesen und hatte ausgezeichnete junge Bäume gekauft, ihre hübschen Pflaumen- und Apfelbäume zum Beispiel und ihre vier Pfirsichbäume. Eine erstklassige Firma, die sie nur empfehlen konnte. Also, warum schrieb er nicht

dorthin einen Brief und fragte an, ob man einen arbeitswilligen, fleißigen Lehrling mit Certificat d'Études brauchen könne. Dort würde man ihm von A bis Z alles über Bäume beibringen. Und dann, wenn er diese ausgezeichneten Kenntnisse hatte, würde sich jeder achtbare Rosengärtner glücklich schätzen, ihn zu beschäftigen, vorausgesetzt, er hatte eine freie Stelle.

Papa Meilland dankt noch heute dem Himmel, daß er auf die gute Madame Mivière gehört hat, und schon einen Monat später arbeitete er zwischen Bäumen in dem freundlichen Saint Galmier, unter Bäumen aller Art, von der einfachen Platane bis zum prächtigen Pfirsichbaum.

Anfangs, als er noch keine rechte Hilfe war, erhielt er keinen Sou; das ist verständlich. Aber auch da hatte er Glück gehabt. Es war zu weit, als daß ein zwölfjähriger Lehrling jeden Tag nach Saint Galmier und zurück nach Chamboeuf hätte radeln können, und so lebte er bei der Familie seines »Patron«. Und Madame, die Frau seines Patron, war eine famose Frau, die gerne ein gutes Essen auf den Tisch stellte und für warme, behagliche Betten zum Schlafen sorgte. Und am Sonntag, dem einzigen Tag übrigens, an dem man in jener Zeit nicht zu arbeiten pflegte, außer an Festtagen natürlich, stand er schon bei Morgengrauen auf und radelte für den ganzen Tag nach Hause, nach Chamboeuf. Und dann küßte ihn seine Mutter und schaute ihn von oben bis unten und rundherum liebevoll besorgt an, ob er auch nicht abgenommen hätte – was nun ganz und gar nicht der Fall war –, und dann setzte sie ihm etwas Extragutes vor und schickte ihn auch wieder so rechtzeitig auf den Weg – ein hübsches Paket mit frischer Wäsche, Hemden und Socken baumelten an der Lenkstange seines Fahrrads –, daß er noch, bevor es dunkel wurde, wieder sicher in Saint Galmier ankam.

Und während er über die ruhigen Landstraßen radelte, pfiff und sang er vor sich hin und dachte dabei an jenen fernen Tag, an dem er seinen zweiten wohlüberlegten Brief an jenen Rosengärtner bei Lyon schreiben würde. Und ganz gewiß, dieses Mal würde er, sechzehn Jahre alt und reich an Erfahrung, endlich seine Traumwelt, die Welt der Rosen, betreten können – und dort leben, glücklich bis an sein Lebensende, genauso wie die chinesischen Kaiser, genauso wie Pierre-Joseph Redouté und alle anderen Rosenliebhaber.

Francesco

Zur gleichen Zeit, aber meilenweit entfernt, und dem jungen Antoine Meilland ganz unbekannt, lebte ein Junge, der ebenfalls davon träumte, sein ganzes Leben lang Rosen zu pflanzen, nichts als Rosen.

Sein Name war Francesco Giacomo Paolino, und er behauptet, wenn man verstehen wolle, was für eine Rolle seine Familie in dieser wahren Geschichte spielt, müsse man erst ein paar Dinge über Kalabrien wissen – »über den stolz erhobenen Zeh Italiens«, wie ein Dichter einmal geschrieben hat.

Angesichts des »Nouveau Petit Larousse« allerdings, gesteht er dann ein wenig zögernd ein, daß dieses Lexikon das Kunststück fertiggebracht habe, ganz Kalabrien, Vergangenheit und Gegenwart, in genau sechs sachkundigen Zeilen genialer Abkürzungen zu beschreiben. Er gibt zu, gewiß, Kalabrien ist gebirgig; gewiß, es ist mit Wäldern bedeckt, und gewiß kommt es auch vor, daß »die Erde bebt«. Aber »Beben« ist wohl doch ein viel zu blasses und geringes Wort für die überschwenglichen Kalabrier, besonders für diejenigen mit einem guten Gedächtnis; die hätten wohl kaum das zum Teil schon historische »Rollen und Grollen« mit solch einem Wort abgetan.

Und zugegeben, es hat einmal Räuberbanden gegeben, die die Wälder Kalabriens »verpesteten«, aber zu gern hätte Francesco doch einmal gesehen, oder besser noch gehört, was jene nun schon bald historischen Räuber geantwortet hätten, wenn jener Monsieur Larousse von lexikalischem Rang und Namen in Frankreich gewagt hätte, ihnen dies schnöde Wort ins finstere Gesicht zu spucken, anstatt es in seine enzyklopädischen Wörterbücher zu drucken, drüben, weitab vom Schuß, in Frankreich.

Aber um nun auf den Kernpunkt der Sache zu kommen: Dieses enzyklopädische Wörterbuch des Monsieur Larousse vergißt, das Allerwichtigste über das Kalabrien seiner Kinderjahre zu erwähnen. Man war immer arm und hungrig im schönen Kalabrien, nicht so alltäglich oder romantisch arm, sondern bitterarm, entsetzlich arm und hungrig, vor allem hungrig nach Arbeit, nach guter, ehrlicher Arbeit, gleich welcher Art. Die Kalabrier sind ein stolzes Volk, zu stolz, um zu jammern und demütig die Hand nach einem Almosen auszustrecken. Ja, das mag wohl auch der Grund dafür gewesen sein, daß ein paar verzweifelte Kalabrier sich auf das Räuberhandwerk verlegten.

Francescos kalabrischer Papa hatte einmal sieben lange schwere Jahre beim Heer gedient, und da er stets dafür sorgte, daß das ja nicht vergessen wurde, nannten sie ihn liebevoll, aber auch mit Respekt Papa Korporal. Und das war ganz gut so, denn Papa Korporal war schließlich das Oberhaupt einer großen Familie von Paolinos und hatte die soldatische Pflicht und Schuldigkeit, den guten Geist seiner Familie zu repräsentieren, wie es übrigens die heilige Pflicht eines jeden guten kalabrischen

Papas war. Aber er war klug genug, Mamma die Verwaltung der Familienkasse zu überlassen. Papa erkannte nämlich sofort auf den ersten Blick das geborene Finanzgenie, wenn es ihm vor Augen kam. Ja, heute noch, nach allen diesen Jahren, wundert sich Francesco über seine Mamma. Gott und seine Heiligen allein mögen wissen, wie sie es schaffte, denn sie brachte es nicht nur fertig, sie alle satt zu machen und zu kleiden – so einigermaßen wenigstens –, sondern sie sparte auch mit viel Geduld genug Geld zusammen, daß sie alle – auf dem billigsten Schiff natürlich – in das Eldorado, die kleine französische Hafenstadt Antibes, reisen konnten.

O ja, gleich nach dem vom Sternenbanner umwehten fernen New York lockte Antibes, als ein zweites Eldorado, alle arbeitshungrigen Kalabrier. Dort konnte man immer Arbeit finden, alle sagten das, regelmäßige Arbeit, und das bedeutete regelmäßige Mahlzeiten und regelmäßig Geld, das man zurücklegen konnte, nicht um gegen ein plötzliches Unglück gesichert zu sein, Gott bewahre sie davor, sondern um den goldenen Traum der Kalabrier erfüllen zu können, sich eines Tages ein Stück Land zu kaufen, einen Flecken guter Erde, den man seinen Kindern hinterlassen konnte.

Dank der erstaunlichen Talente von Mamma Paolino verpackten eines schönen Tages im Frühherbst – im Jahre 1892, um ganz genau zu sein – die Paolinos mit lautem Geschrei, aber auch großer Sorgfalt alles, was sie auf Erden besaßen – und das war nicht viel –, und machten sich auf den Weg zu dem zu billigen Preisen verkehrenden Schiff nach Antibes: Papa Korporal, Mamma, Onkel, Tanten, Vettern und Cousinen, Kinder, alle Paolinos; an der Spitze dieser Emigration gingen natürlich Papa Korporal und Mamma, noch immer den Geldbeutel der Familie in der Hand haltend, der jetzt so jämmerlich dünn war, nachdem sie die billigsten Passagen auf dem billigsten Schiff für sie alle bezahlt hatte. Aber das ließ sie sich nicht anmerken. Mamma folgte Papa Korporal mit hocherhobenem Kopf, stolz und stattlich, wie es einer Paolino anstand, ohne einen Pfennig Schulden und noch mit einem kleinen Rest im Portemonnaie. Und ein wachsames Auge hatte sie auf alle anderen Paolinos, die die mit Bindfaden zusammengeschnürten Pakete trugen und die Netztaschen prallvoll mit Brot, Ziegenkäse, Zwiebeln, Wurst, Feigen und Weinflaschen, was alles, wie Mamma ihnen streng und wiederholt mahnend sagte, bis zu ihrer Ankunft in Antibes reichen mußte.

Was nun das Dach für ihre Häupter anging, so lebten schon einige Familienmitglieder, Paolinos von Geburt oder durch Heirat, in Antibes, aber sie waren von der bevorstehenden Invasion nicht benachrichtigt worden, aus dem einfachen Grunde, weil kein Paolino je das Glück gehabt hatte, lesen oder schreiben zu lernen. Aber das kümmerte sie nicht sehr. Jene anderen Paolinos würden sofort zusammenrücken und für sie Platz schaffen, bis die Neuangekommenen Arbeit und ein eigenes Dach gefunden hatten. Wie Papa Korporal feurig erklärte: Einmal ein Paolino, immer ein Paolino! Das sollte mal einer vergessen!

Papa Korporal hatte, wie immer, recht. Jene anderen Paolinos in Antibes jubelten vor Freude, als sie bei ihnen eintrafen, und schwatzend, lachend und weinend und gestikulierend, knallten sie Brot und Wein auf den Tisch und rückten zusammen, um für alle Platz zu schaffen. Nicht genug, wenn Fahnen und Wimpel zur Hand gewesen wären, hätten sie die auch hinausgehängt, um die Verwandten noch herzlicher willkommen zu heißen.

Es verging noch keine Woche, da war die ganze Familie in Lohn und Brot. Aber die Wahrheit bleibt die Wahrheit und darf nicht verheimlicht werden. Es war bekannt, daß die Kalabrier verzweifelt Arbeit suchten, also waren die Arbeitgeber peinlichst darauf bedacht, sich eine so gute Quelle billiger Arbeitskraft zu erhalten, und darum zahlten sie den Kalabriern die niedrigsten Löhne für die schwersten Arbeiten und die längste Arbeitszeit. Aber was machte das? Die Paolinos dankten Gott von Herzen, sie hatten Arbeit, regelmäßige Arbeit. Sie schufteten vom Morgen bis zum Abend in den Handelsgärtnereien, wo die schönsten Gemüse angebaut wurden: auserlesener Spargel, die süßesten kleinen grünen Erbsen, der weißeste Blumenkohl und zarte junge Bohnen, gar nicht zu reden von so lieblichen Blumen wie Veilchen, Lilien, Nelken und Anemonen, alles für die damastgedeckten Tafeln der reichen englischen Milords und Miladies, die zu jener Zeit den Winter und Frühling an der Côte d'Azur zu verbringen pflegten, in vornehmen Villen und feudalen Hotels mit herrlicher Aussicht auf das blaue Mittelmeer.

Francesco stellte sich vor, daß das Land der Lords um diese Zeit in feuchten dunklen Nebel gehüllt sei, durch den sich die Armen hustend und niesend ihren Weg suchten, während natürlich die Reichen und Hochgeborenen mit Gold in Hülle und Fülle vernünftigerweise an die Côte d'Azur flüchteten, wo man Orangen und Zitronen von schmucken kleinen grünen Bäumen pflückte und wo rosa Geranien und blaue Stiefmütterchen den ganzen warmen Winter hindurch in verschwenderischer Fülle blühten. Und alle waren froh und dankbar, daß sie kamen, diese spendablen und überaus höflichen Milords und Miladies, die niemals, so schien es wenigstens, mit der Wimper zuckten, wenn sie eine Rechnung erhielten, sondern liebenswürdig und ohne Widerspruch bezahlten, was von ihnen verlangt wurde.

Und dort an der Côte d'Azur, draußen in der Sonne, unter dem blauen Himmel bei den feinen Gemüsen, den lieblichen Blumen für diese höflichen und zahlungskräftigen Gäste arbeiteten jetzt die Paolinos. Alle außer einem, Francesco selber, gerade erst zehn Jahre alt. Sie mögen nun wohl denken, daß er, der ja gerade erst zehn geworden war, brav auf einer Bank der Volksschule von Antibes saß und für die ganze übrige Familie Französisch parlieren und schreiben lernte. Aber das zeigt nur – wenn ich es einmal so offen aussprechen darf –, wie wenig Sie wissen, wie das Leben vor zweiundsiebzig Jahren aussah, vor allem das Leben einer kalabrischen Familie. Wenn ein Kalabrier zehn Jahre alt war, erwartete man von ihm, nein, *verlangte* man, daß er alles, was er verzehrte, auch selbst verdiente, oder all die anderen mußten den Gürtel um ein Loch enger schnallen. Aber zu Francescos männlicher Empörung hatte Mamma Paolino sich in den Kopf gesetzt, daß er nicht mit den anderen in den Handelsgärtnereien den Rücken krumm machen sollte. »No! No! Troppo piccolo! Troppo gracile!« erklärte Mamma Paolino. »Zu klein! Zu zart!« Francesco knirschte vor Zorn mit den Zähnen. Sicher, er mußte zugeben, er war klein für sein Alter, sehr klein sogar, aber wie groß war Napoleon gewesen, als er zehn war? Konnte ihm das einer mal sagen? Oder Garibaldi? Er zog sogar ein noch finstereres Gesicht, als Mamma Paolino erklärte, er solle das Goldkind, der Auserwählte der Familie sein. Er solle das Glück genießen, ein vorzügliches Handwerk, ein höchst reelles Handwerk zu erlernen. Er solle »Calzolaio«, ein Schuhmacher, werden. Alle Leute mußten dauernd ihre Stiefel und Schuhe zur Reparatur bringen, erklärte Mamma, und stell dir doch nur einmal vor, wie praktisch und billig es sein würde, gleich einen Schuhmacher zur Hand zu haben, mitten im Schoß der Familie. Aber am wichtigsten war es doch, sagte Mamma, daß er einen sicheren, geschützten Arbeitsplatz im Schatten hatte. Ja, ja, entschied Mamma, für ihren »piccolo, gracile« Francesco kam nichts anderes in Frage als das geschützte Leben eines Schuhmachers im kühlen Schatten.

Nun, mit Mamma stritt man nicht, jedenfalls nicht lange, auch nicht mit Papa Korporal, noch mit der ganzen Sippschaft der Paolinos, die finster die Augen rollten und mit den Fäusten den Tisch bearbeiteten, als wolle man das Herz der armen Mamma mit dem Schwert des Undanks durchbohren, geradeso wie auf dem Bild der Schmerzensmutter in ihrer kleinen Dorfkirche im schönen Kalabrien.

Folglich begann Francesco Paolino, zehn Jahre alt, an einem Sommertag seine Lehre in einer kleinen Werkstatt in Antibes, über deren Tür ein Schild angebracht war mit der Aufschrift:

CORDONNIER, MAITRE BOTTIER

Es würde natürlich sehr zu Herzen gehen, wenn ich jetzt das rührende Bild malen wollte, wie der kleine zehn Jahre alte Francesco in der dunklen stickigen Werkstatt schmachtete, aber dies ist nun einmal eine wahre Geschichte, und wenn nicht alles täuscht, so verschwand der finstere Ausdruck von dem Jungengesicht wie der Tau in der Sonne, als er das Werkzeug erblickte, das wunderbare Werkzeug von Monsieur, dem Cordonnier, Maître Bottier.

Sie müssen wissen, ein Cordonnier, Maître Bottier konnte nicht nur Stiefel und Schuhe flicken, sondern er konnte sie auch nach Maß anfertigen. Und bald, sehr bald schon hämmerte und nähte Francesco mit Feuereifer und lernte wie ein geölter Blitz und schaute gebannt zu, wie Monsieur, sein Patron, ein Paar Stiefel oder Schuhe nach Maß anfertigte.

Mit aller Bescheidenheit darf man wohl sagen, daß der liebe Gott ein wenig zerstreut gewesen sein muß, als er Francesco so klein werden ließ, aber er hat es großzügig dadurch wieder wettgemacht, daß er ihm ein Paar scharfe Augen, geschickte Hände, einen hellen Kopf und eine sehr lebhafte Phantasie mitgab. Und jetzt hatte Francesco die Möglichkeit, alle diese vier Gaben zu nutzen.

Das soll nun nicht besagen, daß er jetzt nur noch davon träumte, Stiefel und Schuhe zu flicken und anzufertigen. Nein, nein, im Gegenteil, sein Kopf war ganz wirblig von einem wunderschönen, beseligenden Traum.

Jeden Morgen stand er so früh auf, daß er noch etwas Zeit hatte, auf dem Marktplatz von Antibes herumzubummeln. Zuerst bewunderte er die Pyramiden erlesener Gemüse, und nachdem er ihnen sozusagen seinen Gruß entboten hatte, eilte er schnell weiter zu dem duftenden Aufgebot der Blumen. Mamma mia, diese Blumen! Aber die schönsten, die anmutigsten waren für Francesco doch die Rosen. Doch es war seltsam: Es gab immer nur sehr wenige Rosen auf dem Markt. Damals pflanzten die ortsansässigen Gärtner nur sehr selten Rosen, und Francesco fragte sich, warum dies wohl so sei, denn der bloße Anblick, der Duft der Rosen ließen sein Herz überströmen vor Liebe wie einen Brunnen. Und er stand da und hauchte: »Che bellezza! Che bellezza!«, bis er die Glocke vom Kirchturm schlagen hörte. Dann aber im Galopp zurück zu dem sicheren, geschützten Arbeitsplatz im Schatten und zurück an die Arbeit, ans Nähen und Flicken! Aber bei alledem dachte er selig an seinen Traum, seinen zweiteiligen Traum. Ja, ja, Francescos Traum war ordentlich und geschäftsmäßig in zwei Teile zerlegt.

Im ersten Teil sah er sich schon eine eigene Werkstatt aufmachen. Irgendein alter Schuppen würde für den Anfang genügen. Und er würde arbeiten wie sechzig Cordonniers, Maîtres Bottiers zusammen, und nicht nur Schuhe flicken, nein, er würde auch die schönsten Stie-

felchen und Schuhe nach Maß fertigen, daß sie am Fuß saßen wie ein Handschuh an der Hand. Für Damen, beschloß er. Ja, er würde sich ganz auf Damenfußbekleidung spezialisieren. Er würde modische Stiefelchen und Schuhe machen, aus glänzendem Lackleder oder weichem Ziegenleder mit weißen Knopflöchern und niedlichen Perlmuttknöpfchen. Er hatte Monsieur, seinem Patron, nicht umsonst so aufmerksam bei der Arbeit zugeschaut. O nein! Er wußte schon, wie man das so geheimnisvolle »Etwas« zuwege brachte, das damals die ganze Damenwelt von Antibes so entzückte. Wenn die Damen nämlich spazierengingen, mit dem Sonnenschirmchen über dem Kopf, damit die Sonne sie nur ja nicht so ordinär braun verbrennen konnte, mußte ihr langer Rock »frou-frou-frou« um ihre schlanken Fesseln rascheln, und ihre zierlichen Stiefelchen oder Schuhe mußten mit verführerischem »Krick-Krack-Krick-Krack« dahergetrippelt kommen. Das war das absolut Neueste, direkt aus Paris, diese Schuhe mit dem »Krick-Krack-Krick-Krack«.
Und dieses kokette weibliche Duett von »Frou-Frou-Frou« und »Krick-Krack-Krick-Krack« ließ alle Herren, die auf den Terrassen der Cafés und Restaurants dösten, aufhorchen und die Hälse langmachen. Und gar nicht davon zu reden, daß andere, weniger elegante Damen vor Neid schier erblaßten. Und Francesco wußte ganz genau, wie man dieses elegante »Krick-Krack-Krick-Krack« zum Musizieren bringen konnte. Man brauchte dazu zwei Stückchen Leder, soundso dünn, tauchte sie soundso lange in soundso viel Paraffin, klebte sie dann genau soundso innen in den Schuh oder Stiefel hinein, daß sie soundso übereinanderlagen, und ließ sie trocknen. Und »Ecco!« – bei jedem Schritt konnte man es hören, jenes entzückende, jenes hochmoderne »Krick-Krack-Krick-Krack«.

Bald würde ganz Antibes von Signor Francesco Paolinos modischen Schuhen mit dem »Krick-Krack« sprechen. Aber wenn der Maestro erst einmal einen Haufen Geld verdient hatte, würde er ihnen einen hübschen Schrecken einjagen. Allen seinen eleganten Kundinnen würde er das Herz brechen – nämlich sein blühendes Geschäft verkaufen, Hämmer, Nägel, Zwirn, schönes Leder, Perlmuttknöpfe, einfach alles, mit einem hübschen Gewinn natürlich – und mit einem dankbaren Amen Teil Eins seines Traumes beschließen.

Im zweiten Teil seines Traumes sah sich Signor Francesco Paolino herumgehen und sehr lange und bedächtig ein paar Morgen Land begutachten und dann kaufen. Ja, *kaufen*, einfach so, und bar bezahlen. Und dann hatte er immer noch Geld übrig, um *sie* zu kaufen – die Rosenstöcke, die erlesensten Stöcke, nur die allerbesten würde er nehmen, mit schöngeformten Knospen und herrlichen Blüten, mit langen geraden Stielen und mit möglichst wenig Dornen. Und er sah sich schon, glückselig und mit unendlicher Mühe seine Rosen pflegen. Nicht ein Unkraut sollte es wagen, sein häßliches Haupt in Francesco Paolinos Rosengarten zu erheben.

Und jeden Morgen, wenn die Sonne aufging, würde er draußen unter seinen Rosen nur die schönsten Knospen und Blüten auswählen und, während noch der Tau auf ihnen lag, sie abschneiden und sich dann auf seinen eigenen Grund und Boden setzen und seine Rosen zu hübschen Sträußen binden, sie in zwei große Körbe legen und auf den Marktplatz tragen, um sie dort zu verkaufen.

Bald würden alle Leute an der Côte d'Azur, sogar die Milords und Miladies, »Paolinos erlesene Rosen, garantiert frisch vor Tau und Tag geschnitten« bewundern.

»Stellen Sie bitte nur Paolino-Rosen auf unsere damastgedeckten Tafeln«, würden sie anordnen.

Ach ja, Teil Zwei von Francescos Traum drehte sich um Rosen, ganz allein um Rosen. Aber sowohl Teil Eins wie auch Teil Zwei waren ein ganz großes, streng bewahrtes Geheimnis zwischen Francesco, dem lieben Gott und dem sanftmütigen heiligen Franz von Assisi, seinem Namenspatron. Sie mußte er natürlich ins Vertrauen ziehen.

Nun, dieser Ehrgeiz, eines schönen Tages ein Stück Land sein eigen zu nennen, war gar nicht so vermessen, wie es scheinen mag. Die anderen Paolinos sprachen unaufhörlich davon. Auch sie waren aufgeweckte Burschen, hatten einen hellen Kopf und Phantasie und waren bis zu diesem Tag schon viele Meilen gelaufen, jeden Sonntag nach der Messe, und hatten das Land außerhalb der alten Mauern der kleinen Hafenstadt Antibes erforscht. Und sie hatten ganz in der Nähe die Landzunge im blauen Mittelmeer entdeckt, das Cap d'Antibes.

Und »erforscht«, »entdeckt« sind die richtigen Worte. Sie mögen es kaum glauben wollen, aber in jenen Tagen war das Cap d'Antibes ein ganz einsames stilles Fleckchen Erde. Auf jenem lieblichen Kap gab es nur drei Häuser, nicht mehr als drei, ganz verloren lagen sie in den unwegsamen Pinien- und Tannenwäldern, die sich wild und frei zum Meer hinabsenkten.

Und noch unglaublicher mag es Ihnen erscheinen, daß man auf dem Kap so viel Land hätte kaufen können, wie man nur gewollt hätte – zwar nicht gerade »für einen Sou den Quadratmeter«, wie mancher noch heute wehmütig behauptet, aber es war billig, wirklich spottbillig. Schließlich brauchte man auch, wie jedermann wußte, einen eisernen Mut und die schwellenden Muskeln der alten Pioniere, die den fernen Westen Amerikas »erschlossen« hatten, um die Wälder zu roden, die Millionen Wurzeln auszugraben, den Dschungel dornigen Gestrüpps und Gebüschs zu lichten und sich einen

Weg zu bahnen, ehe man auch nur seinen Spaten in diesen spottbilligen Boden treiben konnte.
Aber einen Paolino hat der Gedanke an schwere Arbeit noch niemals abgeschreckt. Im Gegenteil! Arbeit war für sie ein Segen des Himmels. Allerdings vertrauten sie niemandem – außer dem Himmel – diesen tollkühnen Plan an, daß sie eines Tages ein Stück Land auf dem Kap erwerben wollten. Wie Mamma Paolino sagte: »Laßt die Eigentümer nur Wind von der Sache bekommen, und schon gehen die Preise hinauf!« Aber regelmäßig, Woche um Woche, wanderte der Lohn der Paolinos in Mammas Kasse. Aber glauben Sie nur ja nicht, daß ihre Ersparnisse sich nur so häuften. Nein, nicht einmal unter Mammas Haushaltsführung!
Mamma, müssen Sie wissen, war eine ebenso ausgezeichnete und sparsame Köchin, wie sie ein geschickter Finanzmann war. Aber sie liebte es nun einmal, ihrer Familie ein gutes Essen vorzusetzen. Bald verstand sie auch genug Französisch, um auf dem Markt mit den Besten um die Wette zu feilschen, und es muß in aller Aufrichtigkeit gesagt werden, daß sich die kleinen Leute von Antibes, sobald sie die neuangekommenen Paolinos erst einmal kennengelernt hatten, sehr freundlich und hilfsbereit zeigten, besonders gegen Mamma. So bekam sie auch immer ihren Anteil an den »Sonderangeboten« des Tages.
Vor allem liebte es Mamma, ihrer ausgehungerten Familie eine große Schüssel voll dampfender köstlicher »Pasta asciutta« vorzusetzen, wobei Papa Korporal natürlich, wie immer, den Vorsitz führte und erklärte, Mammas Pasta asciutta könne man ungeniert sogar Ihrer Majestät der guten Königin Viktoria servieren. Jedermann an der Côte d'Azur sprach so von der ehrwürdigen vereinsamten kleinen Monarchin. Sie alle bewunderten und verehrten sie. »Eine wahre Königin«,

erklärte Papa Korporal so entschieden, daß man glauben mußte, er stünde mit allen gekrönten Häuptern Europas auf sehr vertrautem Fuße.
Ach ja, sie speisten fürstlich, dank der »Sonderangebote«, die Mamma nach Hause brachte. Aber selbst das günstigste Angebot mußte mit schwerverdientem Geld bezahlt werden, und darum häuften sich auch die Ersparnisse nicht, ganz und gar nicht.

Als der Sommer kam und die heiße Sonne auf die Côte d'Azur herunterzubrennen begann, reisten die Milords und Miladies ab, um sich des milderen Sonnenscheins in ihrem eigenen Lande zu erfreuen. Eine sonnenbraune Haut galt damals noch nicht als Symbol des gehobenen Lebensstils. Alles andere als das. Damals hatte eine Dame durchaus nicht den Wunsch, so über und über braun zu sein wie eine Nuß. Folglich war es den ganzen heißen Sommer über an der sonnenglühenden Côte sehr ruhig. Die Terrassen der Cafés und Restaurants waren verlassen, die stattlichen Villen und feudalen Hotels standen leer, die Fensterläden waren geschlossen. Und natürlich hatte auch die lebhafte und so einträgliche Nachfrage nach erlesenen Gemüsen und schönen Blumen stark nachgelassen.
Aber die tüchtigen Paolinos hatten sich wohlweislich auf diese Sauregurkenzeit vorbereitet. Denn jetzt war auch die Zeit gekommen, in der die stattlichen Villen, die vornehmen Hotels, die Cafés und Restaurants wie in jedem Jahr alle Renovierungen und Reparaturen ausführen ließen, ebenso wie alle etwaigen An- und Umbauten. Also verdingten sich sämtliche männlichen Paolinos prompt als Handlanger und Stuckarbeiter – für den geringsten Lohn natürlich. Und ebenso prompt sicherten sich Mamma und die übrigen Frauen und Mädchen Aufträge, die Strohsitze der Stühle zu reparieren, die jetzt so nutzlos

auf den verlassenen Terrassen der Cafés und Restaurants zusammengestapelt standen – alle Reparaturen zu Hungerlöhnen, das versteht sich von selbst.
Nur der Calzolaio der Familie saß weiter wie bisher im Schatten und hantierte an seinem sicheren, geschützten Arbeitsplatz mit Stiefeln und Schuhwerk, aber er träumte dabei, er träumte fortwährend von Rosen.
Und es muß wohl auch gerade um diese Zeit gewesen sein, daß Mamma Paolino einsah, die Paolino-Frauen und Mädchen könnten nicht länger mehr Flicken auf die Flicken ihrer Kleider setzen. Eines denkwürdigen Tages also nahm sich Mamma Urlaub vom Stühlereparieren und verbrachte einen ganzen Morgen damit, temperamentvoll einen Ballen soliden dunklen dauerhaften Tuchs einzuhandeln. Zuerst rubbelte und schrubbelte sie kräftig, um ja sicherzugehen, daß sie nicht für einen ganzen Ballen minderwertigen Kleiderstoffs gutes Geld ausgab, und dann, nachdem sie gefeilscht und gefeilscht hatte, bis sie das Ganze für einen geradezu lächerlichen Preis bekam, trug sie den schweren Stoffballen so voller Stolz nach Hause, als sei das Tuch von Gold. Und dann saßen Mamma und die anderen Frauen Abend für Abend rund um den langen Tisch und schnitten zu und hefteten und stichelten, und an einem glühendheißen Sonntagmorgen war es soweit, da führte Mamma triumphierend die weiblichen Paolinos zum Hochamt. Alle steckten in den gleichen Kleidern aus dem gleichen dunklen soliden Stoff, in dem gleichen Schnitt mit dem sittsam hochgeschlossenen Kragen, den langen Ärmeln und ohne alle Falbeln und Fältchen, für die man so verschwenderisch viel Stoff braucht.
Und Sie mögen es nun glauben oder nicht: Mamma Paolino fabrizierte weiter, jahrein, jahraus, die gleichen Kleider en gros. Für alle Paolino-Frauen und Mädchen, und nur ihre neuen Schwiegertöchter wagten es anfangs,

ein wenig rebellisch dagegen aufzumucken. Aber sie fügten sich bald der Familienmode, aus dem einfachen Grunde, weil auch sie gelernt hatten, Mamma Paolino zu lieben und zu respektieren. Sie war so unvergleichlich warmherzig und großzügig, so schön und selbstlos in ihrer grenzenlosen Liebe zu allen Paolinos, ganz gleich, ob sie von Geburt an oder erst seit ihrer Heirat zur Familie gehörten. Und wie Mamma immer wieder sagte: »Wartet nur, ja, wartet, bis wir genug gespart haben, um ein Stück Land auf dem Kap zu kaufen, und anfangen können zu arbeiten, nicht für andere, sondern für *uns selbst.*« Ach, dann würde es ein anderes Leben werden!

Mamma Paolino wäre allerdings aus allen Wolken gefallen, wenn sie gewußt hätte, daß der Calzolaio der Familie, der es so gut an seinem sicheren, geschützten Arbeitsplatz im Schatten hatte, in seinem Herzen zu alledem Amen! Amen! sagte. Ja, das Leben würde tatsächlich anders werden, wenn auch er für sich selbst arbeitete und zuerst jene eleganten Schuhe mit dem »Krick-Krack« anfertigte und dann, schöner noch als alles andere, unter Rosen arbeitete, Signor Francesco Paolinos erlesene Rosen, garantiert frisch vor Tau und Tag geschnitten.

Man sollte niemals sagen, daß Träume nur selten in Erfüllung gehen, denn als Francesco sechzehn war, hatte sich Teil Eins seines Traums tatsächlich erfüllt. Eines goldenen Morgens stand er auf der Schwelle eines winzigen Ladens. Er hatte ihn nur gemietet, gewiß, aber über der Tür stand in großen Buchstaben *sein* Name:

PAOLINO, CORDONNIER, MAITRE BOTTIER

Und drinnen auf der Bank lagen sein Werkzeug und sein Ledervorrat. Er brauchte jetzt nichts weiter zu tun, als auf Kundinnen zu warten. Und die Kundinnen *ka-*

men, und es war genauso wie in seinem glücklichen Traum. Und bald saß der sechzehnjährige Cordonnier, Maître Bottier Paolino emsig bei der Arbeit und nähte und flickte Stiefel und Schuhe. Aber noch glückseliger war er, wenn er Maß nehmen und modische Stiefelchen und Schuhe anfertigen konnte, Schuhe, die am Fuß saßen wie ein Handschuh an der Hand und die bei jedem Schritt sehr fesch »krick-krack« machten.

Aber o weh über den jungen Cordonnier, Maître Bottier Paolino! Teil Eins seines Traums nahm bald ein trauriges Ende. Seine Kundinnen waren nicht die liebenswürdigen begüterten Miladies, die, ohne ein Wort zu verlieren, auf der Stelle zahlten. O nein! Seine Kundinnen hatten so eine Art, ein Paar Stiefel oder Schuhe, die er gerade für sie angefertigt oder fein säuberlich repariert hatte, mitzunehmen und ein anderes Paar, das ebenso dringend der Reparatur bedürftig war, auf die Bank zu werfen und dabei hochmütig zu sagen: »Schön, ich nehme diesemal mit und zahle für beide Paare, wenn ich das nächstemal komme.«

Und wenn man erst sechzehn ist, scheint es so sehr großartig und nobel, sich leicht zu verbeugen, mit allen Zähnen zu lächeln und charmant zu sagen: »Aber natürlich, Madame!« oder »Gewiß, Mademoiselle, stets zu Ihren Diensten«, als hätte man ein Vermögen auf der Bank von Frankreich.

So gewährte der Cordonnier, Maître Bottier Paolino allen und jedem großzügig Kredit. Aber wohlweislich sagte er Mamma Paolino nichts davon. Irgend etwas ließ ihn befürchten – und das mit Recht –, daß sie ihm gehörig den Marsch blasen und dann davonstürmen würde, um alle seine so zufriedenen Kundinnen aufzusuchen, sie zur Rede zu stellen und ein für allemal aus seinem Geschäft zu vertreiben.

Bald jedoch schien ihm das Krick-Krack seiner modischen Stiefel oder Schuhe, die er – auf Kredit – nach Maß anfertigte, nicht mehr so musikalisch in den geplagten Ohren zu klingen. Nein, jetzt schienen sie zu knarzen: »Pas payé! Pas payé!« – »Nicht bezahlt! Nicht bezahlt!«

Später sagte man oft im Scherz, daß Stiefel, wenn sie knarzen, nicht bezahlt seien, aber der junge Cordonnier Maître Bottier Paolino hörte jenes unheilvolle »Pas payé! Pas payé!« lange, lange vor der übrigen Welt.

Aber es ist besser, jetzt ein barmherziges Tempo anzuschlagen und zu berichten, daß die Lederhändler Herzen von Stein hatten, so kalt und schwarz wie Marmorstein. Sie hielten nichts von unbeschränktem Kredit, und als der Cordonnier Maître Bottier Paolino siebzehn war, machte er Bankrott.

Jawohl, Bankrott.

Papa Korporal und Mamma und all die anderen Paolinos waren wie vom Donner gerührt, saßen da wie versteinert. Und das mag Ihnen zeigen, wie sehr diese Nachricht ihnen die Sprache verschlagen hatte. Aber dann holten sie tief Luft und wie ein Sturzbach brachen die Worte aus ihnen heraus, und dort saß ihr Bankrotteur, ganz einsam in seiner grauen Verzweiflung, aber den Kopf hielt er hoch, grimmig sich daran erinnernd, daß schon andere vor ihm Bankrott gemacht hatten, und das waren mächtige, große Herren gewesen, denen Banken gehörten und Rennpferde, Männer, die ganze Nächte hindurch ihre Millionen gezählt hatten, und da saß nun er in dieser traurigen, aber erlauchten Gesellschaft, und in seinem verzweifelten Elend fand er Stolz und Trost bei diesem Gedanken.

Mag sein, daß die anderen Paolinos etwas davon spürten. Auf einmal jedenfalls war ihr ganzer Zorn verraucht, und sie klopften ihm auf den Rücken und redeten ihm zu, gute Miene zu bösem Spiel zu machen und sich ja nicht die Kehle durchzuschneiden, denn Begräbnisse kosteten bekanntlich eine ganze Menge Geld, und niemand ging gern hin – es sei denn, die Hinterbliebenen hätten ein Vermögen zu erwarten.

Dann mußten sie wieder an die Arbeit, und Francesco blieb mit Mamma allein. Und er schwört, es war sein guter kalabrischer Engel, der ihm in diesem Augenblick einen energischen, aufmunternden Schubs gab, denn plötzlich wußte er, daß jetzt der Moment gekommen sei, Mamma sein Herz auszuschütten, und er begann so begeistert, so überzeugend die strahlende Zukunft auszumalen, die sich für einen jungen Mann wie ihn auftue, wenn er Rosen, erlesene Rosen, anbaute und verkaufte, daß er sich selbst und seine Mamma über den Haufen redete – und vielleicht sogar seinen guten Schutzengel auch.

Und sofort begann seine Mamma zu weinen und weich zu werden. Ja, sie stimmte ihm sogar zu, daß er ja immer noch an den sicheren, geschützten Arbeitsplatz eines Calzolaio zurückkehren könne, wenn er auf einmal nachts zu husten anfinge oder durch andere alarmierende Zeichen zeige, daß er holterdipolter einem frühen Tod entgegengaloppiere, nur weil er im Freien arbeitete und allen Gefahren der frischen Luft und der Sonne ausgesetzt war.

Aber am besten war doch, daß seine Mamma so ganz allmählich seine Sehnsucht, Rosen zu pflanzen, zu verstehen begann. Und in seinem bankrotten Herzen blitzte es auf wie in einem Leuchtturm und brannte hell und warm in seiner Brust, und drei Wochen später, ganz früh am Morgen, nahm Excordonnier Maître Bottier Francesco Paolino einen wunderschönen Spaten und eine ebenso schöne Axt – beide aus zweiter Hand natürlich, aber so lange poliert und geschliffen, bis sie blinkten und schnitten wie ein Rassiermesser – und machte sich auf den Weg zu dem einsam gelegenen Cap d'Antibes.

Aber hegen Sie bloß nicht allzu kühne Erwartungen! Mamma Paolino hatte noch immer nicht genug zusammengespart, um einem der vielen Paolinos ein einigermaßen lohnenswertes Stück von jenem spottbilligen Land zu kaufen. Himmel nein! Aber Francesco hatte ein Stück Land für fast nichts gepachtet. Er würde diese Pacht bezahlen und sein Brot damit verdienen und dazu auch die Lederlieferanten nach und nach zurückbezahlen, indem er abends und nachts Schuhe und Stiefel flickte. Aber von diesem Tage an nicht mehr auf Kredit. O nein! »Kein Bargeld auf den Tisch – keine Stiefel zurück!« Francesco wollte in Zukunft auch nicht das geringste Risiko eingehen, nicht, wenn Teil Zwei seines Traumes auf dem Spiele stand.

Es war ein wunderschöner Morgen. Ein warmer leichter Wind säuselte und sang in den unwegsamen wilden Wäldern des Kaps. Das blaugrüne Meer sprühte und schäumte. Nie zuvor war der Himmel so blau gewesen, so wolkenlos, das Meer so frisch, die Vögel so vergnügt. Als Francesco zu seinem wilden, rauhen Stück Land kam, legte er sorgsam Axt und Spaten auf die Erde und atmete die süße Morgenluft tief, tief ein. Er schaute sich um: Die ganze weite Welt war schön, war wunderschön und herrlich.

Er kniete nieder und machte das Zeichen des Kreuzes, und als er seine Augen schloß, sah er sie, einen glückseligen Augenblick lang sah er sie, die Rosen, die erlesenen Rosen, die er mit Gottes Hilfe auf diesem Stück Land ziehen wollte.

Dann stand er wieder auf, nahm seine scharfe Axt und begann – während sein guter kalabrischer Engel voll Angst und Bangen über ihm schwebte –, das erste Ge-

strüpp von Zweigen und Dornen niederzureißen. Und er hörte sich selbst aus voller Kehle singen.
Und, Dio mio, sang er nicht wie Caruso, ganz genauso wie Caruso?

Claudia

Nun, um diese selbe Zeit, aber allen anderen Personen der bisherigen Geschichte völlig unbekannt, lebte ein kleines Mädchen in einem stillen Hause am Rande der sauberen stolzen Stadt Lyon.
Ihr Name war Claudia Dubreuil. Aber um *ihre* Familie, ihre Kindheit richtig zu verstehen, muß man zuerst einmal die Jahre zurückrollen lassen, gute hundert Jahre, genau gesagt, bis zum Jahr 1802, und muß sich in den Tête-d'Or-Park versetzen, auf das linke Ufer der Rhône mitten ins Herz der Stadt Lyon.
Der Tête-d'Or-Park, müssen Sie wissen, war der Stolz und die Freude der Bürger von Lyon. Kein Park dort oben in Paris, pflegten sie zu behaupten, konnte einem Vergleich mit ihrem Tête-d'Or-Park standhalten mit seinen breiten Alleen, seinen schönen Bäumen und seltenen Sträuchern, die so künstlerisch gruppiert waren, daß sie die hübschesten Farbenharmonien ergaben; mit seinen gepflegten bunten Blumenbeeten, seinem idyllischen See und den Gewächshäusern voller fremdartiger tropischer Pflanzen und exotischer Blüten. Es war eine wahre Oase des Friedens und der Schönheit, erklärten jene Bürger, die Sinn für Poesie hatten.
Einer der braven Gärtner, die fleißig von früh bis spät in diesem herrlichen Park arbeiteten, war ein schlichter stiller Mann namens Joseph Rambaux, und Josephs besondere Sorgfalt und sein unendlicher Stolz galten jenem Teil des Parks, in dem die Obstbäume wuchsen – schöne Obstbäume, mit größter Liebe gepflegt,

eine Blütenherrlichkeit im Frühling und im Herbst eine unwiderstehliche Versuchung für alle kleinen Buben, wenn Mephisto persönlich hinter jedem Baum hervorwinkte.

Aber am liebsten von allen Obstbäumen waren dem stillen Joseph Rambaux die jungen Birnbäume, die er selbst gepflanzt und so gezogen hatte, daß ihre Zweige sich zierlich in sauber ausgerichteten Girlanden über eine sonnige Mauer breiteten. Ein außerordentlich hübscher Zierat, eine Wonne fürs Auge waren sie.

Wenn Sie Bäume lieben und jemals nach Lyon kommen, dann machen Sie doch einmal, wenn Sie die Gelegenheit dazu haben, einen Spaziergang durch den Tête-d'Or-Park. Heute mehr noch als früher ist er eine Oase des Friedens und der Schönheit mitten in dieser lebendigen reichen Stadt Lyon, und noch immer können Sie Joseph Rambaux' wunderschön gezogene Spalierbirnen sehen; sie sind jetzt natürlich ehrwürdig vor Alter, aber noch immer sauber ausgerichtet und hübsch anzusehen.

Sie mögen denken, daß ein Gärtner, der den ganzen Tag im Tête-d'Or-Park gearbeitet hat – und der Arbeitstag war damals ziemlich lang –, am Abend nach Hause eilt, dankbar seine Stiefel auszieht und Baum Baum und Strauch Strauch sein läßt.

Aber nicht so der stille Joseph Rambaux.

Er verzehrte zusammen mit seiner Frau und seiner kleinen Tochter – übrigens hießen sie beide Marie – sein Abendbrot und ging dann hinaus, um in seinem eigenen Garten weiterzuarbeiten. Manche andere Frau hätte wohl gebrummt, ja, nicht genug, sie hätte ihm gehörig die Hölle heiß gemacht, aber Marie Rambaux liebte ihren Mann, und sie liebte auch ihren Garten. Wenn sie also das Geschirr gespült hatte, gingen sie und die kleine Marie hinaus, um dem Papa zu helfen, bis es dunkel wurde.

Aber in Joseph Rambaux' Garten gab es keine Obstbäume oder gar Beerensträucher, nicht einmal einen Stachelbeerbusch. Es gab nur Rosen, Reihe um Reihe der anmutigen Rosen jener alten Zeit: Provins-, Bourbon-, Noisette- und Teerosen! Und Joseph Rambaux liebte sie zärtlich, jede einzelne.

Bald aber begann er mehr zu tun, als Rosen nur zu seinem eigenen Vergnügen zu ziehen. Er entdeckte, daß er einen grünen, einen grasgrünen Daumen hatte und daß seine Rosenstecklinge sich fast immer bewurzelten und zu prachtvollen Büschen entwickelten. Er begann also ein paar Stöcke, die er entbehren konnte, zu verkaufen und machte sich bald einen bescheidenen Namen als ein zwar sehr kleiner, aber erstklassiger Rosengärtner, dem man schon einmal vertrauensvoll einen oder zwei Stöcke abkaufen konnte.

Joseph war von diesem bescheidenen Erfolg und natürlich auch von dem bescheidenen Sümmchen, das er ihm einbrachte, so sehr ermutigt, daß er sich, als ein Stück Land, das an seinen eigenen Garten angrenzte, verkauft werden sollte, mit seiner Frau Marie hinsetzte, die Ersparnisse zusammenzählte und sich entschloß, das Risiko zu wagen und es zu kaufen. Schließlich war ja, wie Marie sagte, ein Stück Land immer eine gute Geldanlage. Die Stadt Lyon wuchs so schnell, daß man, wenn sich der neue Garten nicht einträglich genug erweisen sollte, ihn immer wieder verkaufen konnte, und wahrscheinlich für mehr Geld, als sie jetzt dafür gezahlt hatten.

Aber Joseph war vorsichtig und beschloß, auf diesem zweiten Grundstück Obstbäume zu pflanzen. Wie Marie ja schon sagte: Das alte Sprichwort hat eben nicht unrecht. Man sollte niemals alles auf eine Karte setzen. Da also war nun Joseph und pflanzte und pflegte hübsche junge Obstbäume auf diesem Extrastück Land – genauso, wie er es den ganzen Tag lang im Tête-d'Or-

Park von Lyon tat –, aber mit einem Unterschied: Er zog die kleinen Obstbäume auf seinem eigenen Grund und Boden aus Samen heran und beobachtete, wie sie unter seiner sachverständigen Pflege zu kräftigen jungen Bäumen heranwuchsen. Und bald verkaufte er auch sie an seine treuen Kunden, mit genauer und freundlicher Anweisung, wie sie in den vielen kommenden Jahren gepflegt werden wollten.

Aber das war immer noch nicht alles, was Joseph in seiner knapp bemessenen Freizeit mit Optimismus, Geduld und Mut unternahm. Zuerst und vor allen Dingen war er ein Rosenliebhaber, und wie so viele andere leidenschaftliche Rosenliebhaber vor ihm begann auch er, noch mancherlei zu versuchen und Rosen miteinander zu kreuzen. Er dachte, wie so viele vor ihm schon gedacht hatten, daß es wundervoll sein müsse, eine ganz neue Rose zu züchten, eine Rose zum Beispiel, die den himmlischen Duft einer gewöhnlichen Wald- und Wiesenrose mit der zarten Anmut und der vollendet schönen Farbe einer duftlosen Art verbindet. Aber eine neue Rose durch Kreuzbefruchtung zu züchten, ist nicht so einfach, wie es klingt. Und vor allen Dingen geht es nicht schnell. Ja, man muß sogar unendlich viel Geduld haben.

Zunächst, wenn man die Elternrosen sorgfältig ausgewählt hat, muß man den genau richtigen Augenblick abpassen, um den Versuch zu beginnen. Dieser Augenblick ist gekommen, wenn die Mutterrose noch nicht ganz aufgeblüht ist, wenn ihre Staubgefäße noch nicht reif und ihre Narbe noch nicht geöffnet ist. Behutsam entfernt man alle unreifen Staubgefäße und setzt darauf der Knospe sofort ein Papierhütchen auf, um sie vor den doch recht zweifelhaften Artigkeiten der Bienen und anderer Insekten, die ja an ihren haarigen Beinen Blütenstaub von Gott weiß was für unbekannten Rosen heranschleppen könnten, zu schützen und auch, um sie vor dem Wind zu behüten. Denn wie ein jeder Heuschnupfenkranke zu seinem Leidwesen weiß: »Der Wind weht, wo er will«, und er weht auch ganz und gar unerwünschten Blütenstaub heran, den er irgendwo unterwegs aufgelesen hat.

Dann wartet man auf den Augenblick, in dem die Narbe dieser staubgefäßlosen Rose geöffnet und bereit ist, den Blütenstaub zu empfangen, entfernt das schützende Papierhütchen und trägt behutsam mit einem Pinsel den Blütenstaub, den man den reifen Staubgefäßen der Vaterrose entnommen hat, auf die geöffnete Narbe. Dann muß sofort das Hütchen wieder übergestülpt werden, um die Rose vor allen Bienen und Insekten zu schützen, wie auch vor dem Blütenstaub, den der Wind heranwehen könnte.

Kurz und gut, man muß sich vergewissern, daß nur der Blütenstaub dieser einen sorgfältig ausgewählten Vaterrose die Narbe der anderen befruchten kann.

Und doch ist dies nur der erste leichte, am wenigsten Mühe bereitende Schritt auf dem Weg zu einer neuen Rose. Rosensämlinge sind wie Kinder menschlicher Eltern, sie haben die beunruhigende und undankbare Angewohnheit, sich alle voneinander zu unterscheiden; auch nicht zwei sind einander gleich; und noch beunruhigender: Aus einer Kreuzung kann man bis zu achthundert neue Rosensämlinge bekommen, alles Nachkommen derselben beiden Elternrosen, alle aus derselben Kreuzung hervorgegangen und alle verschieden.

Also muß man, so gut man eben kann, einige von denen auswählen, die am vielversprechendsten zu sein scheinen. Aber auch diese sind immer sehr zart und empfindlich und müssen gehegt und gepflegt werden, wenn man sie durchbringen will. Und dann zu guter Letzt, wenn sie endlich aufblühen, kann es sein, daß diese neuen Rosen zwar etwas versprochen, aber nichts gehalten haben.

So geht es wieder weiter: Man wählt die besten aus, die vielversprechendsten von allen, und kreuzt sie mit einer anderen sorgfältig ausgewählten Elternrose und betet, daß diesmal das Wunder geschehen möge, daß diesmal die liebliche neue Rose mit jenem unvergleichlichen »Etwas« aufblühe, die neue Rose, die man schon so leibhaftig vor Augen hat, nur vor dem inneren Auge allerdings.

Und wieder kann es sein, daß in der ganzen nächsten großen Generation nicht ein einziger Sämling dem Traumbild nahekommt. Und die ganze, so viel Geduld erfordernde, langsame Prozedur muß wiederholt werden, immer wieder, oft viele Jahre lang, bis endlich vor unseren Augen eine neue Rose aufblüht, die alle diese Mühen auch wirklich belohnt.

Nun stellen Sie sich das einmal vor: Da arbeitete also Joseph Rambaux den ganzen Tag über schwer als Gärtner im Tête-d'Or-Park von Lyon, und kam er nach Hause, so arbeitete er unter seinen eigenen Obstbäumen und geliebten Rosen weiter und fand immer noch die Zeit und die unendliche Geduld, eine Rose nach der anderen zu züchten, zehn Stück im ganzen. Aber niemand außer seiner Familie und seinen Freunden wußte etwas von Josephs zehn neuen Rosen. Man kannte damals das Okulieren schon, aber es mußte erst noch nachgewiesen werden, daß es wirklich die beste, ja, die einzig zuverlässige Methode ist, eine neue Rose zu vermehren. Und selbst der geduldige Joseph Rambaux hatte dafür keine Zeit. So blühten diese zehn neuen Rosen ganz allein in seinem kleinen Garten.

Die geschäftigen Tage, die Jahre eilten vorbei, und in all dieser Zeit wuchs natürlich Josephs kleine Tochter Marie schnell heran. Und ehe noch dem glücklichen Gärtner etwas aufgefallen war, fragte ihn schon seine Frau vorwurfsvoll, ob er denn vor lauter Rosen und Obstbäumen gar nichts anderes mehr sehe. Hatte er es denn noch immer nicht gemerkt? Was? Ja, du lieber Himmel, daß der junge Francis Dubreuil, der Schneider, immer wieder eine neue Ausrede fand, um bei ihnen hereinzuschauen und ihre Rosen zu bewundern, wenn es doch so deutlich zu sehen war, wie die Nase mitten in seinem Gesicht, daß er eigentlich nur ihre Marie so sehr bewunderte. Ja, ihre Tochter Marie.

Es war wirklich so. Sehr bald schon erschien der junge Francis Dubreuil, um sich um die Hand ihrer hübschen kleinen Marie zu bewerben, wobei er Joseph offen und auf den Pfennig genau darlegte, was er als Schneider verdiente, und somit folgerichtig bewies, daß er es sich leisten könne, zu heiraten, und, was wohl am allerwichtigsten war, Joseph versicherte, daß er ein sehr liebevoller und treuer Gatte sein werde.

Da war nun die stille kleine Marie fest entschlossen, nicht mehr zu warten, sondern Francis Dubreuil vom Fleck weg zu heiraten oder an gebrochenem Herzen zu sterben. Und Marie war nicht nur das einzige Kind, sondern sie war auch zart und kränkelte ständig, bald an diesem, bald an jenem. Da mußte sich nun Joseph, verwirrt und überrascht, wie er war, damit abfinden, nun so alt geworden zu sein, daß er eine verheiratete Tochter hatte und den jungen Francis Dubreuil, den Schneider, zum Schwiegersohn bekam.

Und als ob das allein nicht schon genug wäre, präsentierten ihm die zwei, ein knappes Jahr später, schon ein Enkelkind, ein niedliches kleines Mädchen, das sie Claudia tauften.

Nun dürfen Sie aber auf keinen Fall glauben, daß Francis Dubreuil dem guten Joseph Rambaux als Schwiegersohn nicht willkommen gewesen wäre, nein, wahrhaftig nicht. Es war nur so, daß die Zeit so schnell dahingeeilt und es von ihm nicht bemerkt worden war, bis er auf einmal Großpapa wurde. Man mag sagen, was man will, aber das kann einem Mann die Augen öffnen, das bringt ihm zum Bewußtsein, wie alt er eigentlich schon ist.

Joseph hatte nämlich Francis Dubreuil wirklich gern. Francis war ein gewandter und intelligenter junger Mann, und eins gewann ihm Josephs Herz, nämlich als sich bald schon herausstellte, daß sein Schwiegersohn wirklich Rosen liebte. Jeden Tag, wenn er mit dem Zuschneiden, Heften und den Anproben bei seiner männlichen Kundschaft fertig war, verbrachte er glückliche Stunden mit Joseph im Rosengarten. Er half, die Rosen, die verkauft werden sollten, auszuheben, er lernte, sie ebenso geschickt und liebevoll wie Joseph selbst zu beschneiden, ja, er beherrschte sogar mit erstaunlichem Erfolg die Technik des Veredelns. So alles in allem hätte sich Joseph keinen besseren Schwiegersohn wünschen können, keinen, der ihm verständnisvoller und hilfsbereiter an die Hand gegangen wäre, keinen besseren Mann für Marie, keinen fürsorglicheren Papa für die kleine Claudia.

Und Francis bewunderte immer wieder Josephs zehn neue Rosen, und er wiederholte ständig: »Ich sage es dir, du müßtest sie vermehren und auf den Markt bringen, die Leute würden sie lieben!«

Jedoch, die Zeit schien immer zu knapp zu sein, um diese zehn neuen Rosen zu vermehren und auf den Markt zu bringen. Es ließ sich bei Josephs täglicher Arbeit im Tête-d'Or-Park und dem stetigen Verkauf der alten bewährten Lieblinge an seine treuen Kunden einfach nicht machen. Jedoch eines Tages, nahm sich Joseph fest vor, würde er sich die Zeit nehmen; mit Francis Hilfe würde er diese zehn neuen Rosen vermehren und verkaufen, vielleicht sogar einigen berühmten Züchtern zeigen. Ja, das war es, was sie eines Tages tun würden.

Aber dieser Tag ist nie gekommen. Joseph Rambaux wurde krank und starb, so still und tapfer, wie er gelebt hatte. Und ihre ganze trauliche kleine Welt schien um die tieftraurige Familie zusammenzubrechen.
Als sie ein wenig diesen Schock, nicht aber ihre Traurigkeit überwunden hatten, mußten sie sich alle zusammensetzen und beraten, was sie künftig machen wollten. Was sollte nun aus Josephs Rosengärten werden, aus seinem Obstgarten mit den schönen jungen Bäumen, aus dem bescheidenen, aber stetigen kleinen Geschäft, das er in seiner freien Zeit mit soviel Mühe aufgebaut hatte? Und von Francis angeführt und befeuert, beschlossen sie, ihr Herz in beide Hände zu nehmen und das zu tun, was Joseph tief gerührt hätte, wenn er es noch hätte erleben können.
Sie beschlossen, daß Francis seinen guten sicheren Verdienst als Schneider aufgeben solle. Er sollte alles übernehmen und mit der Hilfe und dem Zuspruch seiner verwitweten Schwiegermutter und seiner Frau Marie alles versuchen, um Josephs bescheidenen Rosen- und Obstbaumhandel weiter auszubauen. Wie hätten sie es auch mit ansehen können, wie das Werk, an dem Joseph sein ganzes Leben lang so hingebungsvoll gearbeitet hatte, in fremde Hände überging? Nein, es war undenkbar! So nahmen sie eben allen ihren Mut zusammen.
Und so kam es, daß der Schneider Francis Dubreuil Rosengärtner von Beruf wurde, wenn er auch, ebenso wie es Joseph vor ihm getan hatte, vorsorglich außer den Rosen noch hübsche junge Obstbäume anpflanzte und verkaufte.
Aber ebenso wie Joseph liebte er die Rosen über alles, und als sein kleines Geschäft zu blühen und zu wachsen begann, kaufte er gleich weiteres Land und pflanzte noch mehr Rosen an. Und trotz all dieser zusätzlichen schweren Arbeit und Verantwortung fand er Zeit, das

zu tun, was Joseph niemals geschafft hatte: Er vermehrte – mit viel Glück – acht von Josephs zehn neuen Rosen. Aber ehe er noch Zeit hatte, die beiden letzten zu vermehren, traf ein zweiter schwerer Schmerz ihr Leben: Auch Marie, Josephs Witwe, wurde krank und starb still dahin.

Und mag sein, daß Francis Dubreuil nun seine Liebe und seine Ehrfurcht für seine freundlichen und bescheidenen Schwiegereltern zeigen wollte, denn er arbeitete noch fleißiger als früher und ruhte und rastete nicht, bis er auch die beiden letzten von Josephs zehn neuen Rosen vermehrt hatte.

Eine war die Lieblingsrose seiner Schwiegermutter gewesen, eine süßduftende gelbe Rose mit sanft orangegoldenem Herzen und zierlichem Laub. Sie selber hatte ihr den Namen »Perle d'Or«, Goldperle, gegeben.

Die letzte von Josephs zehn neuen Rosen war auch gelb, aber ihr Gelb spielte in ein warmes zartes Rosa hinüber, und auch sie hatte einen süßen Duft, und Francis Dubreuil nannte diese bezaubernde Rose: »Souvenir du Rosiériste Rambaux«, Erinnerung an den Rosengärtner Rambaux.

Bald blühte die eine oder andere von Josephs zehn neuen Rosen in den Gärten Frankreichs; das ist nun schon achtzig Jahre her, und heute findet man nur noch selten eine von seinen Rosen in den Katalogen der Rosengärtner. Im Laufe der Jahre sind sie wie so viele andere liebenswerte Dinge aus der Mode gekommen. Aber sicher blüht noch manche Rose, wenn auch ihr Name längst vergessen ist, in dem stillen, ungestörten Winkel eines alten Gartens, sicher ranken sie noch, die Sommerluft mit ihrem zarten Duft erfüllend, über die Mauer eines Landhauses, und ich glaube, daß der bescheidene Joseph Rambaux sich nichts Besseres gewünscht, sich kein schöneres Andenken erhofft hätte.

Francis Dubreuil war tüchtig und fleißig und schaffte sich in seinem Fach bald selbst einen ausgezeichneten Namen als Rosengärtner. Auch nahm er sich die Zeit, Versammlungen und Konferenzen seiner Kollegen zu besuchen, denn nichts machte ihm größere Freude, als andere Gärtner zu treffen, sich viele Stunden lang mit ihnen zu unterhalten und Meinungen auszutauschen. Und selbstverständlich ließen sie sich alle miteinander – sie waren ja Franzosen – das Festessen schmecken, das die geschäftlichen Zusammenkünfte zu beschließen pflegte.

Aber seine Frau Marie wollte ihn zu keiner dieser Veranstaltungen begleiten. Er mochte ihr zureden, soviel er wollte. Sie war schon immer zart gewesen und menschenscheu, und jetzt, nachdem beide Eltern gestorben waren, verfiel sie immer mehr in eine leise, aber eigensinnige Hysterie, war nie richtig gesund, aber auch niemals richtig krank, besorgte sich immer neue Broschüren und probierte allerlei in den Zeitungen angepriesene Wundermedizinen aus. Und natürlich fühlte sie sich außerstande, Gäste zu empfangen oder woanders Besuche zu machen, nicht einmal bei den nächsten Nachbarn, mochten sie noch so nett und teilnahmsvoll sein.

Mit den Jahren wurde sie stiller und stiller, war's zufrieden, ein wenig herumzuwirtschaften, zu kochen und die Hausarbeit zu tun, sonst nichts, aber auch gar nichts. Wollte man sie nicht verstimmen, aufregen, an einer ihrer Migränen schuld sein, dann gab es nur ein Mittel: Man mußte ihr ihren Willen tun und das Haus nach außen hin abriegeln, in stiller, ungestörter Abgeschiedenheit und Einsamkeit.

Nun könnte man meinen, daß ihr einziges Kind, ihre Tochter Claudia, die in dieser Atmosphäre aufwuchs, sehr bald unruhig, ja, aufsässig geworden wäre, besonders da sie ihrem Vater so sehr ähnlich war. Auch sie war voller Energie, voll lebhafter Phantasie und liebte es, mit Menschen zusammenzukommen und etwas von der geschäftigen Welt außerhalb ihres stillen Hauses, ihrer Rosen- und Obstgärten zu erfahren.

Aber Claudia hatte ein gutes Herz und liebte und bemitleidete ihre zarte, stille Maman. Und sobald sie alt genug war, nahm sie ihr das Kochen und allmählich alle Hausarbeit ab. Und ihre Maman fand das ganz richtig und in Ordnung, legte still die Hände in den Schoß, wurde immer noch anfälliger und beschäftigte sich nur noch mehr mit ihrer eigenen Gesundheit.

Glücklicherweise war Claudia niemals darum verlegen, was sie tun sollte, wenn sie mit dem Kochen und der Hausarbeit fertig war. Bald fing sie an, all ihre Kleider selber zu nähen und die schönsten Handarbeiten zu machen, all die voluminösen Nachtgewänder, Hemden, Hosen und Unterröcke, die die Frauen und Mädchen damals zu tragen pflegten. Sie liebte es auch, ihrem Papa bei den Rosen zu helfen, und er überließ es ihr schon bald, seine Rosen zu beschneiden, ja, sogar sie zu veredeln.

Aber am allerliebsten beschäftigte sich Claudia damit, die Rosen, die sie gezogen hatten, zu Sträußen zu binden. Es machte ihr Freude, zwischen den Farben zu wählen und sie so zusammenzustellen, daß sie ein bezauberndes harmonisches Ganzes ergaben. Sie liebte vor allem gelbe Rosen, primelgelbe und goldfarbene und die Rosen, die in eine zarte Aprikosenfarbe hinüberschattierten. Oft stand sie vor ihnen und schaute sie an, versunken in Glückseligkeit, wußte sie mit geübter Hand zu schneiden und auf das schönste in einer Vase oder Schale zu ordnen. Aber welche Rosenfarbe sie auch wählen mochte, Claudias Gebinde zeigten nie einen grellen Farbton, waren nie langweilig, immer hatten sie etwas Erfrischendes und Eigenartiges, einen duftigen Charme, der nur ihnen eigen war.

Ihr Papa war natürlich stolz darauf, daß seine Rosen so reizend zur Schau gestellt wurden, und er gewöhnte sich an, bald diesen oder jenen Kunden ins Haus zu führen und ihm Claudias Sträuße zu zeigen. Es dauerte auch nicht lange, da begannen diese bewundernden Kunden Claudia zu fragen, ob sie ihnen wohl ein paar besondere Bukette binden wolle, für eine Hochzeitstafel, für eine Erstkommunion und andere festliche Familientage. Sie zahlten auch gern einen guten Preis, und dies Extrageld konnte man wirklich brauchen, denn kein Rosengärtner, mochte er noch so fleißig und geschäftstüchtig sein, konnte jemals hoffen, reich zu werden. Jedenfalls nicht in jener Zeit.

Claudia ging auch sehr gern in die Schule, aber da ihre Mutter so zart war, meinten alle, es sei doch wohl richtiger, wenn sie mit zwölf Jahren die Schule verließe – mit ihrem Certificat d'Études natürlich. Und mit vierzehn Jahren war sie schon so verläßlich und vernünftig und wurde mit allem so gut fertig – mit dem Kochen, der Hausarbeit und der Arbeit im Garten –, daß ihr Vater ihr erlaubte, was sie sich schon immer so sehnsüchtig gewünscht hatte.

In der Rosenzeit stand sie schon ganz früh, ehe der Morgen dämmerte, auf, kleidete sich an und schlich lautlos die Treppe hinunter – um ihre arme Maman nicht aufzuwecken, natürlich. Dann ging sie auf Zehenspitzen durch die Stube, deckte den Frühstückstisch und stahl sich schließlich in den kühlen, in den wunderschönen Morgen hinaus. Dort lief sie an den Reihen der Rosen entlang, wählte flink Blüten und Knospen aus und schnitt sie ab, genau in der richtigen Länge, und dann setzte sie sich auf einen hölzernen Schemel vor den Berg duftender betauter Rosen und band sie zu Sträußen, je zwölf Rosen zu einem Strauß. Und diese Sträuße schichtete sie liebevoll in drei große Weidenkörbe.

Dann ging sie zum Stall, wo sie ihr Mauleselchen, ihre Bichette, untergebracht hatten, und lockte sie so lange, bis sie sich vor einen kleinen Wagen spannen ließ, hob die Körbe voll Rosen hinein und ordnete sie so, daß die Blüten von dem Gerüttel des kleinen Wagens nicht beschädigt werden konnten. Dann sprang sie selbst hinauf, und mit: »Oops! Oops! En route, ma Bichette!« ging es los im Zockeltrab zu dem nächsten Markt, dem Straßenmarkt auf dem Quai Saint Antoine, wo die Hausfrauen von Lyon immer das frischeste Gartengemüse, Butter, Eier und selbstgemachten Käse und frischgesammelte Kräuter kaufen konnten, nicht zu reden von den Hühnern und den fetten zarten Kaninchen.

Nun, der Quai Saint Antoine war gut drei Kilometer entfernt, und für Claudia gab es nichts Schöneres, als in der frischen Morgenluft die stille Landstraße entlangzuzockeln, während die Vögel zwitscherten und sangen, als wollten sie ihnen zurufen: »Bonjour, Claudia! Bonjour, Bichette!« Und da niemand in der Nähe war, der sie hören und für verrückt halten konnte, begann auch Claudia zu singen, oder sie plauderte mit der braven kleinen Bichette und erzählte ihr Geschichten.

»Ah, Bichette, du wirst mir nicht glauben, was ich neulich gelesen habe, eine wahre Geschichte, aber wie ein Märchen, von einem Mädchen, das genauso alt ist wie ich und in einer Stadt lebt, in einem Lande sehr weit weg von hier, im Norden, es heißt Schweden. Und hör mir gut zu, Bichette, dieses Mädchen war so arm, so schrecklich arm, daß es bei jedem Wind und Wetter auf der Straße singen mußte, und es betete in seinem Herzen, daß doch ein freundlicher Mensch vorüberkommen und ihm eine Kupfermünze schenken möge, damit es sich ein Stückchen Brot kaufen könne. Das Mädchen hatte eine wunderschöne Stimme, Bichette, süß wie die einer Nachtigall, aber die Leute eilten vorbei, die Nase hoch in die

Luft gestreckt, und sagten, es müßte doch verboten werden, daß Kinder in Lumpen auf der Straße singen. Aber einige nettere Leute spendeten doch ein paar Pfennige. Und dann, Bichette, stell dir das einmal vor, kam eines schönen Tages ein großer Musiker und blieb verzaubert stehen, tief verwundert, als er die zerlumpte Kleine so süß singen hörte, und auf der Stelle nahm er sie zu sich, und sie lernte bei ihm singen, so wunderschön, daß sie später eine berühmte Primadonna wurde und ganze Konzertsäle voller Leute in der ganzen Welt in Begeisterung versetzte. Sie nannten sie ›die Schwedische Nachtigall‹, aber ihr wirklicher Name war Jenny Lind.«

Und Claudia hob ihre junge Stimme und sang, als sei sie Jenny Lind und singe in den windigen Straßen der fernen Stadt Stockholm.

Aber plötzlich hörte sie wieder auf, Jenny Lind zu spielen oder irgendeine andere interessante Persönlichkeit, über die sie eine Geschichte gelesen hatte, denn sie waren auf dem Quai Saint Antoine angekommen. Der Quai war schon voll Lärm und Leben, hier kannten alle Claudia und den kleinen Wagen mit den Rosenkörben, und fröhlich riefen sie ihr entgegen: »Ah, bonjour, la petite!«, als sie vorbeizuckelten.

Dann band Claudia Bichette an einem Baum in der Nähe fest, wo das Eselchen, den grauen Kopf tief in einen Futtersack versenkt, sein Frühstück kaute, während Claudia die Rosenkörbe herunterhob, sie am Randstein aufstellte und auf Käufer wartete.

Es muß ein hübsches Bild abgegeben haben, das flinke freundliche Mädchen mit seinen vierzehn Jahren, mit den dunklen Augen und Haaren und dem feinen klugen Gesicht, das von einem warmen Lächeln strahlte. Keine Mühe war Claudia zuviel. Immer wieder war sie gern bereit, ihre Rosensträuße zu drehen und zu wenden, sie einzeln vorzuzeigen, damit man sie auch ja gut betrachten konnte. Und sie fand immer gerade die Farbe, die dem Kunden am besten gefiel, denn nichts machte ihr größere Freude, als ihn dann davongehen zu sehen, die Rosen an der Nase und offenbar höchst befriedigt von seinem Kauf.

Wenn Claudia alle Rosen verkauft hatte, verlor sie auch keine Minute mehr, sondern stellte die leeren Körbe zurück auf den kleinen Wagen, löste Bichette von ihrem Baum und mit »Oops! Oops! En route, ma Bichette!« sprang sie wieder auf, und fort ging's unter den freundlichen Zurufen der anderen Händler: »Au revoir, ma petite!« Claudia wäre gerne noch ein wenig auf dem belebten Quai Saint Antoine geblieben, aber sie durfte ihre Maman nicht so lange auf das Frühstück warten lassen. Und den ganzen Tag lang, aber natürlich nur dann, wenn Maman nicht zu arg unter ihren Kopfschmerzen zu leiden hatte, erzählte Claudia, was sie alles an jenem Morgen gesehen und gehört hatte, denn ihr entging nichts, sie war einfach an allem interessiert, beobachtete alles, freute sich herzlich über jedes Gespräch, die Gerüche, den Streit, das Lachen, über alles, was einen französischen Straßenmarkt zu einem aufregenden Schauplatz macht. Und ihr Papa lachte und rief: »Du lieber Himmel, man könnte ja geradezu meinen, das Mädchen wäre den ganzen Tag in ›Les Halles‹ gewesen, auf dem großen Markt von Paris!«

Wenn sie, was sehr selten geschah, ihre Maman dazu überreden konnte, einen Sonntagnachmittag an die frische Luft zu gehen und den herrlichen Tête-d'Or-Park in Lyon zu besuchen, blieb Claudia voller Stolz vor den berühmten Spalierbirnen ihres Großpapa Rambaux stehen. Aber wie stolz war sie erst, als ihr eigener Papa, Francis Dubreuil, eine neue eigene Rose herausbrachte, nachdem er viele Jahre unermüdlich Rose mit Rose gekreuzt hatte – wenn sich auch Claudia, um die Wahrheit zu sagen, insgeheim gar nichts aus den protzigen Namen machte, die er für sie ausgewählt hatte und mit denen er sie den hohen Herrschaften seiner Zeit widmete: »Marquise de Vivenne«, »Duchesse de Bragance«, »Princesse de Sagan«, »Baronne Piston de Saint Cyr« und andere Namen hochwohlgeborener Damen, die sich Claudia nicht einmal vorzustellen vermochte; sie lebten in einer so glanzvollen anderen Welt.

Alle außer einer – Sarah Bernhardt. Claudia, die noch nie über Lyon hinausgekommen war, noch nie eine Theatervorstellung besucht hatte, fiel es nicht schwer, sich die »göttliche Sarah« vorzustellen: groß und sehr schlank und mit einer so goldenen Stimme begabt, daß die in den Konzert- und Theatersälen sich drängenden Pariser zu Tränen gerührt waren, wenn sie sang, und dabei sitzen, wie man gemeinhin sagt, den Parisern die Tränen nicht gerade locker. Claudia verschlang jedes Wort, das in den Zeitungen über Sarah gedruckt wurde. Sie las, daß sie Tiere liebte, daß sie einmal tausend Franc ausgegeben hatte, um die hungrigen Spatzen von Paris zu füttern, und überhaupt ihr Geld mit vollen Händen ausgab, ebenso wie sie ihr ganzes Herz hingab, bei allem was sie tat, denn sie sagte: »Wenn man sich selbst hingibt, wird man reich.«

Ach ja, Claudia betete die »göttliche Sarah« an, die sie, wie sollte es anders sein, noch nie zu sehen bekommen hatte. Und als ihr Papa wieder eine wunderschöne neue Rose gezüchtet hatte, eine herrliche und königliche purpurn-scharlachrote Rose mit einem königlichen, aber ganz zarten Duft, den man fast mit dem der Parmaveilchen vergleichen konnte, rief Claudia unwillkürlich aus: »›Sarah Bernhardt‹! Papa, bitte, nenne sie ›Sarah Bernhardt‹!«

Nun, ein Rosenzüchter wird niemals einer neuen Rose den Namen einer Persönlichkeit geben, ohne erst ehrerbietig um Erlaubnis zu fragen, besonders wenn diese Persönlichkeit noch lebt. Fort nach Paris eilte also ein höflicher Brief des Gärtners Francis Dubreuil an die Adresse der großen Sarah Bernhardt, in dem er ihr die neue Rose, so gut er eben konnte, beschrieb und sie um die Ehre bat, seine temperamentvoll leuchtende neue Rose nach der temperamentvollen berühmten Künstlerin nennen zu dürfen.

Und die »göttliche Sarah« war genauso, war ganz genauso, wie Claudia sie sich immer vorgestellt hatte, so großzügig, so warmherzig. Sie wollte keine Zeit damit verlieren, daß sie sich hinsetzte und ein paar Zeilen kritzelte. Sie antwortete sofort mit einem Telegramm:

> Ich danke Ihnen von Herzen, Sir, für dieses
> wunderbar, ergreifende Kompliment und fühle
> mich wirklich sehr geehrt, die Patin für
> Ihre schöne neue Rose zu werden.
>
> Tausend freundliche Grüße
> *Sarah Bernhardt*

Es war ein großer Schatz, dieses Telegramm! Und Claudia, die mit Vorliebe alle Familienpapiere hübsch in Ordnung hielt, legte es fein säuberlich und glatt zwischen zwei Blatt Seidenpapier, war es doch damals für sie das allerwichtigste Dokument, das sie besaßen. Und es ist noch heute da, dasselbe Telegramm, jetzt vergilbt vor Alter, aber immer noch ein Schatz der Familie.

Auch den Namen dieser purpurn-scharlachroten Rose mit dem sanften Veilchenduft wird man vergeblich in den modernen Rosenkatalogen suchen. Aber sicherlich blüht eine »Sarah Bernhardt« noch irgendwo in einem alten Garten – vergessen zwar dem Namen nach, aber immer noch ebenso bezaubernd schön und leuchtend wie die Erinnerung an die »göttliche Sarah« und ihre goldene Stimme.

Als Claudia fünfzehn Jahre alt geworden war, überzeugte sie ihren Papa, daß sie doch wirklich Zeit sparen könnten, ja, daß es auch, viel geschäftsmäßiger aussehen würde, wenn sie alle seine Briefe auf der Schreibmaschine schriebe. Warum sollten sie sich also nicht eine Schreibmaschine anschaffen? Sie würde sich schon das Tippen selber beibringen, und die Schreibmaschine könnte auf dem Tisch im kleinen Zimmer stehen, das ihrem Papa schon immer als Büro gedient hatte, und wenn die Tür geschlossen war, würde das Tack-Tack-Tack Maman nicht stören.

Also kaufte der Rosengärtner Francis Dubreuil seiner unternehmungslustigen Tochter eine Schreibmaschine, ein unförmiges und schweres Ding, würden wir modernen Menschen heute sagen, aber Claudia fand sie einfach wundervoll, und mit Hilfe eines Buches zum Selbstunterricht lernte sie bald schnell und sicher schreiben.

Und dann machte sie sich daran, Kurzschrift zu lernen – nach der Methode »Prevost-Delaunay« – ebenfalls im Selbstunterricht. Nun konnte Papa die Briefe an seine Kunden diktieren, Claudia konnte sie in Prevost-Delaunay-Kurzschrift aufnehmen und dann mit der Schreibmaschine heruntertippen, so flink wie die Sekretärin eines Rechtsanwalts droben in Paris, jedenfalls behauptete das ihr Papa voll Bewunderung.

Bald wurde ihnen die Schreibmaschine sogar noch unentbehrlicher. Schon seit ein paar Jahren hatte ihr Papa sehr bescheidene gedruckte Kataloge verschickt, in denen er nicht nur die alten bewährten Lieblingsrosen aufführte, sondern auch die neuen Rosen, die er und sein Schwiegervater Joseph Rambaux gezüchtet hatten. Jetzt konnte Claudia die Adressen ihrer Kunden auf die Umschläge für diese Kataloge tippen, wenn sie vom Drucker kamen. Und während sie schrieb, versuchte sie sich die Leute vorzustellen, die den Dubreuil-Katalog erhielten.

Da war zum Beispiel eine treue Kundin, die Claudia sehr gern kennengelernt hätte. Ihr gefiel der friedliche Klang ihres Namens ebenso wie der des Dorfes, in dem sie lebte. Es war:

Madame Mivière
Chamboeuf/Loire

Ja, es war die gute Madame Mivière, die so freundlich zu dem jungen Antoine Meilland gewesen war, ihn gelehrt hatte, die Augen zu gebrauchen, die ihm der liebe Gott geschenkt hatte, und Rosen zu lieben, ebensosehr wie sie selbst es tat. Und Claudias Vater, Francis Dubreuil, einstmals ein Herrenschneider, war der Rosengärtner bei Lyon, an den der zwölfjährige Antoine so voller Optimismus geschrieben und den er gebeten hatte, ihn doch bitte gleich als Lehrling einzustellen. Es war der Dubreuil-Katalog, den die gute Madame Mivière ihm geliehen und den Antoine so lange studiert hatte, bis er Namen, Farbe und Preis jeder Rose kannte, die Claudias Vater auf seinen Rosenfeldern pflanzte.
Sie mögen es nun eine Fügung Gottes nennen oder Schicksal oder auch anders, wie Sie wollen, denn als Claudia sechzehn Jahre alt war, meinte ihr Papa gelegentlich, er könne jetzt doch eine regelmäßigere Hilfe auf seinen Rosenfeldern und in seinem Obstgarten brauchen. Allerdings hätten sie einem Mann mit Frau und Kindern keine einigermaßen anständige Existenz bieten können, so mußte es ein junger unverheirateter Mann sein, aber kräftig und arbeitswillig natürlich, und außerdem war es ganz besonders wichtig, daß er schon eine Portion Erfahrung hatte, damit man ihm auch eine Arbeit übertragen konnte, ohne ihn ständig überwachen zu müssen, was ja immer sehr zeitraubend ist.
Gerade in diesem Augenblick kam – wie ein Blitz aus heiterem Himmel – ein höflicher Brief von dem idealen jungen Mann. Er schrieb, daß er schon einmal, vor vier Jah-

ren, als er gerade die Schule mit dem Certificat d'Études abgeschlossen, sich bei Monsieur Dubreuil als Lehrling beworben habe. Vielleicht erinnerte sich Monsieur Dubreuil noch daran, ihm damals geschrieben und geraten zu haben, zuerst einmal einige Erfahrungen in einer Baumschule zu sammeln?

Er hatte sich den guten Rat zu Herzen genommen und gerade eine vierjährige Lehrzeit in einer bekannten Baumschule in Saint Galmier beendet. Der junge Mann konnte ein ausgezeichnetes Zeugnis vorweisen, und er konnte Monsieur Dubreuil versichern, daß er jetzt über Bäume und Baumzucht wirklich gut Bescheid wisse.

Würde in absehbarer Zeit in Monsieur Dubreuils Rosengärtnerei eine Stelle für ihn frei sein? Er fügte einen adressierten freigemachten Umschlag bei und hoffte aufrichtig, auf seine zweite Bewerbung eine zusagende Antwort zu erhalten. Inzwischen verbleibe er mit dem Ausdruck vorzüglicher Hochachtung, Antoine Meilland.

Und so kam es, erzählt Papa Meilland, daß er schließlich und endlich in die Rosengärtnerei bei Lyon spazierte – und dazu mitten hinein in das Leben Claudia Dubreuils. Von diesem denkwürdigen Tag ist ihm allerdings nur eins in Erinnerung geblieben: Wie er da stand, voller Triumph, daß er es geschafft hatte. Er war inzwischen sechzehn geworden, nun ja, aber er hatte es geschafft, endlich, endlich konnte er unter Rosen arbeiten, unter Hunderten, Tausenden von Rosen. Aber da er kein Italiener war, mit Gold in der Kehle, darum jubilierte und pfiff er nur wie ein Vogel, während er behutsam und geschickt zum erstenmal von Berufs wegen eine Rose okulierte.

Und Claudia erinnerte sich später nur noch, wie sie an diesem bedeutungsvollen Tag am offenen Schlafzimmerfenster stand, ein Staubtuch ausschüttelte und sich dabei wunderte, wer denn da unten im Garten pfeife. Natürlich, das mußte der neue Gehilfe sein, und plötzlich freute sie sich, das muntere junge Pfeifen zu hören. Ja, es machte sie derart glücklich und vergnügt, daß auch sie zu pfeifen begann, aber nur ganz leise, kaum zu hören, um ihre zarte kleine Maman nicht zu verdrießen.

Marie-Elisabeth

Zu genau derselben Zeit, als diese beiden jungen Rosengärtner, der eine oben in der Nähe von Lyon tirilierend wie eine Lerche, der andere unten auf dem Cap d'Antibes schmetternd wie Caruso, zum erstenmal von Berufs wegen den Spaten in die Hand nahmen, machte sich in der duftenden kleinen Stadt Grasse, die versteckt in den Vorbergen der die sonnige Côte d'Azur umgebenden Seealpen liegt, ein zierliches kleines Mädchen von zwölf Jahren auf den Weg, um sich um ihre erste Stelle im Beruf zu bewerben. Ja, damals lag Grasse noch ganz versteckt, und die Stadt duftete wirklich, denn auf den Hügeln meilenweit in der Runde waren hübsche Terrassen angelegt, damit der Jasmin, der dort blühte, möglichst viel Sonnenschein bekam. Jasmin, müssen Sie wissen, ist der Grundstoff für die besten, die teuersten Parfums, und Grasse war und ist heute noch »die paradiesische Hauptstadt der sinnbetörenden französischen Parfums«, um mit den Worten eines poetischen alten Reiseführers zu reden.

Aber es lag nicht nur am Jasmin, der dort auf den Terrassenhügeln blühte; die Luft von Grasse war auch so süß vom Duft der Zitronen- und Orangenbäume, von den Nelken, Veilchen und Freesien und am allersüßesten – jedenfalls dachte so das kleine Mädchen – von jenen starkduftenden Rosen, aus denen das romantischste aller Parfums, Rosenattar, bereitet wird, und das kostbarste, denn ein Tröpfchen allein war schon ein Vermögen wert, und man benetzte damit nur die Spitzentücher von Königen und Königinnen, von Kaisern und amerikanischen Millionären – so oder so ähnlich träumte es sich jedenfalls das kleine Mädchen zusammen.

Der Name dieses träumerischen kleinen Mädchens war Marie-Elisabeth Greco, und ihre Eltern arbeiteten beide von morgens bis abends in einer der berühmtesten Parfumfabriken von Grasse. Aber obgleich sie beide sechs Tage in der Woche viele Stunden lang arbeiteten, »war man nicht reich«, wie Marie-Elisabeths Maman immer wieder klagte, wenn das Gespräch auf den einen Sou kam, den die Tochter jeden Tag erhielt.

Nun, Marie-Elisabeth war das einzige Kind, und so war es nur natürlich, daß ihre Maman sie ein wenig verwöhnte. Jeden Tag bekam sie diesen einen Sou und sollte sich dafür entweder zwei Scheibchen Wurst oder einen Riegel Schokolade kaufen, als Beigabe zu ihrem »Goûter«, dem traditionellen Nachmittagsbrot, das alle Schulkinder in Frankreich mit gesundem Appetit zwischen Mittag- und Abendessen verzehren.

Das Dumme war nur, daß Marie-Elisabeths Maman jeden Abend so neugierig wissen wollte, was denn nun von beidem Marie-Elisabeth an diesem Tag für ihren Sou gekauft hatte – Wurst oder Schokolade. Und Marie-Elisabeth konnte doch gar nicht gut lügen und wußte auch niemals eine Ausrede auf die strengen Fragen ihrer Maman. Aber da war der Bettler, der immer auf dem Bürgersteig saß und seine Hand bittend ausstreckte, wenn Marie-Elisabeth am Nachmittag an ihm vorbei zur Schule hüpfte. Und sie war doch völlig satt von Mamans guten Ravioli oder der Pissaladiera, daß sie ganz bestimmt noch lange, lange nicht wieder hungrig werden würde. Und da saß dieser Bettler und sah so malerisch hungrig aus und hielt bittend seine schmutzige Hand hoch.

Wenn also ihre Maman ungeduldig noch einmal fragte: »Also? Sag schon! Was war's? Wurst oder Schokolade?«, dann fing Marie-Elisabeth zu stottern an: »Maman, denk doch mal, da war ein armer hungriger Bettler...« Und schon rang Maman die Hände und schrie, dieser arme Bettler habe wahrscheinlich Häuser reihenweise oder doch fast so viele in einem Bankkonto versteckt, und wieder jammerte sie: »Man ist nicht reich, ich sag's dir! Man könnte ja geradezu meinen, du wärst eine kleine Rothschild!«

Aber Marie-Elisabeth hatte außer ihrem ewigen Bettler noch ein anderes Problem, das sie bedrückte. Sie hätte es um keinen Preis zugegeben, aber sie war sehr kurzsichtig, und der Gedanke, vielleicht eine Brille auf der Nase tragen zu müssen, behagte ihr gar nicht, und noch viel weniger hätte es ihr gepaßt, wenn man sie ganz nach vorn in die erste Reihe ihrer Klasse gesetzt hätte, auf einen Platz, wo Mademoiselle, ihre Lehrerin, sofort jede, auch die kleinste, unterhaltsame Ablenkung gemerkt hätte. So bekam sie immer sehr willkommene Kopfschmerzen oder ein unerklärliches Bauchweh, wenn sie zum Beispiel am Nachmittag Erdkundeunterricht hatten und die Möglichkeit bestand, daß sie aus ihrer sicheren hinteren Bank herausbeordert wurde und mit einem langen weißen Stock auf der Karte von Frankreich, die über die schwarze Wandtafel gehängt worden war, bald diese, bald jene Stadt oder einen Fluß oder ein Gebirge zeigen mußte. Marie-Elisabeth konnte nicht einmal Paris finden, das doch in lauter Großbuchstaben auf dieser elenden dichtbedruckten Karte stand. Noch viel weniger den einen großen Anfangsbuchstaben, der dem Mädchen den Namen kleinerer Städte wie Nancy oder Rouen verraten hätte. Sie wollte sich nun einmal nicht von all den anderen scharfäugigen Mädchen auslachen lassen, also blieb sie einfach an den Erdkundenachmittagen mit den sehr willkommenen Kopfschmerzen oder dem unerklärlichen Bauchweh zu Hause.

Sie fühlte sich natürlich sicherer, aber auch nicht viel glücklicher in den anderen Stunden, wenn sie den Kopf tief in ihr Buch stecken konnte, stocktaub für die ärgerlichen Ermahnungen von Mademoiselle, ihrer Lehrerin: »Marie-Elisabeth Greco, wie oft soll ich es dir denn noch sagen, daß du geradesitzen sollst!«

Nein, man kann nicht gerade behaupten, daß Marie-Elisabeth eine besonders eifrige Schülerin gewesen sei. Sie wollte es auch gar nicht sein, nicht um den Preis, eine Brille auf der Nase tragen zu müssen.

Viel zu bald – jedenfalls für Marie-Elisabeth – und viel zu oft tauchte die Frage auf, was für einen Beruf sie denn ergreifen sollte, wenn sie die Schule verlassen hatte. Auch ein Einzelkind mußte damals ernsthaft und regelmäßig arbeiten.

Zuerst dachten sie an Schneidern. Eine tüchtige, gut ausgebildete Damenschneiderin würde immer gut verdienen, und Marie-Elisabeth liebte hübsche Kleider. Sie war selber außerordentlich hübsch, sehr zart und zierlich für ihr Alter, und Maman verstand es, sie mit den reizendsten Kleidchen und Rüschenschürzchen herauszuputzen. Aber die hübsche, zierliche Marie-Elisabeth war nicht dumm. Natürlich hätte sie zu gern gelernt, wie man diese wundervollen Kleider mit den langen Schleppen nähte oder die bezaubernden Chiffon- und Spitzenblusen für die reichen Miladies, die Winter und Frühling im sonnigen Grasse verbrachten. Aber alle diese entzückenden Kleider wurden immer mit der Hand genäht, jedes Fältchen, jede zarte Falbel, alles mit der Hand. Und das würde ein für allemal bedeuten, daß sie diese scheußlichen Brillengläser auf der Nase tragen müßte.

Ganz gewöhnliche, einfache Schneiderei hätte natürlich Marie-Elisabeths Augen nicht über Gebühr beansprucht,

aber sie konnte den Gedanken nicht ertragen, vor einer häßlichen Nähmaschine sitzen zu müssen und zu treten, ohne Pause, und an braven, langweiligen Kleidern zu nähen, aus kräftigem, dunklem, dauerhaftem Tuch, Kleider, die ihr gar nichts bedeuteten, aber auch gar nichts. Nein, nein, für die zwölfjährige Marie-Elisabeth mußte die Zukunft schönen Dingen gehören, lieblichen Farben, weichen zarten Stoffen. Also gut, wenn sie Kleider nicht nähen konnte, ohne diese abscheulichen Brillengläser zu tragen, dann würde sie sie eben bügeln, jawohl, *bügeln*. Es gab da, müssen Sie wissen, einen gewissen sehr vornehmen Bügelsalon in Grasse, und Marie-Elisabeth hatte schon immer die gnädigen jungen Damen dieses Salons bewundert, wenn sie mit hocherhobener Nase über die eleganten Straßen von Grasse getrippelt kamen, unterwegs zu der stattlichen Villa oder dem feudalen Hotel einer vornehmen Kundin, ehrfurchtsvoll über dem weitausgestreckten Arm – um nur ja nichts zu zerknittern – eine ganz entzückende Bluse oder ein hübsches Kleid, vollendet schön gewaschen und gebügelt, ohne ein Fältchen und ohne einen Kniff. Und sie hatte diesen gnädigen jungen Damen nachgeschaut, wie sie selbstbewußt geradewegs durch die prachtvollen Tore spazierten und hinein in diese Stätten des Luxus, durch den »Eingang für Dienstboten und Lieferanten« natürlich, aber hinein gingen sie auf jeden Fall, und die Treppen hinauf, immer über weiche Teppiche, zu den prunkvollen Schlafräumen – so hatte man erzählt –, um persönlich diese schönen Kreationen abzuliefern.
Ach ja, dieser exklusive Bügelsalon war für die zwölfjährige Marie-Elisabeth von strahlendem Glanz umwoben. So saß sie also an jenem fernen Tag ganz vorn auf der Kante des Stuhls und wartete voller Unruhe darauf, von der Eigentümerin, Madame Rondel, vorgelassen zu werden.

Ah, die stattliche, königliche Madame Rondel! Man könnte über sie allein ein Buch schreiben. Man brauchte sie nur anzusehen und wußte sofort, daß ihr Bügelsalon der exklusivste in ganz Grasse war und daß Madame Rondel nur die vornehmsten Damen zu ihren Kundinnen zählte. Ja, Madame Rondel hatte sogar einmal das Privileg, die Ehre und den Ruhm, für Ihre Majestät die Königin Viktoria und ihre ganze Begleitung zu waschen und zu bügeln. Das war damals, als die traurige ehrwürdige kleine Monarchin im sonnigen Grasse Erholung suchen mußte vor den Hagelschauern und Nebeln, die, wie man in aller Ehrerbietung glaubte, den ganzen britischen Winter lang in den zugigen Palästen Ihrer Majestät ihr Unwesen trieben.

Daß sie Ihre Untadelige Majestät die Königin Viktoria zur Kundin gehabt hatte, überstrahlte Madame Rondel natürlich mit königlichem Glanz. Auch weiterhin mußte in ihrem Salon alles absolut untadelig sein, und das betraf auch ihre jungen Damen und deren Charakter, und ebenso ihre Geschicklichkeit, ihren Fleiß und ihr Pflichtbewußtsein.

Marie-Elisabeth schritt an jenem Tage hocherhobenen Hauptes nach Hause, so feierlich und würdevoll, als habe etwas von Madame Rondel auch auf sie abgefärbt, was ohne Zweifel bei all ihren anderen jungen Damen der Fall war. Madame Rondel hatte sie gnädig akzeptiert. Sie sollte am Montag zu arbeiten anfangen, aber noch nicht bei jenen himmlischen Blusen und Kleidern. Sie mußte sich erst fleißig hinaufarbeiten, über Staub- und Geschirrtücher, und wenn sie dann in jeder Weise zur Zufriedenheit arbeitete, wurde sie vielleicht zu den Taschentüchern befördert, zu Leinentüchern und Servietten. Und wenn sie sich auch weiterhin zur Zufriedenheit bewährte, würden ihr – vielleicht – die einfacheren gestickten Hemden, Hosen und Unterkleider anvertraut.

Ach ja, in Madame Rondels Salon war der steile Pfad zu jenen entzückenden Gewändern und Negligés eifersüchtig bewacht.

Am folgenden Montag also begann Marie-Elisabeth, zwölf Jahre alt, ihre Karriere als Büglerin, gekleidet in einen blitzsauberen weißen Kittel wie alle anderen jungen Damen des Salons, und bügelte eifrig drauflos von acht Uhr morgens bis zehn Uhr abends. Ja, ja, zehn Uhr abends, mit einer großzügigen Pause von zwei Stunden Dauer, in der sie nach Hause gehen und in aller Ruhe ihr Mittagessen verzehren konnte, und sonntags frei für Gebet und Erholung.

Eine Zweiundsiebzig-Stunden-Woche für ein Kind von zwölf Jahren! Aber niemand stellte sich deswegen auf den Kopf; alle, auch die Kinder, hatten damals lange Arbeitszeiten.

Während sie so bügelten, herrschte geziemendes Schweigen im Salon. Zu hören war nur das Klirren der Eisen, das Zischen des Dampfes und die hoheitsvolle Stimme von Madame Rondel. Kein Wort, nicht einmal ein Flüstern durften sich die jungen Damen erlauben, außer gelegentlich einem höflichen »Oui, Madame«, »Non, Madame« auf eine Frage von Madame Rondel persönlich. Ihren Salon konnte man nicht mit jenen ordinären Waschanstalten vergleichen, die ständig von schrillen Stimmen und rohem Lachen nur so schallten. Nein, wahrhaftig nicht! Man bügelte in andächtigem Schweigen, bis die Kirchenuhr am Abend acht schlug. Bei dem achten und letzten Schlag, aber keine Sekunde früher, durften die jungen Damen mit gnädigster Erlaubnis – nicht etwa plaudern, der Himmel sei davor – sondern singen.

Um acht Uhr abends würde kaum noch einer ihrer distinguierten Kunden vorüberfahren. Die saßen jetzt alle bei ihrem Diner von sieben Gängen. Und gemeinsamer Gesang hielt die jungen Damen wach und munter. Das war sehr wichtig, denn eine müde junge Dame konnte womöglich etwas versengen, und das wäre in Madame Rondels Salon ganz undenkbar gewesen. Aber Singen erfordert keine besondere Aufmerksamkeit oder gar Nachdenken, außer von einem Opernsänger natürlich.

Beim letzten Glockenschlag acht also schwebten die Stimmen von Madame Rondels jungen Damen auf und davon, wie lauter Singvögelchen, die den ganzen Tag lang eingesperrt gewesen sind. »O sole mio!« jubilierten sie und »Mimi Pinson« und Marie-Elisabeths zwei Lieblingslieder, beide so rührend sentimental. Eins ging so:

»Nein, man kann nicht sagen, sie war schön,
allein, in ihren Augen war der Himmel zu sehen!«

Und das andere war sogar noch poetischer; es handelte von einem Mädchen, das »geboren war, an einem Maitag wunderbar«, und alle, die es sahen, riefen, es sei so süß, so reizend und so rein wie eine weiße Lilie. Folglich hieß der Refrain:

»Lilas blanc,
Joli bouquet de lilas blanc.«

Ja, und jede Strophe dieses Liedes führte einen Schritt weiter in dem süßen reinen Leben jenes lilienhaften Mädchens bis zu ihrem frühen holdseligen Tod. Und beim letzten frommen Refrain blieben ihnen buchstäblich die Worte im Halse stecken.

»Lilas blanc,
Divin bouquet de lilas blanc.«

Marie-Elisabeth, mit den anderen jungen Damen um die Wette singend, wünschte sich natürlich nichts sehnlicher als auch einmal solch einen romantischen jungen Liebhaber, der so ein Lied über sie schreiben würde. Aber als sie es sich dann noch einmal überlegte, wollte sie doch lieber dem frühen holdseligen Tod ein Schnippchen schlagen und leben, bis sie alt und grau war.

Aber das Leben in Madame Rondels Salon hatte auch seine aufregenden, nicht alltäglichen Momente. Da war zum Beispiel Madame la Baronne Alice de Rothschild. Sie gehörte zu Madames treuesten und geschätztesten Kundinnen, besaß eine sehr pompöse Villa in Grasse, viele Morgen Gartenland und ein ganzes Heer von Gärtnern. Und Marie-Elisabeth erinnert sich noch heute an die eleganten und doch so schlichten Seidenblusen, die Madame la Baronne mit Vorliebe trug. Sie hatten alle, aber auch alle, die gleiche Farbe – ein schönes leicht gedämpftes Goldgelb – und steifgestärkte Kragen und Manschetten aus blendend weißem Leinen. Sie erforderten größtes Geschick beim Bügeln, jene Blusen. Sie können Marie-Elisabeth aufs Wort glauben. Und eine der jungen Damen, die das Näschen am allerhöchsten trug und das größte Vertrauen Madame Rondels genoß, war damit betraut, sie zurück zu Madame la Baronnes Villa zu bringen, auf einem Kleiderbügel, am weitabgespreizten Arm, kein Fältchen in der goldgelben Seide und die gestärkten Kragen und Manschetten blendend weiß, wortwörtlich blendend, denn sie waren mit einem besonderen Eisen gebügelt worden, so lange bis sie wirklich glänzten.

Wenn es regnete – dank dem freundlichen Himmel kam das nicht allzuhäufig vor –, war Madame Rondel zwar nach außen hin so würdevoll wie immer, aber innerlich – das war allen klar – steckte sie voll teuflisch böser Laune. Die elegante zarte Wäsche mußte dann im Hause getrocknet werden anstatt draußen im herrlichen Sonnenschein. Und wehe der jungen Dame, die mit dem niedlichen Kopf unachtsam an eines der herabhängenden Wäschestücke stieß! Solch ein Regentag schien kein Ende zu nehmen, bis plötzlich, wie durch Zauberei, Madame Rondel bei aller Würde aufstrahlte, sich verneigte und freudig rief: »Ah, bonjour, bonjour, Madame la Baronne!«

Und in der Tür erschien, sie alle freundlich anlächelnd, Madame la Baronne, um der guten Madame Rondel und ihrem ausgezeichneten Salon einen freundschaftlichen kleinen Besuch zu machen.

»Bonjour, Madame Rondel«, sagte dann die liebenswürdige Dame.

Darauf begrüßten die jungen Damen sie lächelnd und bolzengerade im Chor: »Bonjour, Madame la Baronne!«

Und sie lächelte ihnen gütig zu und sagte: »Bonjour, Mesdemoiselles!«

Und dann sagte Madame Rondel: »Es ist schon lange her, daß wir die Freude hatten, Madame la Baronne zu sehen!«

»Ach ja, wirklich«, antwortete dann Madame la Baronne im Tone ehrlichen Bedauerns. »Es hat schon so lange nicht mehr geregnet! Es scheint mir eine Ewigkeit her zu sein, seit ich das letztemal ausgegangen bin!«

Und dies ist die sonderbare Wahrheit. Madame la Baronne meinte, was sie sagte. Sie ging niemals aus, wenn die Sonne schien; sie ging nur aus, wenn es regnete.

Und das ließ sie in nur noch goldenerem Licht erscheinen. Man fühlte, daß nur eine große Dame mit eigenen Ideen, und hocherhaben über die schale, nichtige Gewohnheit, den warmen Regen von Grasse dem gemeinen, alltäglichen Sonnenschein vorziehen konnte.

Wenn der Spätfrühling gekommen war, begannen alle die Miladies, einschließlich Madame la Baronne Alice de Rothschild, und natürlich auch die Milords, das sonnengedörrte Grasse zu verlassen, um der ermüdenden Sommersonne zu entgehen. Genau wie überall an der Côte d'Azur, wurde es auf den Terrassen der eleganten teuren Cafés und Restaurants, in den entzückenden Villen und feudalen Hotels still und leer. Und da Madame Rondels Kundinnen natürlich auch zu diesen vornehmen

Winter- und Frühlingsgästen gehörten, wurde der Bügelsalon ebenfalls für den Sommer geschlossen, und die Dienste der jungen Damen wurden nicht länger benötigt. Gegen Ende September aber stellte Madame Rondel sie gnädigst wieder ein.
Das aber war kein Unglück. Alle waren darauf vorbereitet und nahmen sofort für den Sommer eine andere Arbeit an. Marie-Elisabeth zum Beispiel ging immer in die Parfumfabrik, in der auch ihre Eltern arbeiteten. Ihr Sommerjob bestand darin, mitzuhelfen, die so überaus wichtigen Jasminvorräte zu verteilen. In aller Herrgottsfrühe kamen schon Frauen vom Lande und schütteten die süßduftende Blumenlast in der Fabrik auf den Boden, und Marie-Elisabeth verbrachte den ganzen lieben langen Tag damit, Körbe mit Jasmin zu füllen und sie dann je nach Bedarf bald in diesen, bald in jenen Raum zu bringen, immer zwei Körbe auf einmal, je einen an den beiden Enden eines kleinen Tragholzes, das sie auf den Schultern trug, genau wie die Milchmädchen es mit ihren Eimern machten.
O du lieber Himmel, wie taten ihr in der ersten Woche die Schultern weh, und die Arme, und der Rücken, bis sie endlich auf die richtige »Jasmintour« gekommen war, wie man vielleicht sagen könnte. Man kann auch einen Duft, ganz gleich, wie süß er ist, satt bekommen. Mit Rosen ist es etwas anderes. Jede Rose hat ihren eigenen zarten Duft, aber Jasmin ist und bleibt immer Jasmin. Man riecht ihn von weitem, meilenweit. Und Marie-Elisabeth kam es so vor, als sei sie selbst ganz von Jasmin durchtränkt, als strahle sie Jasmin aus, selbst dann noch, wenn sie abends im Bett lag und sich schon von Kopf bis Fuß mit scharfer Karbolseife gewaschen hatte.
Aber ein Job ist ein Job, und Marie-Elisabeth mag verwöhnt gewesen sein, aber sie hatte doch ihren Stolz, und »man war nicht reich«, wie ihre Maman so oft

sagte. Als sie älter wurde, erkannte sie auch dankbar an, wie schwer ihre Maman und ihr Papa arbeiteten, besonders ihre Maman, die noch bis spät in die Nacht hinein aufsaß und hübsche Kleider für sie nähte, und die immer so sehr gute Sachen für Papa und Marie-Elisabeth kochte. Also erwähnen Sie in Marie-Elisabeths Gegenwart ja nichts davon, daß Einzelkinder immer so schrecklich undankbar sind. Es ist einfach nicht wahr.

Und die Sommersonntage waren immer ganz besonders schön, denn dann hatte die Familie endlich Zeit, sich schon ganz früh auf den Weg zu machen, ihre Verwandten und Freunde zu besuchen, einen langen Tag mit ihnen zu verschwatzen und dabei alle Neuigkeiten und allen Klatsch zu erfahren.

Marie-Elisabeths Maman und Papa hatten Verwandte drunten in Antibes. Aber bitten Sie sie ja nicht darum, Ihnen zu erklären, wer denn nun wen in den vergangenen Jahren geheiratet hatte. Auf jeden Fall gehörten auch die Paolinos aus Kalabrien irgendwie mit zur Familie. Und wie der Korporal, Francescos Papa, immer feurig erklärte: Einmal ein Paolino, immer ein Paolino! Das sollte keiner vergessen! Also besuchte Marie-Elisabeth manchmal an einem Sommersonntag zusammen mit ihren Eltern diese Verwandten, einschließlich der neuangekommenen Paolinos aus Kalabrien. Zu dieser Zeit hatten sich natürlich die Onkel, Tanten, Vettern und Cousinen schon jeder ein eigenes Heim geschaffen, und Papa Korporal und Mamma Paolino hatten ein altes Haus entdeckt, das groß genug war, um sie und ihre sieben Kinder zu beherbergen. Aber Papa Korporal war immer noch das Oberhaupt der ganzen Familie, auch das sollte ja keiner vergessen; er war der liebe Gott für alle Paolinos. Und so kamen denn auch immer einige Paolinos pflichtschuldigst zu Besuch, um Papa Korporal zu begrüßen und ihn um Rat zu fragen oder seine Zustimmung für dies oder jenes Projekt zu finden. Und da gab's natürlich herrlich temperamentvolle Diskussionen, bei denen jeder laut seine Meinung sagte und Mamma noch ihren Senf dazugab, während sie Teller und Gläser für ihre Gäste auf den Tisch stellte.

Marie-Elisabeth liebte es, Papa Korporal und Mamma Paolino zu besuchen. Es war nicht nur der herzliche warme Willkomm bei den Paolinos, es war noch etwas anderes, Besonderes, das ihr Herzklopfen bereitete. Ja, dies ist das richtige Wort, um den Besuch bei Papa Korporal, Mamma Paolino und ihren sieben Kindern zu beschreiben. Irgend etwas Aufregendes war immer dem einen oder anderen zugestoßen, und wenn Mamma Paolino dann unter lautstarker Unterstützung aller anderen Paolinos erzählte, lauschte Marie-Elisabeth wie gebannt. Vor allem aber konnte sie immer wieder die dramatische Geschichte von Francesco, dem Bankrotteur, dem Excordonnier, Maître Bottier hören und von der Schändlichkeit seiner ehr- und pflichtvergessenen Kundinnen, die elegant in den unbezahlten Krick-Krack-Schuhen davongetrippelt waren.

Die edle Größe dieses Bankrotts beeindruckte Marie-Elisabeth tief, denn, wie Mamma Paolino hitzig erklärte, mit dieser sündigen Welt würde es wirklich noch ein schlimmes Ende nehmen, wenn es möglich war, daß ein Paolino Bankrott machte, nur weil seine Arbeit *zu* gut und er wie alle anderen Paolinos die Ehrlichkeit in Person war – sonst hätte Papa Korporal ihnen schon das Fell über die Ohren gezogen! – und weil er, als ein echter Paolino, diesen falschen, arglistigen Damen großherzig vertraut hatte.

Aber wartet nur, wartet! Mamma Paolino zog jenen pflichtvergessenen Damen das Geld schon aus der Tasche, und Franc für Franc wurden die Lederhändler bezahlt, bis alles beglichen war.

Und Marie-Elisabeth saß dabei und stellte sich das alles vor und wünschte sich, sie wäre auch glückliche Besitzerin eines Paars aufregender Krick-Krack-Schuhe, und so erschien Francesco, der Bankrotteur, der kleinen Marie-Elisabeth in einem sehr romantischen und freundlichen Licht.

Aber es war zum Verzweifeln mit diesem Bankrotteur. Kaum hatte er Marie-Elisabeth und ihren Papa und ihre Maman begrüßt, da entschuldigte er sich auch schon und eilte fort, um den Sommersonntag auf dem Kap bei seinen Rosen zu verbringen. Und all die anderen Paolinos waren da und Marie-Elisabeths Eltern und redeten und redeten – nur zum Luftholen machten sie einmal eine Pause –, und dann setzten sie sich zu Tisch und stürzten sich auf Mamma Paolinos Pasta asciutta, die so köstlich nur Mamma zu kochen verstand. Und da saß nun Marie-Elisabeth mitten unter ihnen in ihrem hübschesten Kleid, das Haar so schön frisiert, und dieser abscheuliche Francesco hatte sie anscheinend nicht einmal angesehen, so eilig hatte er es, auf sein Kap und zu seinen Rosen zu kommen, und Mamma Paolino erklärte stolz, er werde erst dann zurückkommen, wenn es so dunkel sei, daß man nicht einmal eine Rose von einer Brennessel unterscheiden könne. O Mamma mia, was für ein fleißiger, tüchtiger Arbeiter war ihr »piccolo, gracile« Francesco geworden! Und weiter berichtete Mamma Paolino dann stolz, daß Francesco jetzt wirklich gut verdiente. Er war vernünftig genug, außer Rosen auch noch andere auf dem Markt gefragte Blumen zu ziehen: Nelken, Gladiolen, Anemonen in allen Farben des Regenbogens und auch süßduftende Freesien, aber nur gelbe Freesien, denn gelbe Freesien waren damals gerade in Mode. Ja, wirklich, kein Blumenhändler würde Freesien in irgendeiner anderen Farbe kaufen – mochten sie noch so zart und lieblich sein.

Und seine Rosen! »Veramente bello!« schrie Mamma Paolino, immer die schönsten Farben, die längsten Stiele, die frischesten Blüten. Ja, er gab gute Ware für bares Geld, ihr Francesco.

Aber Sie mögen nun sagen, was Sie wollen, einem kleinen Mädchen wird es bald langweilig, nur so dazusitzen und zuzuhören – besonders wenn es sein schönstes Kleid anhat und die Haare so besonders hübsch aufgesteckt sind –, wenn der interessanteste von allen Paolinos prompt jeden Sonntag davonrannte, ohne sich auch nur einmal umzuschauen, ja, ohne sie auch nur ein einziges Mal zu fragen, ob sie nicht mitkommen wolle und all diese Blumen, vor allem aber die Rosen, die er dort auf dem Kap heranzog, anzuschauen. Ach ja, er war wirklich abscheulich, dieser Francesco Paolino, und das machte auch der Glanz seines noblen Bankrotts nicht wett.

Dann kam ein Sonntag, den Marie-Elisabeth niemals vergessen wird. Sie hatte ein reizendes neues weißes Kleid angezogen, es reichte ihr bis zu den Fesseln, denn sie war ja jetzt eine junge Dame von siebzehn Jahren, und es war so wunderschön gebügelt und mit den zierlichsten feingefältelten Rüschen besetzt. Und auf dem dunklen Haar trug sie einen neuen Hut, den sie selbst aus geflochtenem Kreppapier gemacht hatte. Ja, ja, Papierhüte waren in jenem Sommer große Mode an der Côte d'Azur. Er hielt ja nicht gerade sehr viel aus, so ein Papierhut. Ein Regenschauer – und schon war er ganz durchweicht. Aber was machte das? Man warf ihn fort und machte sich einen neuen, fast umsonst. Marie-Elisabeth hatte jedoch ihrem Gebet die besondere Bitte angefügt, daß es an jenem Sonntag nicht regnen möge, denn sie hatte einen ganzen Garten allerliebster künstlicher Blumen auf ihren neuen Papierhut gesteckt.

Sie sah wunderhübsch aus, alle Paolinos fanden das, nur nicht jener abscheuliche Francesco. Er war nicht einmal

zu Hause an jenem Sonntag, als Marie-Elisabeth, ihr Papa und ihre Maman kamen. Er war bereits zum Kap geflohen.
Es gab natürlich wie immer eine stürmische Begrüßung, wie immer eine herrliche Unterhaltung und zum Mittag, wie immer, eine große Schüssel voll von Mamma Paolinos köstlicher Pasta asciutta. Danach beschlossen Marie-Elisabeth und eine Schwester von Francesco, Conchita, einen kleinen Spaziergang zu machen. Aber als sie erst einmal auf der Straße waren, überraschte Marie-Elisabeth Conchita mit dem nebenbei geäußerten Vorschlag, sie könnten doch zur Abwechslung einmal einen Spaziergang aufs Kap machen und Francescos Blumen anschauen.
»Spaziergang?« rief Conchita. »Das sind ja Kilometer!« und sie schaute mit deutlicher Absicht auf Marie-Elisabeths niedliche Schuhchen. »Und es gibt nicht einmal eine Straße auf dem Kap, nur einen holprigen Pfad durch den Wald. Du würdest es nie schaffen!« Offensichtlich hielt sie Marie-Elisabeth für viel zu zart und verhätschelt, um einen solchen Marsch zu unternehmen, aber Marie-Elisabeth entgegnete ganz spitz: So, könnte sie das nicht? Sie, die jeden Tag Kilometer um Kilometer in der Parfumfabrik in Grasse gelaufen war und dazu noch mit zwei schweren Körben voll Jasmin; sie hatte keine Angst vorm Laufen, auch nicht in diesen Schuhen. Da lachte Conchita und sagte, nun gut, sie würden ja sehen. Und so machten sie sich auf den Weg.
Nun, es *war* ein langer Weg, und der schmale Pfad, den Francesco durch den Wald auf dem Kap geschlagen hatte, war wirklich holprig, aber die Sonne schien, und die Luft war voll des warmen guten Dufts der Pinien und Tannen, und plaudernd und lachend kamen die beiden Mädchen bald dort an – bei Francescos Blumengarten.

»Aber ... aber das ist ja wunderschön!« hauchte Marie-Elisabeth.
Dort in einer Waldlichtung standen in langen geraden Reihen die schönsten Rosen und andere Blumen, und sie waren so gut gepflegt wie die Blumen in den Gärten der Madame la Baronne Alice de Rothschild persönlich. Aber das war es nicht allein. Nein, es war rührend, plötzlich mitten in dem wilden, unwegsamen Wald einen derart liebevoll gehegten Garten zu finden.
Ja, Francesco war ein sehr beherzter, ein sehr künstlerischer Mensch. Er hatte mit seinen beiden Händen diese ganze Schönheit geschaffen. Und plötzlich schämte sich Marie-Elisabeth. Sie verstand jetzt, warum Francesco so gerne seine Sonntage hier an diesem stillen duftenden Ort verbrachte.
Sie beugte sich nieder, um eine der Rosen zu bewundern, eine wunderschöne gelbe Rose. »Schau«, rief sie Conchita zu, »erinnerst du dich, daß ich dir von den Seidenblusen der Madame la Baronne erzählte? Ja, diese Farbe haben sie, genau diese Farbe!«
Erst jetzt bemerkten sie ihn, wie er, sie still beobachtend, im Schatten eines Baumes stand, den flüchtigen Francesco. Und er hatte alles mitgehört, was sie gesagt hatte, denn er kam jetzt auf sie zu und lächelte.
»Dann hat Madame la Baronne einen sehr guten Geschmack«, sagte er. »Und riech mal!«
Er nahm ein Messer aus der Tasche, öffnete es, schnitt schnell eine jener gelben Rosen ab und hielt sie Marie-Elisabeth hin.
»Ah«, seufzte Marie-Elisabeth.
Die Rose hatte wirklich einen wunderschönen Duft, schöner als irgendeine der tausend Rosen, die sie in der Parfumfabrik in Grasse gerochen hatte.
»Sie würde gut zu deinem Kleid passen«, sagte Francesco, »und dein Hut gefällt mir auch.«

Da begann Marie-Elisabeths Herz zu singen wie ein Vogel. Francesco brauchte gar nichts mehr zu sagen. Er versuchte auch gar nicht mehr, etwas zu sagen, aber seine Augen verrieten es ihr, daß ihm nicht nur ihr neues weißes Kleid gefiel und ihr hübscher Papierhut, sondern daß auch sie selbst ihm gefiel. Ja, sie gefiel ihm.

Und er gefiel ihr.

Aber natürlich würde sie ihn das nicht merken lassen, wenigstens nicht gleich. Nein, das kam nicht in Frage, nachdem er getan hatte, als sähe er sie gar nicht.

Sie war jedoch undankbar genug, die gutmütige Conchita weit weg zu wünschen, meilenweit weg, damit sie und Francesco allein sein könnten, ein einziges Mal sie beide allein unter all diesen wunderschönen Rosen.

Aber nein, da sagte doch dieses verständnislose Mädchen: »Ja, ja, die gelben Rosen sind ja ganz hübsch, aber komm doch bitte, komm, es wird schon spät.« Und Papa Korporal wird nach ihnen suchen lassen, und er wird furchtbar böse sein, wenn sie nicht auf ihrem Platz am Tisch sitzen, die Gabel in der Hand, pünktlich auf die Sekunde, wenn Mamma die »Ratatouille« auf den Tisch bringt, die sie für das Sonntagsabendessen vorbereitet hat.

Und Francesco lachte laut heraus und sagte, er würde ihnen gewiß nicht raten, Papa Korporal zu verärgern und Mammas Ratatouille zu verschmähen. Also sagten sie »Au revoir« und machten sich eilig auf den Heimweg über den holprigen Pfad quer durch den Wald. Aber als die Mädchen an eine scharfe Wegbiegung kamen und sich umdrehten, um zurückzuwinken, hatte der unmögliche Francesco ihnen bereits den Rücken gekehrt! War er nicht schon wieder mit irgend etwas an seinen Rosen beschäftigt?

Aber Marie-Elisabeth, nun gar nicht mehr ärgerlich, lachte laut. Sie erinnert sich heute noch, und wird sich

immer daran erinnern, an den Ausdruck in seinen Augen, als er ihr die wunderschöne gelbe Rose schenkte, die sie dann an ihr hübsches weißes Kleid gesteckt hat.
Und wie er sie angelächelt hatte. Ja, ganz besonders, wie Francesco gelächelt hatte.

Besuch in Chamboeuf

Früh an einem hellen Sommersonntag im Jahre 1908 wehten auf jenem kleinen Bauernhof in dem stillen und bescheidenen Dörfchen Chamboeuf, wo Papa Meilland geboren war, appetitliche Düfte durch die offenen Fenster und die Tür der Wohnstube, die zugleich auch als Küche diente.
Papa Meillands Mutter war schon seit dem frühen Morgen flink auf den Beinen und eifrig damit beschäftigt, einen festlichen und üppigen Schmaus vorzubereiten. Jener Sonntag sollte ein ganz besonderes Familienfest werden, alle ihre vier Kinder sollten für diesen einen Tag nach Hause kommen. Ja, nach Hause, dachte ihre Mutter. Hier war immer noch ihr Zuhause. Gott sei es gedankt! Freilich, drei von ihnen hatten schon ein eigenes Heim, alle drei waren sie gut verheiratet, und alle drei lebten vernünftigerweise nicht allzuweit entfernt, so daß die schrecklichen Fahrkosten nicht allzuviel von ihrem schwerverdienten Geld schluckten, wenn sie einander von Zeit zu Zeit besuchten, wie es sich gehörte, meinte ihre Mutter, wie es sich wirklich gehörte. Sie hielt gar nichts davon, daß sich Familien mehr und mehr auseinanderlebten und schließlich einander ganz fremd wurden. Der Gedanke, daß so etwas auch einmal bei

ihren eigenen vier Kindern passieren könnte, war ihr unerträglich – Maman Meilland war dankbar, daß sie alle vier es immer wieder möglich machten, sie regelmäßig zu besuchen, besonders jetzt, da ihr Vater, der arme Mann, gestorben war.

Ach ja, es war gut, er hatte seine Ruhe, war jetzt für immer von jenen bitteren Erinnerungen an den Französisch-Preußischen Krieg und die Belagerung der hungernden Stadt Paris erlöst. Du lieber Himmel, man schrieb jetzt das Jahr 1908, und jener schändliche Krieg lag achtunddreißig Jahre zurück. Aber für ihren armen Mann war er immer nahe gewesen, ein bedrohliches Gespenst.

Nun, jetzt hatte er seinen Frieden bei dem lieben Gott, der uns alle so gut versteht, und sie bekreuzigte sich fromm, und dann rief sie sich streng zur Ordnung, sie wollte auf keinen Fall ein altes selbstsüchtiges Weib sein und an diesem besonderen schönen Sonntag Trübsal blasen.

Und doch, es war traurig, daß er nicht mit dabeisein und seine vier Kinder sehen konnte und mit ihnen das gute Essen genießen, das sie eben zubereitete. Immerhin, er mußte doch wissen, wie gut sie mit allem fertig wurde, sonst hätte er doch keinen Frieden, der arme Mann. Also *mußte* er es wissen, entschied Antoines Mutter.

Ja, wenn sie gesund und rüstig blieb, würde sie niemanden um ein Almosen bitten müssen, und wenn es Gott gefiel, nicht einmal ihre eigenen vier Kinder, gut wie sie waren, gut wie Gold, alle vier.

Aber um Gottes Willen, warum hatte sie denn gerade heute solche Gedanken. Es sollte doch ein richtiger Festtag werden. Ihr Antoine wollte auch heiraten und heute zum erstenmal seine Braut nach Hause bringen, damit sie die übrige Familie kennenlernte.

Alle in Chamboeuf sprachen schon davon, was für eine ausgezeichnete Partie er machen würde, denn Antoine sollte Claudia Dubreuil, die Tochter seines Patron, ja, dessen einziges Kind, heiraten. Antoine hatte zuerst Claudia gefragt und dann hatte er, wie es sich gehörte, Claudias Papa und ihre Maman um die Erlaubnis gebeten, ihre Tochter zu heiraten. Sie hatten glücklich ja gesagt. Und sie mochten wohl glücklich sein, fand Antoines Mutter, denn Antoine würde einen prächtigen Ehemann für ein jedes Mädchen abgeben, intelligent und fleißig, und groß und hübsch noch obendrein. Und fröhlich und freundlich dazu. Und nicht nur seine Mutter dachte so. Alle hatten Antoine gern.

Außerdem dachte Antoines Mutter, und das nicht zum erstenmal, daß Antoine für seinen Patron, den Monsieur Dubreuil, nicht mit Gold aufzuwiegen sei. Der schien gar keine Bedenken zu haben, zu verreisen und Rosengärtnerkonferenzen zu besuchen, bald hier, bald dort und überall und ohne sich die geringsten Sorgen zu machen. Antoine behauptete zwar getreulich, daß das ganz ausgezeichnet sei, ein Rosengärtner müsse wissen, was in der Welt der Rosen außerhalb seines eigenen Gartens vorgehe, und er müsse andere Rosengärtner treffen und mit ihnen über gemeinsame Interessen diskutieren. Nun, das mochte sein, wie es wollte, dachte Antoines Mutter. Monsieur Dubreuil konnte ja wirklich ganz unbesorgt zu seinen Konferenzen fahren. Er wußte, daß Antoine ordentlich und gewissenhaft für alle seine Rosen, alle seine Obstbäume sorgen werde.

Aber man mußte gerecht sein. Auch Claudia, so schien es jedenfalls, war ordentlich und gewissenhaft, ein wunderbares Mädchen, hatte Antoine gesagt, stets freundlich und gefällig den Kunden gegenüber. Sie hielt die Geschäftsbücher tadellos in Ordnung und schrieb alle Briefe, und wenn sie nicht gerade kochte oder ihre Hausarbeit machte, arbeitete sie zudem noch fleißig mit im Garten. Sie fand sogar noch Zeit, ihre Kleider selbst zu nähen.

Ach ja, vom ersten Tage an hatte Antoine sehr warm von Claudia Dubreuil gesprochen. Er hatte oft gesagt, wie geduldig und freundlich sie mit ihrer kranken Mutter sei. Eine grämliche Frau, dachte Antoines Mutter nicht gerade liebevoll. Sie konnte sich einfach nicht vorstellen, daß eine Frau ihrer Tochter so viel aufbürdete, ganz gleich, wie elend sie sich auch fühlen mochte.

Aber es war, als ob Antoine das spürte, denn er sagte immer wieder, daß Claudia anders sei, ganz und gar anders, ein Mädchen nach dem Herzen seiner Mutter.

Nun, das wollte sie doch erst einmal sehen, dachte seine Mutter düster. Erste Liebe sieht immer alles durch eine rosarote Brille, und sie selbst hatte so ihre eigenen mütterlichen Bedenken bei diesem fremden Mädchen. Schließlich war Claudia zeit ihres Lebens ein Einzelkind gewesen, sie kannte nicht das Drunter und Drüber in einem Haus voller Kinder, das Geben und Nehmen in einer richtigen Familie.

Aber Antoine beteuerte, daß sie niemals verwöhnt worden sei, im Gegenteil, ihre Eltern hätten sich, seiner Meinung nach, viel zu sehr auf sie gestützt, ganz besonders ihre kränkliche Mutter. Und es war ja fast ein Wunder, meinte Antoine, daß Claudia nicht auch angefangen hatte, Trübsal zu blasen, in dem schweigsamen ungastlichen Haus. Aber sie war immer lustig und guter Dinge, immer voll neuer Ideen, und voll Leben, und vor allem hatte sie Mut. Ganz im Gegenteil zu ihrer Mutter liebte sie es, mit Menschen zusammenzukommen, mit ihnen zu sprechen und zu lachen. Alle hatten Claudia gern, wirklich alle.

Kann schon sein, dachte Antoines Mutter, aber Mädchen können sich ändern. Sie änderten sich oft, wenn sie erst einmal verheiratet waren. Und was würde sein, wenn Claudia später so würde wie ihre Mutter? Wenn sie zu kränkeln anfing, Pillen schachtelweise schluckte und eine

Flasche mit Wundermedizin nach der anderen leertrank? Wenn sie sich weigerte, hinauszugehen, und wenn sie, was das allerschlimmste war, sachte, aber unerbittlich vor der ganzen Familie und allen Freunden Antoines die Türen verschließen würde, eine nach der anderen? Das wäre schrecklich, unerträglich.

Nun ja, es hatte keinen Sinn, sich immer wieder Sorgen zu machen. Heute würde sie diese Claudia Dubreuil sehen, heute würde sie es *wissen*. Etwas tief in ihrem Inneren sagte ihr, daß sie das Mädchen mit einem einzigen langen Blick ansehen und es dann ganz genau wissen werde, und sie konnte sich dieses seltsamen erwartungsvollen Gefühls nicht erwehren, dieser kommenden Gewißheit.

Also gab sie sich einen Ruck und machte sich daran, den Teig für den Aprikosenkuchen nach altem bäuerlichem Rezept anzurühren, den Antoine und die anderen drei so gerne gegessen hatten, als sie noch Kinder waren. Sie beschloß, dieselbe alte braune Schüssel zu nehmen, die mit dem Sprung, eine richtige Familienschüssel, die sie so oft am Sonntag auf den Tisch gestellt hatte, während sie alle vier schon voller Erwartung mit dem Löffel in der Hand um diesen selben Tisch herumgesessen hatten. Sie nahm ein Messer und begann äußerst geschickt mit der einen gesunden und mit dem Haken an der anderen Hand, die reifen Aprikosen, die sie erst am Morgen frisch vom Baum gepflückt hatte, in Hälften zu teilen, als irgend etwas sie plötzlich veranlaßte, aufzuschauen und die vier Certificats d'Études zu betrachten, die hübsch gerahmt nebeneinander an der Wand hingen. Und wieder fühlte sie es in sich aufsteigen, den warmen Stolz, dieselbe Freude. Claudia würde sie sicher sofort bemerken. Alle taten das. Und wenn auch ihre vier erwachsenen Kinder lachten und protestierten, sie würde es *doch* wieder sagen, und wenn es auch schon zum tausendsten Male war, daß es in ganz Chamboeuf keine Familie gab, auch nicht meilenweit im Umkreis, die solch eine stattliche Anzahl von Zeugnissen vorweisen konnte, nein, nicht eine einzige, nicht einmal jetzt, im Jahre 1908.

Um dieselbe Zeit etwa machten sich Antoine und Claudia in Lyon auf den Weg, um den Morgenzug nach Chamboeuf zu erreichen. Sie hatten beide ihre schönsten Sonntagskleider an, und doch sahen sie gar nicht wie ein glückliches junges Liebespaar aus, das einen ganzen strahlenden Sonntag vor sich hat.

Was in aller Welt ist mit uns nur los? wunderte sich Claudia. Wie haben wir uns beide doch auf diesen Tag gefreut, und nun gehen wir hier stumm und steif nebeneinander her, daß man meinen könnte, wir wären Fremde.

Und es war dann Antoine, der plötzlich mit der Frage herausplatzte: »Was ist denn das?« So, als bemühe er sich verzweifelt, etwas zu sagen, irgend etwas, nur um dies unerträgliche Schweigen zu brechen.

Er weiß doch ganz genau, was das ist, dachte Claudia und schaute auf das hübsche lange Paket, das sie trug. Aber alles, was sie darauf zu sagen wußte, war: »Oh ... das? Nur ein paar Rosen ...«

»Gut«, sagte Antoine.

Dann schwiegen sie wieder, Schritt für Schritt, den ganzen Weg bis zum Bahnhof.

Zu jeder anderen Zeit, dachte Claudia, hätte sie jetzt Antoine eifrig erzählt, daß sie in die Frühmesse gegangen sei und daß sie dann diese Rosen geschnitten habe, nur die schönsten blaßgelben und sanftrosa Rosen, denn Antoine hatte ihr einmal gesagt, daß seine Mutter diese Farben an Rosen besonders liebe. Und sie hatte sie zu einem der schönsten Sträuße ihres Lebens gebunden, ehe sie die Stiele vorsichtig in feuchte Watte wickelte und den Strauß dann in die hübsche lange Hülle schob, die sie am Abend vorher aus vielen Schichten weichen Papiers gemacht hatte.

Zu jeder anderen Zeit hätte sie jetzt die Nadeln oben aus der Hülle gezogen und Antoine hineinschauen lassen, damit er sehen könne, wie anmutig Farbe in Farbe spielte, und sie hätten sich beide gefreut über soviel Duft, über soviel Lieblichkeit.

Zu jeder anderen Zeit hätte dann jenes wunderbare Gefühl ihre Herzen erfüllt, wie immer in Augenblicken wie diesem, wenn irgend etwas ihnen sagte, daß dies das Schönste an ihrer Liebe füreinander sei und daß es immer so bleiben werde, sie würden einander lieben und sie würden Rosen lieben, solange sie lebten. Die eine Liebe war eng mit der anderen verknüpft, man konnte sie nicht voneinander trennen, jetzt nicht und in aller Zukunft nicht.

Und doch, da gingen sie nun an einem wunderschönen Sommermorgen mit einem herrlichen Rosenstrauß zum Zug nach Chamboeuf und sprachen kein Wort miteinander und lächelten sich nicht an.

Ja, ein Vorübergehender hätte wohl annehmen können, sie hätten sich gestritten oder sie sollten vor Gericht erscheinen, ja, es war genau dasselbe bedrückende Gefühl; die beiden fühlten sich und sahen auch so aus, als ob sie zu einem Verhör müßten. Es war geradezu lächerlich, es war kindisch, wie sie sich vor diesem Besuch in Chamboeuf fürchteten. Beide, Claudia und Antoine, litten unter dem Gedanken, daß vielleicht eine Wolke ihr Glück trüben könnte. Sie wünschten es sich so sehr, daß Antoines ganze Familie ja sagte und *sie,* Claudia Dubreuil, liebhatte, vor allem die Mutter, seine großartige, unverzagte, seine furchterregende Mutter. Das war es. Aber wie hätte Claudia erwarten können, daß Antoine das zugäbe?

Sie saßen feierlich Seite an Seite im Zug, der Strauß lag in Claudias Schoß. Sie sah hinunter auf ihren besten langen braunen Rock, auf ihre neuen braunen Glacéhandschuhe, ihre neue Seidenbluse. Sie sah noch einmal auf ihre Bluse und wünschte, sie hätte etwas mehr Verstand gezeigt und eine weniger auffallende Farbe gewählt, nicht gerade dieses warme Rosenrot. Aber damals, als sie den Stoff kaufte, um sich eine neue Bluse für ihren ersten Besuch in Chamboeuf daraus zu nähen, hatte ihr die Farbe besonders gefallen. Jetzt dachte sie unglücklich darüber nach, was wohl Antoines praktische Mutter davon halten mochte. Ob sie die Farbe wohl ganz unpassend, ja, vielleicht sogar grell finden würde? Aber sie selbst liebte nun einmal leuchtende Farben voll Leben und Wärme: Goldgelb, Kupfergold und warmes Rosenrot. Und leider standen ihr auch gerade nur diese Farben gut zu Gesicht, sie paßten zu ihrer milchweißen Haut, den dunklen Augen und dem dunklen Haar.

Und Claudia wünschte sich wieder, wie schon so oft, daß sie als richtige Blondine auf die Welt gekommen wäre, wie ihre Maman, mit hübschen hellen Haaren, mit blauen Augen, mit rot und weißen Wangen. Dann würde sie auch in Marineblau elegant, ja, wie eine richtige Dame aussehen. In einem marineblauen Kostüm und einer weißen Bluse war man immer passend und geschmackvoll angezogen.

Aber was nützte es, es war jetzt zu spät, um etwas an ihrer Kleidung zu ändern. Da saß sie also in ihrer grellen neuen rosenroten Bluse und hatte noch dazu ein passendes, ebenso grelles rosenrotes Band an ihrem neuen braunen Hut. Sie mußte ja ein Bild abgeben! Scheußlich, einfach scheußlich.

Plötzlich hätte sie am liebsten zu weinen angefangen. Sie fühlte sich häßlich gekleidet, und voll Sehnsucht nach ein bißchen Trost legte sie ihre Hand auf Antoines

Hand. Er nahm sie sofort und hielt sie fest in seiner eigenen warmen festen Hand und lächelte sie an.
»Wir sind bald da«, sagte er.
Und dann saßen sie wieder stumm nebeneinander, jetzt aber Hand in Hand, die ganzen restlichen fünfzig Kilometer nach Chamboeuf.
Als sie dann in Chamboeuf auf dem kleinen Bauernhof durch die offene Tür in die Wohnstube hineinspazierten, schien es von lachenden, redenden Meillands nur so zu wimmeln. Aber Claudia sah zuerst nur Antoines Mutter, hochgewachsen, sehr adrett, jedes Haar an seinem Platz, wie sie sich ihr zuwandte und mit großen bangen Augen in ihrem Gesicht, ja, tief in ihrem Herzen zu lesen schien. Claudia wird zeit ihres Lebens nicht vergessen, wie dann plötzlich ein warmes Lächeln ihr faltiges Gesicht erhellte und wie sie rief: »Jetzt bist du also endlich da! Aber komm doch herein, mein Kind, komm herein!« Und sie nahm Claudia in die Arme und küßte sie warm und herzlich, und dann drehte sie sich um zu ihrem großen Sohn und küßte auch ihn. Und dann ging es weiter wie in einem wirbligen glücklichen Traum: Claudia wurde geküßt und mußte allen ihren Schwägern und Schwägerinnen die Hand schütteln, und Antoines Mutter erteilte Befehle links und rechts, und schon standen für alle Stühle um den Tisch, und der Strauß war ausgepackt und in einen Krug gestellt worden, so daß ihn alle bewundern konnten, und Antoines Mutter rief: »Ach ja, gebt mir nur immer eine gelbe oder eine richtig rosa Rose, und ich kann auf alle anderen verzichten.« Und könnte nicht gefälligst einer von den großen faulen Kerls nur für einen Augenblick mal den Mund halten und sich aufraffen, die Flasche zu nehmen, die sie auf den Tisch gestellt hatte, und ihnen einen kleinen Apéritif einschenken? Nicht, daß sie meinte, sie hätten einen Apéritif nötig, um sich Appetit zu machen, jedenfalls

nicht für das gute Essen, das sie für sie gekocht hatte, alles gar und wohlgeraten, auch wenn sie das jetzt selber sagte.

Ja, es scheint, daß sie wirklich einen herrlichen Schmaus hielten an jenem Sonntag. Wie Antoine es Claudia schon oft erzählt hatte, war seine Mutter eine erstklassige Köchin, aber nicht das Essen war solch ein Erlebnis für Claudia, es war die Stimmung, die Gemütlichkeit, die in dem kleinen Bauernhaus herrschte, es war etwas, das sie noch nie in ihrem Leben erlebt hatte. Es war, als sei sie in eine hübsche trauliche Geschichte in einem Buch hineinversetzt worden, eine Geschichte, in der die Mutter ein liebendes Auge auf alle und alles hat, nie lange auf ihrem Stuhl sitzenbleibt, sondern immer wieder aufspringt, um bald dies, bald jenes auf den Tisch zu stellen und die Teller zu füllen, und die dabei tausend Fragen stellt.

Alles war ganz anders, als Claudia es bisher gekannt hatte. Ihre eigene Mutter war immer still, immer kränklich. Wenn es einmal an der Tür klopfte, zuckte sie zusammen und flüsterte fast ein wenig ärgerlich: »Wer kann denn das schon wieder sein?« Immer voller Furcht, daß sie gestört werden könnte, voller Angst vor einer fremden Stimme, die die ruhige Gleichförmigkeit ihrer Tage unterbrechen würde.

Und hier saßen sie nun ihrer neun und schwatzten fröhlich drauflos, und von Kopfweh war nicht die Rede. Und gerade als Antoines Mutter eine große Familienkanne voll Kaffee auf den Tisch gestellt hatte, klopfte es wieder an der Tür, und wieder war sie es, die zuerst auf den Füßen war und eilfertig rief: »Ach bitte, kommen Sie doch herein! Kommen Sie herein, Monsieur le Curé, und begrüßen Sie Antoines Braut!« Und noch ein Stuhl wurde herbeigeschafft, für Monsieur le Curé, und Antoines Mutter bestand darauf, daß er eine Tasse Kaffee mit ihnen trinken müsse und ein Gläschen Likör, von ihrem ganz speziellen, den sie selbst aus den wilden Schlehen bereitete, die draußen an den Hecken wuchsen und so bitter und so scharf schmeckten und doch, wenn man es nur verstand und sich die Mühe machte, einen ausgezeichneten Likör abgaben, einen viel gesünderen für die Verdauung und die Leber als all diese Prachtflaschen mit Gott-weiß-was für einem Zeug, das sie zu schwindelerregenden Preisen in den Geschäften verkauften.

»Und ja, heute ist ein ganz besonderer Tag, müssen Sie wissen«, berichtete sie Monsieur le Curé. »Schauen Sie sich nur einmal am Tisch um, nicht nur vier, nein, acht unter einem Dach. Acht, wirklich acht, denken Sie nur!«

So sollte eine Familie, ein Heim, ein richtiges Zuhause sein, dachte Claudia. So sollte *ihr* Zuhause sein, ihres und Antoines. Aber plötzlich fühlte sie sich sehr schuldbewußt, und sie sagte sich, nein, nein, sie wollte ihre eigene kleine zarte Maman gewiß nicht kritisieren, gewiß nicht, sie war stets anfällig, fühlte sich immer müde und immer krank. Man mußte wirklich Mitleid mit ihr haben.

Wie glücklich war sie doch selber, dachte Claudia, wie sehr glücklich sogar, daß sie hier fix und fertig eine Schwiegerfamilie geliefert bekam, alle so freundlich, sie mit offenen Armen bei sich aufzunehmen und, so Gott will, sie eines Tages auch zu lieben.

Und es dauerte gar nicht lange, da half sie schon Antoines Mutter, seinen Schwestern und der Schwägerin beim Geschirrspülen, während Antoine die Männer hinausführte, um die diesjährige »Durchlaucht«, das Schwein, zu besichtigen und über den Hof zu spazieren. Und dann fragte Antoines Schwester Marie, ob denn Claudia die reizende Seidenbluse selber genäht habe. Wie hübsch kleide sie die Farbe, und wie zierlich gefältelt und gestickt seien das Vorderteil und die Manschetten! Und Claudia, strahlend vor Freude, weil sie nun wohl doch nicht scheußlich aussah, versprach eifrig, daß sie das nächstemal das Schnittmuster mitbringen und für sie alle Blusen zuschneiden würde, genau solche, wie die, die sie hatte.

Dann kam das Gespräch von modischen Blusen irgendwie auf neumodische Taufnamen – Claudia konnte sich später nicht mehr erinnern, wie das gegangen war, und auch nicht, wie es dazu kam, daß Antoines Mutter plötzlich erklärte, sie halte es allemal für richtig, den Kindern Namen guter, braver Heiliger zu geben, Namen, die sich natürlich auch gut »trugen«. Darum hatte sie auch ihre eigenen vier Kinder Marie, Clothilde, Antoine und Galmier taufen lassen, wobei sie allerdings, das müsse sie schon zugeben, von selber nie auf den Namen Galmier gekommen wäre, wenn nicht eines Tages Monsieur le Curé, jener belesene Mann, eine so großartige und aufschlußreiche Predigt gehalten hätte. Hatte er ihnen doch damals erklärt, sie möchten vielleicht denken, Saint Galmier sei bloß der Name der kleinen Nachbarstadt mit den vielen Heilquellen; aber nein, es hatte einmal einen heiligen Galmier gegeben, einen armen und demütigen Diener Gottes, gut und rein wie das Wasser jener Quellen. Und mehr noch, er hatte gerade hier in dieser Gegend gelebt, schon vor langen tausend Jahren, und sein Brot damit verdient, daß er vortreffliche Schlösser fertigte und Schlüssel machte. Kurz und gut, ein sich redlich plagender Heiliger, ganz nach dem Herzen von Antoines Mutter.

Aber nicht ums liebe Leben hatte Antoines Mutter ergründen können, warum ihre eigene Mutter sie immer Jenny genannt und auch darauf geachtet hatte, daß alle anderen sie ebenfalls Jenny nannten, obgleich sie ihr

doch in der christlichen Taufe den ganz vernünftigen Namen Jeanne gegeben hatte, aber vielleicht hatte sie das auch nur getan, um Monsieur le Curé nicht zu verärgern.
Ja, Jenny, ausgerechnet mit diesem ausländischen Namen war Antoines Mutter immer gerufen worden. Nach einer Sängerin, hatte mal jemand gemeint, aber ihre Mutter hatte das niemals zugegeben, vielleicht weil ihre eigene Jenny, wie sich später herausstellte, eine Stimme hatte wie eine Krähe mit einem Kropf.
Alle lachten, aber Claudia sagte eifrig, o ja, das stimme! Es hatte tatsächlich einmal eine Sängerin mit dem Namen Jenny gegeben, Jenny Lind. Und sie erzählte ihnen alles, was sie über jene berühmte Primadonna gelesen hatte, und vergaß nicht, ihnen immer wieder zu versichern, daß sie wisse, es klinge wie ein Märchen, aber es sei wahr, jedes Wort sei wahr.
Sieh mal an, sagte Antoines Mutter, man lernte wirklich im Leben niemals aus, und dann kam sie natürlich auf jene vier Certificats d'Études zu sprechen, die dort an der Wand hingen, und die wiederum brachten das Gespräch auf mancherlei Erinnerung an jene mühevollen, aber glücklichen Tage, als Marie, Clothilde, Galmier und Antoine noch mit den holzbesohlten Stiefeln in die Schule geklappert waren, um dort zu studieren, bis sie zwölf waren, alle vier.
Dann war es Zeit aufzubrechen, und Claudia bemerkte, daß Antoines Mutter für jedes ihrer Kinder ein kleines Päckchen zurechtgemacht hatte, etwas selbstgemachte Butter und Käse und ein paar besonders schöne Birnen, diese aber mit der strengen Order, sie nicht vor dem nächsten Donnerstag oder Freitag zu essen, denn dann würden sie erst richtig gut sein.
Auch für Claudia lag ein Päckchen bereit. Sie sollte es ihrer Maman mitbringen, mit schönen Grüßen und Wün-

schen von Antoines Mutter. Sie hoffe, Madame Dubreuil würde sich bald frisch genug fühlen, um auch einmal einen Tag in Chamboeuf zu verbringen. Sie sei herzlich willkommen.

Aber alles, was Claudia selber hervorbrachte, als sie Antoines Mutter küßte, war ein lahmes: »Vielen, vielen Dank. Es war ein wunderschöner Tag. Ich kann dir gar nicht sagen, wie schön.«

Doch sie fühlte, daß Antoines Mutter verstanden hatte, was ihr auf dem Herzen lag, denn sie küßte sie noch einmal und sagte: »Für mich auch. Dieser lange Kerl von einem Jungen ist wirklich ein Glückspilz. Komm bald wieder, Kind.«

Dann blieb sie in der Tür stehen und winkte ihnen nach, bis sie nicht mehr zu sehen waren.

Antoine zog seine Uhr aus der Westentasche und schaute darauf.

»Wir haben gerade noch Zeit«, meinte er. »Wir wollen uns nur schnell einmal Madame Mivières altes Haus ansehen.«

Er sagte nichts weiter, aber Claudia wußte, daß dies sein einziger Kummer an diesem ganzen goldenen Tag war. Niemals würde die liebe Madame Mivière seine Claudia zu sehen bekommen. Sie war tot, jemand anderer lebte in ihrem Haus.

Glücklicherweise sah es so aus, als seien die neuen Besitzer ebenfalls leidenschaftliche Gärtner. Es hätte Antoine das Herz gebrochen, wenn der Garten, in dem er so viele glückliche Stunden verlebt hatte, vernachlässigt gewesen wäre, ohne Liebe. Aber er war schön, eine Pracht fürs Auge, besonders die Rosen.

Glücklicherweise schien auch niemand im Garten oder Haus zu sein, so konnten sie ein wenig an der Pforte verweilen und die scharlachrote »Jean Liabaud« freudig begrüßen, die goldgelbe »Duchesse de Ausstädt«

und Antoines Liebling, die »Rosa noisettiana«, die bezaubernde zarte Rose, die Pierre-Joseph Redouté gemalt und die Kaiserin Josephine am meisten geliebt hatte. Jedenfalls hatte Madame Mivière das immer gern geglaubt.

Und wahrhaftig, diese alten Rosen waren doch wirklich die dankbarsten, die treuesten Freunde, rief Claudia, denn da blühten sie noch immer in diesem wunderschönen Garten, so wie sie schon geblüht hatten, als Antoine noch ein Junge war, so wie sie schon vor vielen, vielen Jahren in Josephines geliebtem Garten in Malmaison geblüht hatten.

Wenn man sich einmal vorstellte, fuhr Claudia fort, daß sie selber die Adressen auf die Kataloge getippt hatte, die hierher in dieses Haus kamen, dieselben Kataloge, die Madame Mivière Antoine geliehen. Wie seltsam, es sich vorzustellen, daß es die gute Madame Mivière war und ihre Liebe zu den Rosen, die schließlich Antoine zu ihr geführt hatten . . . für immer.

»Ja«, sagte Antoine, und dann fügte er hinzu: »Meine Mutter, Madame Mivière . . . und jetzt du. Meine Mutter hat recht, ich bin wirklich ein Glückspilz.«

Claudia schob ihre Hand in die seine, und dann wandten sie sich um und gingen schweigend zum Bahnhof.

Es bedurfte keiner weiteren Worte. Es war wirklich ein goldener Tag gewesen, ein Tag, an den sie ihr ganzes Leben lang denken würden. Antoines Familie hatte Claudia ins Herz geschlossen, und sie war seine große Liebe und er die ihre.

Und so sollte es bleiben, gelobte sich Claudia, ihr Herz überschäumend vor Glück, all die vielen Jahre lang, die nun folgen würden. Immer, immer, wenn es Gott gefiel.

Mamma Paolino und die Hochfinanz

Jeden Morgen, schon in aller Frühe, packte dort unten in der kleinen Stadt Antibes Mamma Paolino ihre zwei geräumigen Einkaufstaschen und machte sich flink auf die Beine, um sich auf dem Marktplatz nur ja nicht die billigsten Angebote des Tages entgehen zu lassen. Unterwegs aber versäumte sie es niemals, in die Kirche zu schlüpfen. Sie beugte tief und ehrfurchtsvoll das Knie vor dem Erlöser der Menschheit, der noch immer so viele Bürden zu tragen hat, und kniete dann nieder, um ihre Morgengebete zu verrichten.

Mamma Paolino pflegte dann fromm, doch unmißverständlich deutlich ihren besonderen Lieblingen unter den Heiligen ihre täglichen Pflichten vorzuhalten. Sie beschwor sie, nur ja nicht zu vergessen, daß sie auch diesen ganzen Tag bei allen Anliegen der Familie Paolino auf ihre Hilfe rechnete.

Dann opferte Mamma Paolino ihre tägliche Kerze, zündete sie diesen freundlichen und geduldigen Heiligen an, mit dem dringenden Begehren, ihrer mütterlichen Zunge bei allen heftigen Diskussionen, die jetzt Abend für Abend rund um den Familientisch der Paolinos tobten, noch mehr Feuer und Überredungskunst zu verleihen. Diese Diskussionen wurden von Tag zu Tag dramatischer und gewichtiger. Es mag phantastisch, ja, geradezu unglaublich klingen, aber die Paolinos hatten sich, angefeuert von Mamma, während Papa Korporal bewundernd Beifall spendete, mit großer geräuschvoller Aufmerksamkeit den Problemen der Hochfinanz zugewandt, ja, ja, »I Ricconi«, wie Papa Korporal stolz erklärte. Jenes wilde, rauhe Land auf dem nahegelegenen Cap d'Antibes war immer noch für ein Butterbrot zu haben, war immer noch spottbillig, denn jeder dachte, wenn er überhaupt je darüber nachdachte, daß man schon ein bitterarmer, ein nach Land ausgehungerter Kalabrier sein müsse, um auch nur einen Gedanken an die endlosen Stunden Schweiß und Mühe zu verschwenden, die es kosten würde, all die Bäume zu fällen und einen ganzen Dschungel von Dornen und Gestrüpp zu roden, ehe man auch nur ein Fleckchen von jenem spottbilligen Land zu sehen bekam.

Aber eines Tages, eines verhängnisvollen Tages, prophezeite Mamma Paolino düster, würde irgendein gerissener Grundstücksspekulant neugierig werden; er würde hier ein Wörtchen hören und dort eine Bemerkung aufschnappen von einem Kalabrier, der da draußen auf dem Kap die schönsten Rosen und Gemüse angepflanzt hatte. Und dieser Grundstücksspekulant würde anfangen, in aller Heimlichkeit nachzuforschen, und dann eines Tages würde er selbst einen Ausflug auf das Kap machen und überall herumschnüffeln, bis er plötzlich, o Dio mio, das blühende und ertragreiche Paradies finden würde, das ihr Francesco mit seinen beiden Händen und so manchem Tropfen Schweiß mitten zwischen all den Bäumen geschaffen hatte.

Und Mamma Paolino konnte jenen Grundstücksspekulanten geradezu leibhaftig vor sich sehen, wie er dort stehenblieb, angewurzelt vor Überraschung, und durch die Zähne pfiff, als er die Reihen prächtiger Rosen, die Anemonen, die gelben Freesien und die feinen Gemüse erblickte, die Francesco auf dem Kap gepflanzt hatte.

Und Mamma malte dann ein düsteres Bild von jenem Grundstücksspekulanten, wie er auf dem Absatz kehrtmachte und wie ein Hase davonsprang zu dem Büro eines Agenten. Dort angekommen, würde sich der durchtriebene Kerl ganz gleichgültig geben: »Wenn nicht, dann eben nicht«, und die Geschichte würde höchstwahrscheinlich damit enden, daß er das ganze Kap für einen Spottpreis kaufte.

Und huii, sofort würden die Preise steigen, höher und höher, für arme ehrliche Leute, die viele Jahre lang das Geld zusammengekratzt und gespart hatten, um ein Stück von diesem spottbilligen Land zu kaufen. Und darum, sagte Mamma, war der Augenblick gekommen! Sie, die Paolinos, mußten allen Grundstücksspekulanten zuvorkommen und auf der Stelle ein großes Stück Land auf dem einsamen, noch unentdeckten Kap kaufen.

Ja, ja, aber womit denn? stöhnten Papa Korporal und all die anderen Paolinos. Sie schufteten, schwitzten, kratzten zusammen und sparten, soviel sie konnten; keine Brotrinde wurde verschwendet, kein Sou, jedes Hemd, jedes Kleid, das sie auf dem Leibe trugen, hatte Mamma persönlich in Massenproduktion hergestellt. Kein Zentimeter Stoff war vergeudet worden, kein Knopf. Und doch würde nie so viel in Mammas Kasse sein, daß sie das Geld für das Land auf den Tisch zählen konnten.

Jahre und Jahre nicht, vielleicht auch niemals, jedenfalls nicht bei den Löhnen, die man den Kalabriern, mochten sie noch so gescheit und fleißig sein, zahlte und für die sie auch noch dankbar sein mußten.

Aber Papa Korporal und die anderen ungläubigen Paolinos hatten ihre Rechnung ohne Mamma gemacht, die natürlich ihrerseits der Hilfe ihrer getreuen Heiligen sicher zu sein glaubte. Die gescheite Mamma Paolino hatte viel, sehr viel gelernt, seit sie vor wenigen kurzen Jahren nach Antibes gekommen waren und so gut wie gar nichts mehr in der Familienkasse gehabt hatten. Sie hatte nicht nur sehr schnell gelernt, zungenfertig auf französisch – gewissermaßen – zu feilschen, so daß sie alle für wenig Geld gut und ausreichend zu essen hatten, sondern die schlaue Mamma Paolino hatte auch eingesehen, daß sie höchstwahrscheinlich kaum jemals so viel zusammensparen könnten, um ein lohnendes Stück von jenem spottbilligen Land bar zu bezahlen.

Also hatte Mamma, bitte schön, ihre eigenen Nachforschungen über die ausgeklügelten und gewinnbringenden Methoden der »Ricconi«, der Hochfinanz, angestellt. Und Mamma hatte festgestellt, daß es reiche Leute gab, die selber noch niemals auch nur eine Hand gerührt hatten, sondern die den Daumen drehten und ihr Geld für sich arbeiten ließen. Und daß diese Finanziers immer nach neuen Mitteln und Wegen suchten, um ihr Geld immer noch gewinnbringender arbeiten zu lassen. Aber natürlich mit möglichst wenig Aufwand und Risiko für sich selbst.

Diese Finanziers, sagte Mamma, würden sich also jederzeit gern bereitfinden, zuverlässigen, ehrlichen, fleißigen Leuten, von denen sie regelmäßig gute Zinsen einnehmen konnten, Geld zu leihen, in dem angenehmen Bewußtsein, daß ihr Geld ebenso sicher angelegt sei wie auf einer Bank, ja, sicherer sogar noch als auf einer Bank, wie die gutinformierte Mamma jetzt berichten konnte.

Und, rief Mamma, waren die Paolinos nicht als zuverlässig, ehrlich und fleißig bekannt. Aber Schluß jetzt mit dieser Litanei! Sie brauchten jetzt nichts anderes zu tun, als solch einen Geldgeber zu suchen. Und wenn sie ihn gefunden hatten, durften sie ja nicht so dumm sein und ihm Francescos Garten zeigen. Nein, auch sie mußten ganz nüchtern rechnen. Sie würden ihn zu einem Stück Wildnis auf dem Kap führen und ihm sagen, daß sie es *eventuell* kaufen würden, diese Wildnis, aber natürlich nur zu einem Wildnispreis.

Und alles übrige sollten sie dann nur ihrer Mamma überlassen und ihren Lieblingsheiligen.

Eines Abends stellte Mamma Paolino eine Kanne extrastarken Kaffee auf den Tisch, schenkte ihnen allen eine stärkende halbe Tasse ein und ließ die Bombe platzen.

Sie hatte den richtigen Geldgeber gefunden. Auch er hatte sich, wie es nur natürlich war, überall erkundigt. Aber zweifellos mußte ihn alles, was er erfahren hatte, so beeindruckt haben, daß er bereit war, der zuverlässigen, ehrlichen und fleißigen Paolino-Familie so viel Bargeld zu leihen, daß sie ein schönes großes Stück Land auf dem Kap kaufen konnten.
Mamma Paolino holte dann tief Luft und fügte hinzu: »Zu zwanzig Prozent.«
»Zwanzig Prozent«, brüllten Papa Korporal und die anderen Paolinos. Das war Raub am hellichten Tage! Ein kalabrischer Räuber war ja die Seele süßer Barmherzigkeit selbst, im Vergleich zu Mammas Geldgeber. Alle Heiligen im Himmel, sie müßten sich ja umbringen, um allein die Zinsen zu zahlen. Oder hatte Mamma ganz und gar den Verstand verloren! Hatte sie denn gar nicht daran gedacht, daß sie ja an ihrem bisherigen Platz noch lange, lange weiterarbeiten und daneben sich jede freie Minute abschinden müßten, um das Land zu roden, ehe sie auch nur eine einzige Reihe Kohl pflanzen konnten?!
Mamma antwortete, daß ehrliche Arbeit und ehrlicher Schweiß noch keinen Paolino umgebracht hätten und daß sie sich natürlich bei der höchsten, der allerhöchsten Instanz Rat geholt habe, beim Himmel selber. Sie hatte für Unsere liebe Frau vom guten Rat eine heilige Novene geopfert, und was war geschehen? Nicht nur war plötzlich aus heiterem Himmel der Geldgeber aufgetaucht, von Gott gesandt, könnte man sogar sagen, sondern sie selbst wußte, genau hier in ihrem tiefsten Herzen, daß der Augenblick gekommen war, daß sie das Geld jetzt borgen mußten, ja, ja, sogar zu zwanzig Prozent! Sie *mußten* das Land kaufen – presto!
Und nun sollten sie ihr einmal sagen, bitte sehr, geradeheraus sagen, schrie Mamma, flammend vor verletztem

Stolz, ob sie schon einmal auch nur einen einzigen ihrer Familie hatte hungern lassen oder in Lumpen herumgehen? Hatte sie sich nicht den Kopf zermartert, die Finger bis auf die Knochen wundgearbeitet, um ihnen immer wieder etwas zum Essen und zum Anziehen zu beschaffen und nebenbei auch noch etwas für *ihre* Zukunft zurückzulegen? Und da fiel ihnen jetzt wirklich nichts Besseres ein, als dazusitzen und sie mit dem Schwert zu durchbohren, bis ins tiefste Herz, indem sie behaupteten, ihre Mamma könne kalten Herzens zusehen, wie sie sich jahrein, jahraus abrackerten und zwanzig Prozent Zinsen bezahlten von Ewigkeit zu Ewigkeit, Amen.

Ach, für was für eine arme Irre hielten sie doch ihre Mamma!

Als sie nun alle für einen Augenblick zu reuigem Schweigen gebracht hatte, erklärte Mamma mit betonter Würde, daß sie den ersten Schritt sehr wohl und genauestens überlegt habe, denn »le premier pas qui coûte«, sagen die Franzosen. Und dieser erste wichtige Schritt, auf den es ankam, sollte zu einem ausgezeichneten Rechtsanwalt führen, einem, der sowohl auf französisch wie auf italienisch verhandeln konnte. Mamma hatte genug Geld in der Kasse, um sein Honorar zu bezahlen. Und sie würden diesen sprachkundigen Rechtsanwalt beauftragen, für sie einen Vertrag über jene Anleihe aufzusetzen. Hieb- und stichfest müßte er sein und in zwei Sprachen abgefaßt, und in diesem hieb- und stichfesten Vertrag sollte ganz klar und nachdrücklich in beiden Sprachen festgelegt werden, daß die Paolinos die Anleihe jeden Augenblick zu jeder beliebigen Stunde an jedem beliebigen Tag zurückzahlen könnten, wenn sie wollten.

Das setzte ja dem ganzen die Krone auf! Papa Korporal und alle Paolinos explodierten schon wieder, bis Mamma sie niederschrie, nein, sie erwarte nicht, daß ein strahlendes Wunder geschehe und Geldscheine wie Manna vom Himmel regneten, nein, und nochmals nein. Sie erwartete auch nicht, daß sie das fürstliche »Gros Lot« in der Nationallotterie gewinnen würden. Alles, was sie erwartete, war ein bißchen Ruhe und Aufmerksamkeit, wenn sie, ihre Mamma, ihnen Dinge von so lebenswichtiger Bedeutung mitzuteilen hatte.

Da trat wieder Stille ein, und Mamma sagte feierlich: »Einigkeit macht stark!«

Sie glaube, daß sogar ihre dickköpfige Familie ihr darin recht geben würde. Also gut, sie würden alle Kraft zusammennehmen und länger arbeiten und schwerer als je zuvor, und derweil würde sie, Mamma Paolino, unermüdlich weiterforschen, und siehe da, so sicher wie einmal eins eins ist, würde sie einen zweiten Geldgeber finden, und der würde sagen, ja, nach allem, was er über die zuverlässigen, ehrlichen und fleißigen Paolinos gehört habe, werde er ihnen gern das Geld geben. Und dann konnten sie ihren ersten Finanzier voll bezahlen. Aber ... aber ...

Mamma Paolino, wie alle geübten Redner, wußte, welche Wirkung die Spannung hat, sie machte also eine Pause und ließ sie zappeln.

»Aber ... zu fünfzehn Prozent!«

Und wieder – presto, subito – würden sie so viel von dem fünfzehnprozentigen Geld leihen, daß sie den zwanzigprozentigen Finanzier voll bezahlen konnten. Und ohne alle juristischen Flausen, denn sie hatten ja, Gott sei Dank, jene Klausel in ihrem hieb- und stichfesten Vertrag.

Ermutigt, daß sie nun diese fünf Prozent einsparten, würden sie nun mit noch größerem Schwung wieder an die Arbeit gehen, und wieder würde ihre unermüdliche Mamma einen dritten Geldgeber auftreiben, der tief beeindruckt von den Leistungen und der Zahlungsfähigkeit

der fleißigen Paolinos sich nur zu glücklich schätzen würde, ihnen Geld vorzuschießen – zu zehn Prozent.
Und wieder – presto, subito – würden sie so viel von diesem billigen Geld aufnehmen, daß sie den Fünfzehn-Prozent-Finanzier damit bezahlen konnten.
Und so würde es weitergehen, erklärte Mamma Paolino so zuversichtlich, als sei sie der Direktor der Bank von Frankreich persönlich. Die Zinsen, die sie für das geliehene Geld zahlen müßten, würden immer niedriger und niedriger werden, und zu guter Letzt würden sie mit einem gewaltigen Hau-Ruck dem allerletzten Geldgeber ihre Schuld bis auf den letzten Franc bezahlen.
Und an jenem Tag, Gloria Viktoria, würde das große schöne Stück Land auf dem Kap ihnen gehören, den Paolinos. Und Papa Korporal und Mamma konnten die Hände in den Schoß legen und sich den Schweiß von der müden Stirn wischen. Nun sollte die Familie sehen, wie sie allein weiterkam. Sie hatten ihre Pflicht getan. Sie konnten in Frieden sterben.
Die großartige Kühnheit von Mammas Plan, und vor allem ihr felsenfester Glaube an den Himmel und an sie selbst, riß sie alle mit. Und um diese schicksalhafte finanzielle Transaktion nun in wenigen Worten abzuschließen: Die Paolinos nahmen – zu zwanzig Prozent – so viel Geld auf, daß sie ein großes Stück von jenem wilden, rauhen Land auf dem Kap kaufen konnten.
Und wahrlich, es war großartig, was für Wunder Mammas Glaube an den Himmel und an ihre Familie vollbrachte, denn die Paolinos, die nichts besessen hatten außer einer großen Portion Unternehmungsgeist, als sie nach Antibes gekommen waren, arbeiteten jeden Tag, ohne sich zu schonen, Stunde um Stunde, bis es dunkel wurde. Und langsam, aber sicher handelten sie die Zinsen, die sie für die Anleihe zahlen mußten, immer mehr

herunter und begannen, das geliehene Geld zurückzuzahlen. Eine finanzielle Leistung, an der sich alle mit leidenschaftlichem Stolz beteiligten.

Und langsam, aber sicher begannen sie die Wildnis, die sie gekauft hatten, zu lichten und das einsame Fleckchen Erde umzugraben und zu bepflanzen. Und Mammas Herz floß über vor Freude und Dankbarkeit gegenüber dem Himmel, als sie sah, wie diese Wildnis »aufzublühen begann wie eine Rose«.

Ja, als ihre ältesten Söhne heirateten, wurden deren junge Frauen dieser festverschworenen Familie einfach einverleibt und in den Paolino-Plan für die Zukunft mit eingeplant. Und Mammas neue Schwiegertöchter trugen gehorsam die gleichen, von Mamma en gros gefertigten Kleider und arbeiteten brav ebenso lange und fleißig wie die anderen Paolinos. Wahr ist's, das wurde einfach von ihnen verlangt, aber auch sie lernten bald, Papa Korporal und Mamma Paolino zu lieben, zu achten und, ehrlich gesagt, auch zu fürchten. Aber in dieser Reihenfolge, genau in dieser Reihenfolge: zuerst zu lieben.

Selbst heute, nachdem so viele Jahre seitdem vergangen sind, braucht man nur einen, irgendeinen von ihnen zu fragen, und man würde zur Antwort bekommen, daß es so war: Man konnte nicht anders, man mußte das Stammesoberhaupt Papa Korporal lieben, achten und fürchten. Aber vor allen Dingen liebte man Mamma, man liebte sie von ganzem Herzen.

Zu der gleichen Zeit arbeitete natürlich auch Francesco vom frühen Morgen bis zum späten Abend auf dem Kap, und ganz allmählich konnte er das Geld für sein eigenes Stück Land zurückzahlen, und ganz allmählich wurde er überall bekannt für seine wunderschönen, vor Tau und Tag geschnittenen Rosen, für seine langstieligen bunten Anemonen, seine gelben Freesien und herrlichen Nelken und nicht zuletzt auch für seinen blütenweißen Spargel und Blumenkohl und seine zarten grünen Erbsen und jungen Bohnen.

Aber es waren immer noch die Rosen, denen Francescos ganzes Herz gehörte. Es war immer noch sein Traum, eines fernen Tages nur noch Rosen zu pflanzen, nichts als Rosen.

Nun mochte ja, wie Mamma Paolino immer wieder sagte, ihr Francesco nicht gerade sehr groß gewachsen sein, aber er war gesund und jetzt stark wie ein Ochse, wofür Mamma, fromm wie sie war, ihren Lieblingsheiligen nicht genug Dank sagen konnte, denn sie hatten so getreulich ihren »gracile, piccolo« Francesco vor den Gefahren von soviel frischer Luft und Sonnenschein draußen auf dem Kap bewahrt.

Und da war er nun, ihr starker, gesunder und erfolgreicher Francesco, und wie jeder andere Paolino nahm er sich energisch das Recht, in Angelegenheiten der Familie laut und heftig mitzureden. Wenn aber Mamma die Rede darauf brachte, daß er nun schon gut über zwanzig und es jetzt höchste Zeit für ihn sei, sich ebenfalls nach einer tüchtigen, gesunden und braven Frau umzusehen, dann stellte er sich durchaus taub oder brummelte nur gereizt: »Questo proprio no?« – »Warum denn so schnell?«

Nun müssen Sie wissen, daß eine anständige kalabrische Familie eine Heirat sehr ernst nimmt. Die ganze Familie wäre gekränkt, ja, tödlich beleidigt, wenn ein Sohn oder eine Tochter sich Hals über Kopf in eine Ehe stürzte, ohne, wie es sich gehörte, zuerst einmal um Erlaubnis zu fragen. Alle erwarteten, daß sie benachrichtigt, daß sie um Rat gefragt würden, so daß sie an dem Vergnügen teilnehmen konnten, hin und her zu disputieren, Ratschläge und Ermahnungen zu erteilen

und zu guter Letzt den Segen zu geben. Aber dieser verflixte Francesco zeigte kein bißchen Interesse und nannte von sich aus auch kein einziges Mal eine passende Braut für sich selbst und eine gute Schwiegertochter für seine Mamma und Papa Korporal.
»Hab' zuviel zu tun«, erklärte er jedesmal, zog seine Stiefel an und kehrte zu seinen Rosen zurück.
Also gut, wenn Francesco zu sehr mit seinen Rosen beschäftigt war, dann war es eben Mammas schönste Pflicht und ihr Vergnügen obendrein und das der ganzen übrigen Familie, ihm die ideale Frau zuzuführen. Ein gesundes, strammes Mädchen mußte es sein, ebenso liebenswürdig wie fleißig, ein Mädchen, das gewohnt war, viele Stunden draußen auf dem Feld zu arbeiten, ein williges, frommes, gutes Mädchen, das sich mit all den anderen Paolinos vor den Karren spannen ließ.
Und ein Engel von einem Mädchen dazu, meinte jemand, ein Mädchen, dem es nichts ausmache, daß es gegenüber den Rosen zurücktreten müsse.
Ja, die liebend besorgte Familie tat sogar noch mehr, als nur die nötigen Eigenschaften der idealen Frau für ihren schwerfälligen Francesco aufzuzählen. Sie fingen an, ihn auf dieses oder jenes Mädchen, das geeignet schien und noch zu haben war, aufmerksam zu machen. Aber dieser undankbare Francesco hörte ihnen erst schweigend zu und verschmähte dann samt und sonders alle gesunden, strammen, frommen Mädchen.
Dann kam der Tag, an dem Mamma Paolino rundheraus fragte, ob er sich denn darüber klar sei, daß er nun bald achtundzwanzig werde. Achtundzwanzig! Und noch immer unverheiratet! Und worauf zum Teufel wollte er denn noch warten? Auf einen Engel vom Himmel?
Lieber Himmel, nein, sagte Francesco, aber da sie nun alle so darauf aus seien, ihn zu verheiraten, so könne er es ihnen ja sagen, daß er schon seit vielen Jahren ein

Mädchen im Sinn habe, aber auch seinen Stolz. Er hatte sich entschlossen zu warten, bis er ihr eine einigermaßen gesicherte Zukunft bieten könne. Aber jetzt, da alles recht gut ging, wolle er tun, was die Familie sich so sehnlich wünschte. Er werde das Mädchen bitten, ihn zu heiraten. Aber sie sollten ihm doch erst einmal zuhören, ehe sie alle auf ihn einschrien! Sie würden ganz gewiß einverstanden sein, denn sie kannten das Mädchen schon und hatten es alle sehr gern. Und bevor sie wieder Luft holen konnten, verkündete er, daß es die hübsche kleine Marie-Elisabeth Greco war, die Tochter ihres entfernten Vetters in Grasse.

Es scheint, daß Mamma und die anderen zuerst ihren Ohren nicht trauten, so starrten sie ihn an, und dann ging's los im Chor, wie es ja zu erwarten gewesen war. Natürlich hatten sie die kleine Marie-Elisabeth gern, aber hatte er daran gedacht, im Namen der Vernunft, wirklich daran gedacht, wie klein und zierlich sie war und angetan wie eine kleine Prinzessin. Konnte man sich vorstellen, daß Marie-Elisabeth an Francescos Seite dort draußen auf dem Kap arbeitete? Nein, das konnte man nicht.

Und sie konnte nicht einmal kochen. Ihre eigene Maman hatte das selbst zugegeben. Sie war das einzige Kind, so hübsch und zierlich, und ihre Maman und Papa hatten sie, obwohl sie wirklich nicht wohlhabend waren, immer gern verwöhnt.

Ja, sie wollten ja zugeben, daß die kleine Marie-Elisabeth auch viele Stunden in ihrer Parfumfabrik und in ihrem Bügelsalon arbeitete, aber da war sie ja unter Dach und tat die Arbeit einer Dame. Und wenn sie nach Hause kam, ließ ihre Maman sie keinen Finger rühren. Sie wurde bedient wie eine kleine Königin.

Francesco, das Gesicht so schwarz wie eine Gewitterwolke, ließ sie sich heiser reden, und dann erkannte

wohl Mamma Paolino denselben Ausdruck in seinem Gesicht wie damals, als er ihr erklärt hatte, daß er sich entschlossen habe, sein ganzes Leben lang Rosen zu pflanzen. Mit einem lachenden und einem weinenden Auge sagte sie, nun ja, gewiß kannten sie die kleine Marie-Elisabeth und liebten sie bereits. Und wahrscheinlich erklärte das auch, warum sich die arme Maman in den letzten paar Jahren über ihre Marie-Elisabeth fast zu Tode gegrämt hatte; das Mädchen hatte doch jeden geeigneten verliebten jungen Mann, einen nach dem anderen, mit gerümpfter Nase abgewiesen, bis schließlich ihre Maman erklärt hatte, daß ihre Marie-Elisabeth, hübsch wie sie war, wahrscheinlich als einsame alte Jungfer ihr Leben beschließen werde, wenn sie nicht endlich aufhöre, so widerspenstig zu sein. Und dabei ... Mamma Paolino konnte ihren Satz nicht zu Ende sprechen, denn sie mußte lachen, daß ihr die Hüften wackelten, und den anderen Paolinos ging es genauso. Sich vorzustellen, daß eine Familie so blind sein konnte! Oder lag es daran, daß dieses wunderliche Liebespaar so heimlich getan und keiner Seele etwas davon verraten hatte, daß sie ineinander verliebt waren? Aber halt, wie war denn das? Hatte Francesco Marie-Elisabeth überhaupt schon gefragt, ob sie eine Paolino werden wolle? Oder hatte er auch dafür keine Zeit gehabt?
Francesco antwortete, das sei gar nicht nötig gewesen, Marie-Elisabeth und er hätten sich von Anfang an verstanden, aber er wolle gleich am nächsten Sonntag nach Grasse gehen und mit ihrem Papa und ihrer Maman reden. Und mit Marie-Elisabeth natürlich auch.
Und das erklärt – in wenigen Worten –, weshalb die hübsche kleine Marie-Elisabeth Greco am 10. Januar 1911 den Rosengärtner Francesco Giacomo Paolino in Antibes heiratete. Antibes war für alle bequemer als Grasse. Und wenn es jetzt auch gute fünfzig Jahre her ist, die

kleine Marie-Elisabeth lacht heute noch vergnügt vor sich hin, wenn sie an ihren großartigen, ihren herrlichen Hochzeitstag denkt, und sie wischt sich eine Träne der Rührung aus dem Auge.

Alle Paolinos, wie sie da waren, von Geburt oder durch Heirat, waren natürlich gekommen: Mann, Weib und Kind, über fünfzig Personen, und natürlich eine Menge Freunde und Blumenhändler und alte treue Kunden. Sie alle verbrachten einen wunderschönen langen festlichen Tag mit einem splendiden Hochzeitsfrühstück *und* einem Diner am Abend mit einer zwei Seiten langen gedruckten Speisekarte für jeden Gast. Marie-Elisabeth könnte Ihnen noch heute diese wohlvorbereitete Speisekarte zeigen, wenngleich sie sich nicht mehr erklären kann, was sie sich eigentlich dabei gedacht hatte, als sie das Bild für die Vorderseite auswählte, ein poetisches, aber ganz und gar nicht hochzeitliches Bild von einer griechischen Dame, die auf einer Marmorterrasse steht und höchst anmutig zwei stattliche Schwäne auf einem romantischen Teich mit Brot füttert. Aber auch alle anderen fanden es sehr hübsch, und alles in allem ging der Tag vorüber wie ein glücklicher, froher, bewegter Traum. Das Hochzeitsfrühstück war, angefangen von den Hors d'oeuvre variés bis zum Champagner le Roy, ein wahres Festessen. Dann gaben alle die Paolinos, die mit einer goldenen italienischen Stimme begabt waren, ein Lied nach dem anderen zum besten, und alle tanzten, und die Stunden eilten vorbei. Und Sie mögen es nun glauben oder nicht, am selben Abend noch setzten sich alle wieder zu einem zweiten richtigen Festmahl hin. Und am nächsten Tag waren sie alle wieder an der Arbeit.

Wie alle anderen jungen Ehepaare träumten Marie-Elisabeth und Francesco von einem eigenen Heim, einem Haus, das eines Tages ihnen ganz allein gehören würde.

Ihr Haus sollte natürlich draußen auf dem Kap stehen, und die Fenster sollten auf die Rosengärten schauen. Aber zuerst mußten sie sehr vernünftig wirtschaften und sehr fleißig sparen. So wurde auch Marie-Elisabeth wie alle anderen eine brave junge Schwiegertochter von Mamma Paolino. Und wie alle anderen trug auch sie, ohne zu klagen und ohne mit der Wimper zu zucken, die gleichen Kleider, die Mamma Paolino en gros genäht hatte, denn sie wollte Mamma nicht kränken.

Anfangs blieb Marie-Elisabeth, wie alle erwartet hatten, zu Hause. Sie wäre auch draußen auf dem Kap keine Hilfe gewesen, nicht einmal beim Unkrautjäten; sie wußte, und die Paolinos wußten es, daß sie die junge Freesiensaat nicht von der Vogelmiere unterscheiden konnte. In einer edlen Anwandlung ihres weiblichen Pflichtgefühls erbot sie sich, das Kochen zu übernehmen, die *ganze* Kocherei.

Hitzig erklärte sie, selbstverständlich könne sie eine gute Pasta asciutta machen, das Leibgericht der Paolinos. Hatte sie nicht ihrer eigenen Maman und Mamma Paolino mehr als tausendmal zugesehen, wie sie es machten!

Aber o weh, wie alle jungen Ehefrauen bald merken, ist es etwas anderes, der eigenen Mutter oder Schwiegermutter zuzusehen, wie sie ein Gericht zaubern, ein Gericht, das eines Königs Tafel würdig gewesen wäre oder der der Paolinos, als ganz allein zu versuchen, es herzustellen. Und so alt sie inzwischen geworden ist, Marie-Elisabeth erinnert sich, als sei es erst gestern gewesen, wie sie den heißhungrigen Paolinos – einschließlich ihres neugebackenen Ehemanns, der übers ganze Gesicht strahlte, als erwarte auch er lauter Wunder – ihre erste Pasta asciutta vorsetzte.

Zu allererst trug sie, wie die Tradition es verlangte, die Pasta auf, eine große dampfende Schüssel voll butterweicher Pasta, bedeckt mit einer kräftigen Fleischsoße. Und »Mamma mia«, sie war herrlich, diese Soße! Nur Mamma Paolino zeigte sich unnatürlich zurückhaltend, ja, geradezu schweigsam. Könnte es Konkurrenzneid gewesen sein?

Nein, das war es nicht. Alles klärte sich auf, als Marie-Elisabeth in der üblichen Weise den zweiten Gang auf den Tisch brachte, eine große Schüssel mit Fleisch. Nun ist es so: Sparsamkeit und gesunder italienischer Menschenverstand fordern, daß man zuerst das Fleisch ganz vorsichtig schmort, damit man diese kräftige Soße für die Pasta bekommt, aber dabei muß man höllisch aufpassen, damit es nicht nur jene kräftige Soße gibt, sondern auch das Fleisch selbst noch ein Festschmaus bleibt, immer noch köstlich zart und saftig.

Und im selben Augenblick, als Marie-Elisabeth jenes teuflische Stück Fleisch auf den Tisch stellte, fiel ihr jubelndes Herz bis in ihre Knopfstiefelchen hinab. Es sah schrecklich aus, und es *war* schrecklich, ganz trocken und zäh. Der ganze Geschmack, Saft und Kraft waren von jener schlemmerhaften Soße aufgeschleckt worden. Mamma Paolino – gesegnet sei ihr gutes Herz! – fand sofort allerlei Entschuldigungen und rasselte gute Ratschläge und Vorsichtsmaßregeln herunter, um eine zweite Katastrophe von vornherein zu verhindern. Aber alle anderen Paolinos und auch Marie-Elisabeths neugebackener Ehemann brüllten vor Lachen, als einer von ihnen seinen Teller mit dem zähen Fleisch für Perla, den Paolino-Hund, auf den Boden stellte und das abscheuliche Tier daran herumschnüffelte und dann abmarschierte mit hocherhobener Nase. Oh, das war ein guter Paolino-Witz und ist es noch bis zum heutigen Tage.

Und Marie-Elisabeth? Nun, sie hat sich in den Schlaf geweint an jenem Abend. Aber bald sollte sie es schon den brüllenden Paolinos zeigen. Sie machte sich resolut

ans Werk und lernte kochen so gut wie Mamma Paolino. Und heute ist ihre eigene Pasta asciutta bei allen Freunden und Verwandten berühmt. Ich kann es selbst bezeugen.
Aber das war nicht die einzige Überraschung für die Paolinos. Marie-Elisabeth meinte, sie müsse es doch auch lernen können, ein Unkraut zu erkennen. Also stand sie schon beim ersten Hahnenschrei auf und wanderte mit Francesco den langen Weg zum Kap. Sie wollte auch ihren Teil Arbeit draußen auf dem Kap tun. Außerdem, um ganz ehrlich zu sein, war es sterbenslangweilig, den ganzen Tag allein zu Hause zu sitzen und für die Familie zu kochen.
Aber, du lieber Himmel, was ist es schon, zu kochen oder Körbe voller Jasmin herumzuschleppen oder im Stehen zu bügeln! Das war ja Kinderspiel im Vergleich zum Jäten! Und das Unkraut wucherte auf dem Kap zu Millionen, jedenfalls schienen es ihr Millionen und aber Millionen zu sein. Aber Marie-Elisabeth wollte sich nicht unterkriegen lassen, schon gar nicht von Unkraut, und sie biß die Zähne zusammen und jätete weiter, und wenn ihr der Rücken noch so elend wehtat. Anfangs hatte sie oft ein unschuldiges Pflänzchen mit herausgerissen, weil sie es für Unkraut gehalten hatte, aber dann wieder in die Erde zurückgestopft, mit einem Stoßgebet zum Himmel, es möge kein spähender Paolino ihren Irrtum bemerkt haben, denn sonst würde auch ihr Jäten vielleicht noch einen guten Paolino-Witz abgeben.
Aber sie lernte, o ja, Marie-Elisabeth lernte schnell, und sie lernte mehr, als nur Unkraut zu jäten. Ein Mädchen kann auch ohne die strotzenden Muskeln eines Preisboxers eine vorzügliche Gärtnerin werden.
Und ein Mädchen braucht nicht zum Dichter geboren zu sein, um eine seltsame Rührung zu verspüren, wenn es mitten im Wald in einen Garten kommt und der Tag

noch taufrisch ist und die Sonne am Morgenhimmel scheint und alle Vögel singen. Man mag sagen, was man will, es ist etwas Besonderes um einen Garten am Morgen und vor allem um einen Rosengarten; etwas Wunderschönes, fast Heiliges.

Nicht, daß sie und Francesco es sich hätten leisten können, lange untätig zu bleiben. Die Schnittrosen mußten auf den Markt nach Antibes gebracht werden oder zum Zug nach Nizza, noch lange, lange bevor die vornehmen Gäste in ihren Villen und Hotels nach der Klingelschnur griffen, um ihren Tee zu bestellen, den sie jeden Morgen vor dem Aufstehen in ihrem Bett tranken. Jedenfalls erzählte man es sich so.

So gingen sie beide reihauf, reihab, an ihren Rosen entlang, und bald konnte Francesco es Marie-Elisabeth schon allein überlassen, die Rosen zu schneiden und zu Sträußen zu binden, denn sie tat es ebenso geschickt wie er. Marie-Elisabeth hatte nicht umsonst gelernt, hauchdünne feine Hausgewänder und Blusen zu bügeln, auch sie wußte Augen und Hände zu gebrauchen.

Und sie wußte noch mehr, denn sie war ja bis zum zwölften Lebensjahr in die Schule gegangen. Zwar hatte sie die weniger angenehmen Stunden, in denen man die Augen eines Adlers gebraucht hätte, geschwänzt, aber Lesen und Schreiben hatte sie doch gelernt, und Francesco nicht. Er war natürlich niemals in die Schule gegangen, aber er hatte sich jetzt vorgenommen, lesen zu lernen. Und Marie-Elisabeth sollte es ihm beibringen. Jeden Tag also, wenn die Sonne hoch über dem Kap am Himmel stand und auch ihr Appetit sagte, daß es Essenszeit sei, setzten sie sich in den Schatten, mit dem Rücken gegen einen Baum gelehnt, und hielten ein Picknick, und dann nahmen sie Francescos erstes Lesebuch vor – eine Zeitung. Und noch heute kann sich Marie-Elisabeth nicht genug darüber verwundern, wie schnell Francesco die Buchstaben lernte, die großen und die kleinen, die Zahlen und schließlich auch ganze Wörter. Sie hatte schon immer gewußt, daß er intelligent war, sehr begabt, aber jetzt war er einfach verblüffend. Er war ja geradezu genial, ihr Francesco. Hätte *er* die Möglichkeit gehabt, in die Schule zu gehen, so wäre er immer der Beste in seiner Klasse gewesen und hätte alle übertrumpft. Nun kaufte er sich die Abendzeitung und las der Familie die Schlagzeilen vor über die neuesten Greueltaten, die Fußballergebnisse und die letzten Schildbürgereien der Politiker. Oder, wie er es selber ausdrückte, er bekam etwas für sein Geld und tat noch etwas für die Bildung seiner Familie. So ungern auch die meisten von ihnen einmal den Mund hielten und ihm zuhörten.

Aber die Schlagzeilen der Zeitung waren erst der Anfang. Bald mühte sich Francesco damit ab, etwas durchzubuchstabieren und zu entziffern, das er schon lange sehnlichst zu lesen sich gewünscht hatte. Es war ein Rosenkatalog, eine Publikation, die mit unseren heutigen künstlerischen Katalogen gar nicht zu vergleichen ist. Es gab in so einem Katalog nicht eine einzige Abbildung, nur ein genaues Verzeichnis aller zum Verkauf angebotenen Rosen. Jede war mit so wenigen schlichten Worten wie nur möglich beschrieben, und dahinter folgte dann der Preis. Und alles war so winzig und platzsparend gedruckt, daß man schon ein sehr großes Verlangen haben mußte, so etwas zu lesen, man mußte wirklich und wahrhaftig ein Rosenliebhaber sein, sagte Marie-Elisabeth, um überhaupt in die Versuchung zu kommen, sich damit zu beschäftigen, so langweilig sei der Katalog!

Damals hatten sie noch keine Ahnung, wie seltsam und verwirrend es ihnen in späteren Jahren vorkommen würde, daß dieser Rosenkatalog, den Francesco jetzt mit

Marie-Elisabeths Hilfe durchstudierte, von einem Rosengärtner kam, dem wir manche ausgezeichnete neue Rose zu verdanken haben, von einem gewissen Francis Dubreuil, dessen Gärtnerei in der Nähe von Lyon lag.

Ja, von Francis Dubreuil selber, Claudias Vater, der einstmals der guten Madame Mivière in Chamboeuf regelmäßig seine Kataloge geschickt hatte und der jetzt auf Anforderung seine Kataloge an einen neuen und sehr kritischen Kunden schickte:

Monsieur F. Paolino
Rosengärtner
Cap d'Antibes
Alpes Maritimes

Der letzte aller Kriege

Droben in Lyon hatte es auch eine Hochzeit gegeben. Jener andere junge Rosengärtner, Antoine Meilland, war jetzt auch ein verheirateter Mann. Am 4. Dezember 1909 hatte er Claudia geheiratet – Claudia Dubreuil, natürlich, die Tochter seines Patron.

Bei dieser Gelegenheit hatte Claudias Mutter sie alle höchlichst überrascht. Sie, die seit vielen Jahren völlig zurückgezogen und still für sich als Patientin gelebt hatte, bestand auf einmal auf einer ganz großen Hochzeit: Kutschen, von Schimmeln gezogen, Kutscher mit weißen Schleifen an den Peitschen, Claudia strahlend und echt pariserisch in einem entzückenden weißen Hochzeitskleid, ihre Maman überirdisch zart, aber ebenso echt pariserisch in einem Kleid aus feinster schwarzer Spitze. Und der Bräutigam – nun, der Bräutigam fühlte sich in Frack und weißer Binde äußerst unbehaglich und sah auch dementsprechend aus. Jawohl, jawohl, im

Frack, wie ihn die englischen Gentlemen auf Bällen und Banketten im Buckingham-Palast tragen, denn auf einer eleganten französischen Hochzeit war dieser Galaanzug eines Gentleman für den Bräutigam »de rigueur«, ganz obligat.

Auch der Hochzeitsempfang mußte glanzvoll und feierlich sein, in einem der vornehmsten Restaurants an einem der vornehmsten Plätze Lyons, einige behaupten sogar, an einem der vornehmsten Plätze Europas, der prächtigen Place Bellecour.

Aber das ausgezeichnete Essen und der exzellente Wein und gewiß auch das strahlende Glück des jungen Paares brachten die zeremonielle Förmlichkeit schnell zum Schmelzen, und bald redeten alle durcheinander und lachten, und wer eine gute Stimme hatte, ließ sich leicht dazu überreden, aufzustehen und ein Lied zum besten zu geben. Und diese fröhliche Ungezwungenheit ließ sogar den Bräutigam seinen hohen steifen weißen Kragen vergessen. Er wußte nur, daß er der glücklichste Mensch auf Erden war, selbst in der Verkleidung eines englischen Lords! Und er erinnerte sich noch, daß er den Kopf in den Nacken warf und mit den anderen um die Wette den Refrain sang. Mit einem Wort: Trotz der ganzen Pracht verlief alles in bester Stimmung.

Und am nächsten Tag waren beide, Antoine und Claudia – ebenso wie jener andere, ihnen unbekannte Rosengärtner und dessen junge Frau unten auf dem Cap d'Antibes –, wieder an der Arbeit.

Aber in einem Punkt bestand doch ein Unterschied. Sie waren glücklicher. Sie hatten ihr eigenes kleines Heim. Sie hatten eine kleine Wohnung gefunden, ganz in der Nähe der Rosengärtnerei, so daß Antoine nicht allzuweit mit dem Rad zur Arbeit zu fahren brauchte, und Claudia jeden Tag ein paar Stunden erübrigen konnte, um soviel wie möglich ihrer zarten Mutter zu helfen. Sie hatten ihr eigenes kleines Heim – ganz für sich alleine, und sie hätten es gegen keinen Palast dieser Erde eingetauscht.

Natürlich gab es auch hier die bekannten Wichtigtuer, die es ganz genau wissen wollten und meinten, daß auch diese Heirat nur eine geschickt ausgehandelte Sache sei. Der tüchtige Angestellte heiratete, mit einem Auge aufs Geschäft schielend, klugerweise die Tochter seines Patrons. Und es stimmte ja, daß Francis Dubreuil, Claudias Vater, inzwischen ein sehr bekannter Mann geworden war, nicht nur wegen der ausgezeichneten Rosenstöcke und jungen Obstbäume, die er heranzog und verkaufte, sondern er wurde überall auch als Fachmann und geschickter Züchter geschätzt, der einige besonders schöne neue Rosen auf den Markt gebracht hatte, zum Beispiel die »Sarah Bernhardt«. Aber damals konnte zwar der Züchter einer neuen Pflanze oder Blumensorte sich einen sehr guten Namen machen, aber herzlich wenig Kleingeld, selbst dann, wenn eine herrliche neue Sorte viele Liebhaber fand und zu Tausenden verkauft wurde, eine Sorte, die ihn vielleicht viele, viele Jahre geduldiger Arbeit gekostet hatte, bis sie vollendet war. Züchter waren damals noch nicht durch Patentgesetze geschützt. So stand es zum Beispiel jedem frei, sich ein paar Dutzend oder mehr Stöcke von einer ganz neuen und wunderschönen Rose zu kaufen. Und davon konnte er, wenn er sich aufs Okulieren verstand, innerhalb eines Jahres nicht weniger als zehntausend neue Rosenstöcke gewinnen und verkaufen, und er brauchte darum keinen Pfennig mehr zu bezahlen und keine Postkarte zu schreiben und sich nicht bei dem Mann zu bedanken, der sicher viele Jahre gebraucht hatte, bis er diese Rose geschaffen hatte.

Die schlichte Wahrheit ist, daß Francis Dubreuil, ebenso wie sein Schwiegervater, Joseph Rambaux, reich allein in seiner Liebe zu den Rosen war.

Und ebenso waren auch Antoine und Claudia nur reich in ihrer Liebe zu den Rosen und über die Maßen reich in ihrer Liebe zueinander. Und als ein Jahr später ein kleiner Sohn ankam, fanden sie, daß niemand glücklicher sein könne als sie. Sie schauten ihn immerfort an und meinten natürlich, daß es in ganz Frankreich kein hübscheres Baby geben könne. Sie nannten ihn Francis, nach seinem Großvater Francis Dubreuil. Und der neugebackene Papa Antoine Meilland erinnerte sich wieder der guten Madame Mivière und gelobte dem Himmel, daß er sein Kind geduldig lehren wollte, die Augen zu gebrauchen, die ihm der liebe Gott geschenkt hatte, damit es die Freude erleben könnte an den Wundern und der Schönheit, nicht nur der Rosen, sondern der Wälder und Felder, der ganzen Welt um es her.

Und Antoines Mutter? Es war reizend und rührend zu sehen, wie stolz sie auf ihren Enkel war. Und von dem Augenblick an, da der kleine Francis sprechen konnte, nannte er sie Grandmère Jenny. Aber fragen Sie nicht, warum. Niemand kann sich daran erinnern, ihm jemals erzählt zu haben, daß seine Oma als Kind »Jenny« genannt worden war. Alles, was man sagen könnte, ist, daß Francis ein für allemal beschlossen hatte, daß sie seine Grandmère Jenny war, und alle anderen vergaßen bald, daß sie noch einen anderen Namen hatte. Jeder nannte sie nur noch Grandmère Jenny.

Es war um dieselbe Zeit, daß Freunde und Nachbarn Antoine ein scherzhaftes »Bonjour, Papa Meilland!« zuriefen, wenn sie vorüberkamen und ihn bei der Arbeit trafen. Vielleicht lag es an dem breiten Lachen, das ihnen der neugebackene Papa zeigte, denn bald hieß er überall Papa Meilland, und so heißt er noch, bis auf den

heutigen Tag. Er ist immer noch Papa Meilland für alle und überall.
Für Claudia gab es jetzt natürlich noch viel mehr zu tun als früher. Sie hatte ihren kleinen Sohn, ihr eigenes kleines Heim, sie führte noch immer die Bücher und besorgte die Korrespondenz, und sie ließ auch keinen Tag vorübergehen, ohne dies oder das für ihre zarte Mutter zu erledigen. Und wenn sie einen Augenblick Zeit hatte, half sie gern im Garten bei den Rosen, sang sich eins dabei und dachte, die Welt sei noch nie so gut, so wundervoll gewesen.
Mag sein, daß sie darum so leidenschaftlich glaubte, daß die Zeitungen wieder einmal übertrieben hätten; natürlich, die brauchten Sensationen, wenn sie immer öfter und öfter über die Hacken zusammenschlagenden deutschen Offiziere berichteten, die jetzt auf kaiserlichen Befehl ihren Kaiser als »mein allerhöchster Kriegsherr« anredeten.
»Mein allerhöchster Kriegsherr!« Das klang, fand Claudia, wie in einer komischen Oper. Nein, das konnte man nicht ernst nehmen. Das konnte einfach nicht wahr sein.

Drunten auf dem Cap d'Antibes lachte das Leben ebenso freundlich und hoffnungsvoll für jenen anderen jungen Rosengärtner und seine zierliche kleine Frau.
Das Stück auf dem Kap war endlich voll bezahlt, und nun sollte auch das so lange ersehnte kleine Haus gebaut werden. Drei Jahre lang hatte Marie-Elisabeth sich das kleine Haus in ihren Träumen vorgestellt und eingerichtet. Die Fenster sollten natürlich auf die Rosengärten schauen, und auf der Seite, die zum Meer hinunterschaute, sollte eine breite Terrasse entstehen, mit Wein überrankt, wo man, wenn die Tagesarbeit getan war, in der Kühle des Abends sitzen und essen konnte. Und auf diese Terrasse wollte Marie-Elisabeth einen

langen Tisch stellen, einen sehr langen Tisch sogar, damit sie Papa Korporal, Mamma Paolino und Francescos Schwestern und Schwägerinnen, seine Brüder und Schwäger – kurz, die ganze Paolino-Familie dort unterbringen konnte.
Alle sieben Kinder von Papa Korporal und Mamma Paolino waren jetzt verheiratet, und dank ihrer Geschicklichkeit und ihres Fleißes, aber natürlich auch dank Mammas Talenten für die »Hochfinanz«, ging es ihnen allen sehr gut. Sie machten dem stolzen Papa Korporal und Mamma Paolino wirklich alle Ehre. Also gut, dort an dem sehr langen Tisch auf der Terrasse vor dem kleinen Haus auf dem Kap würden sie sitzen, die cleveren, erfolgreichen Paolinos von Geburt und durch Heirat, wenn Marie-Elisabeth sie freundlich einlud, einen langen Sommersonntag mit ihr und Francesco in ihrem neuen Haus auf dem Kap zu verbringen. Zuerst würde sie natürlich alle herumführen durch ihren ganzen wunderbar gepflegten Garten, wo kein Unkraut weit und breit zu sehen war, und dann durch das blitzsaubere Haus. Dann würde sie alle für einen kleinen Apéritif rings um jenen langen Tisch placieren, während sie, höflich, aber bestimmt jede Hilfe ablehnend, eilig in ihrer Küche verschwand.
Dann würde sie aus der Küche kommen, eine köstliche Pasta asciutta vor sich hertragend, und sie vor den staunenden Paolinos auf den Tisch stellen; darauf würde ein geradezu königliches Fleischgericht folgen, das sie unbesorgt der Königin Viktoria vorsetzen könnte und ebenso der Baronin Alice de Rothschild, Mamma Paolino und, ja, auch Perla, diesem abscheulichen Hundevieh.
Oh, wenn sie erst einmal in ihrem eigenen kleinen Haus lebten, das gerade auf dem Kap gebaut wurde, dann würde Marie-Elisabeth ein für allemal bei den Pao-

linos mit allen etwaigen Zweifeln gründlich aufräumen, ob Francesco nicht doch besser daran gewesen wäre, wenn er ein braves strammes Mädchen mit ein Paar kräftigen Armen geheiratet hätte, selbst wenn er jeden Morgen bei seinem Anblick einen Schock bekommen hätte. Das alles liegt ja nun ein gutes halbes Jahrhundert zurück. Aber Marie-Elisabeth muß noch immer lachen, wenn sie wieder daran denkt, wie sie es den Paolinos dramatisch beweisen wollte, daß ein von Maman und Papa verwöhntes und verzogenes Mädchen zu einer ebenso guten und tüchtigen Ehefrau werden kann wie irgend so ein dralles Ding, das die Paolinos ausgesucht hätten. Aber im Ernst, wenn sie heute auf diese ersten Jahre ihrer Ehe zurückblickt, erkennt sie, wieviel sie gelernt hat, vor allem von Mamma Paolino – und nicht nur das Kochen. Jedes Mädchen kann nach einem Buch kochen lernen, aber mit Mamma Paolino zusammenzuleben, das hieß, aus erster Hand zu lernen – wie sauer es auch manchmal ist, aber auch wie gut und richtig –, sich in eine große Familie einzufügen.

Ja, heute hält Marie-Elisabeth Mamma Paolino für eine Heilige unter den Frauen, eine großartige, ehrfurchtgebietende Heilige mit einer scharfen Zunge, wenn es nötig war, aber mit einem großen Herzen, überströmend vor Liebe für sie alle, von ganz und gar selbstloser Liebe und Hingabe.

Aber Marie-Elisabeth möchte auch nicht die rosarote Brille des Alters und der Gefühlsseligkeit aufsetzen und ganz und gar unwahrheitsgemäß behaupten, es hätte niemals ein böses Wort, keinen hitzigen Streit und auch keinen Schmollwinkel gegeben in den vielen Jahren, die sie mit der Paolino-Familie zusammengelebt hat. Gewiß hatte es das. Um die Dinge nur gleich beim rechten Namen zu nennen, so hatte sie sich doch, undankbar wie sie war, immer wieder heimlich mit Madeleine, der Frau von Francescos Bruder Nicolas, zusammengetan. Und diese beiden jungen Paolino-Schwiegertöchter hatten ihrem Herzen Luft gemacht und sich ganz besonders über die Tyrannei entrüstet, die auch noch von ihnen verlangte, daß sie dankbar sein sollten, sehr dankbar sogar, und ohne auch nur ein einziges Mal aufzumucken, diese langweiligen, diese scheußlichen Kleider tragen sollten, die Mamma Paolino jahrein, jahraus en gros produzierte und ihnen dann vorführte und schenkte, während Papa Korporal und die übrigen männlichen Paolinos Beifall spendeten, als seien es die neuesten Kreationen aus Paris.

Ja, Marie-Elisabeth hatte viel darüber nachgedacht, wie sie wohl am besten und ohne Mamma zu kränken, ohne diese Kleider auskommen könnte, wenn sie und Francesco endlich einmal glücklich in ihrem kleinen Haus auf dem Kap lebten. Sie beschloß, daß sie dann »Le Petit Echo de la Mode« kaufen und Schnittmuster anfordern wollte, ja, sogar eine Brille würde sie aufsetzen und dann – mit Francescos kritischer Unterstützung natürlich – die entzückendsten Kleider hervorzaubern. Sie müssen wissen, daß Marie-Elisabeth sich nicht genug über Francesco verwundern konnte. Wenn Sie sie fragen, so hätte er ebenso auch einen großen Couturier dort oben in Paris abgegeben wie Paquin und Worth. Wenn die neuen Paolino-Kleider ausgegeben wurden, brauchte er sie nur mit einem Blick anzusehen, und schon konnte er genau, ohne auch nur einen Moment zu zögern, aber ganz heimlich einen Wink geben, daß sie hier oder dort noch ein Fältchen machen müsse oder den Ärmel an der Schulter ein wenig einhalten. Und mit allen diesen kleinen Korrekturen bekamen sogar Mammas Kleider ein gewisses Etwas, fast ein wenig Schick. Aber natürlich durfte Marie-Elisabeth alle diese Änderungen nur machen, wenn Mamma ganz gewiß nicht in der Nähe war.

Keine Paolino-Tochter oder Schwiegertochter hätte den Mut oder das Herz gehabt, durch eine kritische Bemerkung den Ausdruck strahlender Zufriedenheit von Mammas Gesicht zu wischen, wenn sie wie Paquin und Worth ihre Paolino-Kollektion vorführte – lauter gleiche Modelle natürlich, nur in verschiedenen Größen.

Aber das war ja alles wirklich nicht so wichtig. Viel mehr bekümmerte es Marie-Elisabeth, daß sich immer noch kein Baby einstellen wollte, und das besonders, da alle anderen jungverheirateten Paolinos der stolzen Mamma und dem ebenso stolzen Papa Korporal eilfertig lauter hübsche und stramme Großkinderchen bescherten.

Dann versuchte sie, sich selbst zu trösten, und dachte, wenn sie erst einmal in ihrem eigenen kleinen Haus auf dem Kap waren, dann würde sich ihr und Francescos Herzenswunsch schon erfüllen. Und Marie-Elisabeth weinte Tränen der Rührung, wenn sie sich ausmalte, mit was für einem Hurra die Paolinos ihr erstes Baby begrüßen würden, und Mamma würde weinen wie ein übermütig sprudelnder Springbrunnen und es an ihre warme breite Brust drücken und immer wieder rufen: »Oh, vieni pezzettino mio! Oh, bambino mio!«

Aber dies war das Jahr 1914, und wehe über alle Träume, Hoffnungen und Pläne so vieler Millionen Menschen in der ganzen Welt. Der »allerhöchste Kriegsherr«, Kaiser Wilhelm von Deutschland, hatte keine Augen, keine Ohren, keinen Sinn für Babys, Omas, Rosen oder andere freundliche und alltägliche Dinge, sondern nur für Kanonen, Gewehre und zackig marschierende Armeen. Und an einem grausam schönen Tag erhielt dort oben in Lyon der junge Papa Meilland seine Einberufung, küßte seine kleine Familie, schaute noch einmal mit einem langen, langen Blick auf seine Rosen und seine jungen Obstbäume und marschierte ab, um für Frankreich zu kämpfen.

Hingegen scheint es, daß drunten in Antibes sich den Militärs buchstäblich die Feder in der Hand sträubte, die unheldischen Maße des Rosengärtners Francesco Paolino zu notieren. Voller Optimismus schlugen sie ein Zentimetermaß um seine Brust und befahlen ihm einzuatmen: »Allez, allez! *Noch* tiefer bitte.« Aber er mochte noch so tief einatmen, bis er glaubte, er würde gleich wie ein Luftballon davonfliegen, seiner unheldischen Brust fehlte es immer noch an ein paar Zentimetern bis zu dem vorgeschriebenen Brustumfang eines Rekruten, der die Ehre und den Ruhm haben durfte, für die Republik Frankreich zu kämpfen.

»Zu klein!« stellten sie fest, genauso wie einstmals seine Mamma.

Aber dann entdeckten sie, daß er einmal »Cordonnier, Maître Bottier« gewesen war, und prompt kommandierten sie ihn ab zum »Service Auxiliaire«, zum Hilfsdienst – hinter der Front.

Und Sie mögen es glauben oder nicht, »hinter der Front«, das war für den Soldaten Paolino Nizza. Ja, ja, das nahe sonnige Nizza am blauen Mittelmeer. Sie gaben ihm Werkzeug und einen sicheren, geschützten Arbeitsplatz und schickten ihn an die Arbeit, sein geübtes Schuhmacherauge an Soldatenstiefeln zu versuchen, die für die Männer an der Front bestimmt waren.

Soldatenstiefel hieß es jetzt für den Soldaten Paolino, nichts als Stiefel, Stiefel, Stiefel, alle Monate, alle Jahre, den ganzen Ersten Weltkrieg hindurch, der, wie man sagte, »der letzte aller Kriege« sein sollte. Also sagte der Soldat Paolino »Amen« und machte sich voller Patriotismus über seine Stiefel her.

Mamma mia! Diese Stiefel! Er sah sie sogar noch, wenn er schlief. Die ganze Nacht hindurch marschierten sie unbarmherzig links-rechts, links-rechts. Ganze Regimenter von Soldatenstiefeln.

Aber bemitleiden Sie Paolino nicht zu sehr. Nein, überhaupt nicht! Vom militärischen Standpunkt aus mag ja Nizza »hinter der Front« gelegen haben, aber vom Cap d'Antibes war es überhaupt keine Entfernung, und oft ergatterte der Soldat Paolino einen Platz in einem Lastwagen und rumpelte davon zum Kap, um der kleinen Marie-Elisabeth zu helfen, die mit ewig aufgekrempelten Ärmeln tagein, tagaus unermüdlich arbeitete, um ihren Garten in Ordnung zu halten. Aber jetzt wuchsen Erbsen, Bohnen, Blumenkohl, Kohl, Tomaten, Zwiebeln und Kartoffeln, wo einst die gelben Freesien, die Anemonen und viele andere lieblich duftende Blumen geblüht hatten. Ja, auf dem ganzen großen Stück Land gab es nur noch einige wenige ausgewählte Rosen, die schönsten Sorten; die würden sie brauchen, um wieder von vorne anfangen zu können, wenn dieser Krieg einmal beendet und gewonnen war.

Aber jetzt brauchte Frankreich dringend Gemüse. So hieß es also für die kleine Marie-Elisabeth, Gemüse anbauen, alle Monate, alle Jahre, den ganzen Krieg hindurch. Aber sie hatte doch einen guten Trost – ihr kleines Haus auf dem Kap hatte jetzt ein sicheres Dach. Es war am selben Tag gesetzt worden, als der Krieg ausbrach. Und wenn auch nicht alles so erfreulich war, wie es Marie-Elisabeth sich erträumt hatte, so hatten doch sie und Francesco jetzt ihr kleines Haus, ein Dach über dem Kopf, und niemand wußte besser als sie, daß sie viel, viel glücklicher dran waren als viele Millionen andere. Und indem sie das bedachten, machten sie geduldig weiter, Marie-Elisabeth bei ihren Gemüsen, Francesco bei seinen Stiefeln.

Was nun Papa Korporal betrifft, nun, auch er arbeitete auf dem Land, und abends hielt er Reden und erklärte

Mamma, wie die Alliierten im Laufschritt mit diesem Krieg fertig werden könnten, wenn sie nur auf Männer wie ihn hören wollten, Männer, die schon sieben Jahre bitterer Erfahrung bei der Armee hinter sich hatten. Aber Mamma, die natürlich auch den ganzen Tag fleißig war, verwünschte den Kaiser in Grund und Boden des tiefblauen Meeres und dachte an nichts als an die Paolinos von Geburt und durch Heirat, an die, die für Frankreich kämpften, und jene, die an der italienischen Front standen. Und jeden Morgen, wenn sie in der Kirche kniete, ermahnte sie ihre Lieblingsheiligen andächtig, aber dringend, nur ja dafür zu sorgen, daß jene teuflischen Kugeln hoch über die Köpfe der Ihren hinwegpfiffen und daß sie alle gesund zu ihren Frauen und Familien zurückkehrten.

Und nennen Sie es ein Wunder oder nur Paolino-Glück oder wie immer Sie wollen; alle kämpfenden Paolinos kehrten heim, um Papa Korporal, Mamma und ihre jubelnden Frauen und Kinder in die Arme zu schließen und zu küssen. Und so kam natürlich auch der wohlbehütete »piccolo gracile«, der Militärschuster der Familie, nach Hause, der Soldat Paolino. Aber das hatten freilich alle erwartet. Keine Orden wurden ihm verliehen, keine Lorbeerkränze für ihn geflochten, denn wer denkt schon noch an die Stiefel – vorausgesetzt sie waren bequem –, wenn man erst einmal aufgehört hat, zu marschieren.

Aber Exsoldat Paolino freute sich mit den anderen und machte sich schnurstracks und dankbar wieder an die Arbeit, seinen Garten neu einzurichten. Und da jetzt der »letzte aller Kriege« gewonnen war, beschlossen er und Marie-Elisabeth, fast das ganze Land mit Rosen zu bepflanzen und nur nebenbei noch, sozusagen zur Vorsicht, erlesene Blumen und feine Gemüse anzubauen.

Der kleine Francis Meilland oben bei Lyon war erst fünf Jahre alt, als dieser Erste Weltkrieg ausbrach, aber auch er sollte die Kriegsjahre sein ganzes Leben lang nicht vergessen.
Papa war im Krieg, und so mußte Maman die Obstbäume pflegen, im Garten graben und pflanzen und Gemüse ziehen, wo einst Papas Rosen geblüht hatten. Niemand hatte jetzt Zeit oder Geld, um Rosen zu kaufen und zu pflanzen, erklärte Maman, alle brauchten jetzt gutes Gemüse und Obst.
Aber in einem Teil des Gartens ließ Maman doch ein paar von Papas besten Rosen stehen: »Gloire de Dijon« zum Beispiel, eine der bestgearteten Rosen der Welt, wie Maman sagte, die nicht verwöhnt werden wollte, sondern dankbar überall im Garten blühte oder eine Mauer hinaufkletterte, im Norden, Süden, Osten oder Westen. Und Maman zeigte ihm, wie hübsch die Knospe war, und sagte ihm, daß sie reichlich für die vollaufgeblühte Rose entschädige, denn die war ziemlich unansehnlich und flach. Aber an einem heißen Sommertag vergaß man das, denn diese flachen unansehnlichen Rosen verbreiteten einen ganz bezaubernden altmodischen Duft, und der kleine Francis stand vor der Rose und roch daran und nickte ernsthaft.
Wenn der Krieg erst einmal gewonnen war, würde Papa diese »Gloire de Dijon« und all die anderen Rosen, die so gern gekauft wurden, brauchen, um wieder mit seinem Rosengarten anfangen zu können. Aber jetzt, bevor es soweit war und Papa zurückkam, nachdem er geholfen hatte, den Krieg zu gewinnen, mußte Maman Gemüse anbauen und verkaufen, und das Obst von den Bäumen im Obstgarten natürlich auch.
Und dann mußte sich Maman um ihre eigene Mutter kümmern, seine Grandmère Dubreuil. Großvater Dubreuil war gestorben, und Grandmère Dubreuil lebte

seitdem bei ihnen, aber sie war viel zu zart, um Maman zu helfen, und Francis hatte auch so das Gefühl, daß er ihr lästig und zu laut war. Immer erwartete sie, daß er daran dachte, ganz still zu sein, sonst bekam sie wieder diese schrecklichen Kopfschmerzen.

Jeden Morgen in aller Herrgottsfrühe standen Francis und Maman auf und stahlen sich leise wie die Mäuse die Treppe hinunter, um nur ja nicht Grandmère Dubreuil aufzuwecken. Und dann gingen sie auf den Markt. Sie versuchten, schon ganz früh dort zu sein, noch ehe die Uhr fünf geschlagen hatte, um ihr Gemüse so früh wie möglich zu verkaufen, denn auf Maman wartete immer viel Arbeit, wenn sie wieder nach Hause kamen. Und Francis gab sich alle Mühe, zu helfen und Mamans schweren, mit Gemüse hochbeladenen Handwagen die drei Kilometer Landstraße bis zum Quai Saint Antoine mit anzuschieben. Es war der gleiche Markt, auf dem Maman, als sie noch ein Mädchen war, so gern ihre wunderschönen Rosensträuße verkauft hatte.

Aber die getreue alte Bichette, die so munter dahingezockelt war und den kleinen Wagen voll der bunten Rosenkörbe gezogen hatte, war nicht mehr. Nein, jetzt gab es nur noch diesen schweren Handwagen, der bis obenhin mit Gemüse beladen war. Aber Maman schob ihn kräftig an und war fröhlich dabei, und Francis trabte nebenher und half ihr schieben. Und während sie so dahinzogen, erzählte sie ihm wieder alles über Bichette und was für eine gute Freundin sie gewesen war und wie Maman Bichette vorgesungen und ihr Geschichten erzählt hatte, während sie dahingetrottet waren. Maman sprach zu Francis, als sei er schon erwachsen. Sie erzählte ihm von Papa, der sicher eines Tages nach Hause marschiert kommen würde, wenn er erst einmal den Generälen geholfen hatte, den Krieg zu gewinnen, und dann würden sie wieder Rosen pflanzen. Ja, auch

Francis würde dann seinen eigenen kleinen Garten bekommen, und Papa würde dann noch mehr tun, als nur Rosen und junge Obstbäume anzubauen und zu verkaufen, auch er würde dann eine Rose mit der anderen verheiraten und der Welt ein paar wunderschöne neue Rosen schenken, so wie es schon Francis' Großpapa Dubreuil getan hatte und sein Urgroßpapa Joseph Rambaux.

Ja, gewiß, wie es auch er, Francis Meilland, tun würde, wenn er erst einmal groß war. Papa würde es ihm schon zeigen.

Und das brachte sie dann natürlich auf die Geschichte von der guten Madame Mivière, die Papa soviel beigebracht hatte, als er noch ein kleiner Junge war, und so kamen sie schließlich auf dem Quai Saint Antoine an, nahmen ihren Platz ein und begannen, ihr Gemüse und das schöne reife Obst zu verkaufen.

Aber bald tat Francis noch mehr, als nur den schweren Karren mit zu schieben. Auch er wollte ein wenig Geld verdienen und pflückte die Vogelmiere, die wild und frei am Straßenrand wucherte, und band sie zu niedlichen kleinen Sträußen, legte sie mit auf den Wagen und schob dann weiter mit aller Kraft.

Sehr stolz und jeder Zoll ein Mann stand er dann neben Maman und bot seine Vogelmierensträußchen zum Verkauf an; das war besonders etwas für die Damen, die daheim einen Kanarienvogel im Käfig hatten. Und diese freundlichen Damen tätschelten seinen Kopf und zahlten ihm zwei Sou für ein Sträußchen. Dann hatte er immer das Gefühl, er sei eine wirkliche Hilfe, besonders an kalten oder regnerischen Tagen, wenn der Karren auf der drei Kilometer langen einsamen Straße noch viel schwerer vorwärtszubringen war als sonst.

Maman versuchte immer, ihre Gemüse so schnell wie nur möglich zu verkaufen, obwohl sie niemals, auch nicht den geschwätzigsten Kunden, merken ließ, wie eilig sie es hatte. Immer hatte sie ein Lächeln, immer ein freundliches Wort für jeden und drehte geduldig jeden Kohlkopf und jeden Blumenkohl um, bis sie endlich die richtige Größe fand, die der Kunde wünschte. Aber sobald das Gemüse verkauft war, machte sie sich mit dem leeren Handkarren wieder auf den Heimweg.

Sobald sie nach Hause kamen, beeilte sich Maman, für Grandmère Dubreuil dort oben in ihrem stillen Zimmer ein kleines leichtes Essen zu bereiten. Grandmère hatte niemals rechten Appetit und mußte immer dazu verlockt werden, eine Kleinigkeit zu essen, damit sie bei Kräften blieb. Und währenddessen war schon die gute dicke Gemüsesuppe aufgewärmt, die Maman noch am Abend vorher gekocht hatte, und wenn sie richtig heiß geworden war, setzten sich Francis und Maman an den Tisch und ließen sich einen großen Teller davon schmecken.

Und dann kam der stolzeste Augenblick für den kleinen Francis, er zählte die Sous, die er mit seinen Vogelmierensträußchen verdient hatte, und ließ sie, einen nach dem anderen, in eine besondere kleine Sparbüchse fallen. Und Maman sagte dann: »Warte nur ab, eines Tages wirst du das Geld sehr gut brauchen können.«

Wie alle Kinder überall in der Welt liebte es auch Francis, dieselbe Geschichte immer wieder zu hören, und jetzt war der Augenblick gekommen, da Maman ihm erzählte, wie auch Papa seine Sous gespart hatte, bis es dreißig waren, und wie er dann eines Tages mit Grandmère Jenny nach Saint Étienne gefahren war und sein erstes Okuliermesser gekauft hatte, das beste Messer, das er je besessen, und das hatte er für sein erstes selbstverdientes Geld gekauft.

Kurz, der kleine Francis Meilland sah, wie tapfer seine Mutter jede Stunde des Tages arbeitete, den ganzen Krieg hindurch, und es rührte ihn jedesmal wieder, wenn er sich erinnerte, wie fröhlich sie stets war, wie geduldig und freundlich mit ihrer kranken Mutter und wie sie niemals den Mut verlor; jedenfalls ließ sie es Francis nicht merken. Es war, als empfinde sie, wie wichtig es für ein Kind ist, sich geborgen zu fühlen, voll Vertrauen und Zuversicht, daß sein Papa wieder nach Hause kommen würde, wenn erst einmal der Krieg gewonnen und alles wieder so war wie einst.

Er erinnerte sich auch, wie seine Mutter eines Tages den kühnen Plan faßte, sich ein Paar Hosen zu nähen. Heute scheint es das Natürlichste von der Welt, daß eine Frau, die draußen auf den Feldern bei jedem Wind und Wetter Männerarbeit tut, Hosen trägt, aber damals, in den Tagen der knöchellangen Röcke, war der bloße Gedanke schon empörend, höchst unweiblich, ja, fast schon unanständig. Claudia Meilland war gewiß die erste Frau in jenem Teil Frankreichs, die den moralischen Mut aufbrachte und die Initiative, einzusehen, daß lange Röcke und weiße Unterkleider, die einem bei der Arbeit um die Beine flatterten, geradezu lächerlich sind und einen zur Verzweiflung bringen. Sie entwarf und nähte sich also ein Paar Hosen und trug sie, wenn sie im Garten oder bei den Obstbäumen arbeitete.

Und soviel sie auch zu tun hatte und so knapp das Geld immer war, Claudia fand doch Geld und auch Zeit, um mit dem kleinen Francis hin und wieder einen Sonntag bei Grandmère Jenny in Chamboeuf zu verbringen.

Francis liebte diese Sonntage, nicht nur wegen der Eisenbahnfahrt, sondern weil er und Grandmère Jenny so gute Freunde waren. Er konnte mit ihr reden, soviel er wollte, und sie bekam niemals Kopfschmerzen, im Gegenteil, ihr machten diese Gespräche genausoviel Spaß wie ihm. Und Grandmère Jenny hatte immer ein gutes Essen für sie bereit, und einen ganzen gesegneten Tag lang durfte Claudia keinen Finger rühren, sie kam

frisch ausgeruht heim und bereit, den Kampf mit dem Leben wieder aufzunehmen. Ach ja, Grandmère Jenny war immer die beste aller Medizinen.
Aber die schönsten Augenblicke in jenen fünf langen Kriegsjahren waren doch die, wenn der Postbote einen Brief brachte für

Madame A. Meilland.

Das war natürlich ein Brief von Papa, und für den kleinen Francis leuchteten die Worte »Madame A. Meilland« wie Gold. Sie bezeichneten seine Mutter, und so leuchteten diese Worte in seinem Herzen sein ganzes Leben lang. Und für den Soldaten A. Meilland in den flandrischen Schützengräben war »Madame A. Meilland« die liebste, die tapferste aller Frauen.

1919 wurde der Soldat A. Meilland aus dem Heer entlassen und kam nach Hause zu seiner Frau und seinem kleinen Sohn. Am nächsten Tag, in aller Herrgottsfrühe, war er schon draußen und schaute nach den wenigen geliebten Rosen, die ihm noch in einer Ecke seines Gartens verblieben waren, alle noch im schönsten Wuchs, dank dem Himmel und dank Claudia. Und zuversichtlich sagte er sich, daß nun, da der »letzte aller Kriege« zu Ende und gewonnen war, die Welt wohl eingesehen hatte, wie nichtig, wie heillos der Völkerhaß sich auswirken kann und wie wahnsinnig solch ein Massenmorden ist. Jetzt konnte er in Frieden sein ganzes Leben lang Rosen pflanzen.
Aber man kann nicht einfach einen Zauberstab schwingen, und alles ist, wie es gewesen war, nicht einmal in einem Rosengarten. Ehe Papa Meilland auch nur daran denken konnte, zu okulieren, seinen kleinen Bestand an Rosen zu vermehren, brauchte er »Unterlagen«, die robusten wilden Rosen, in die er erst das »Auge« jener edleren Rosen einsetzen mußte.

Es gibt Gärtner, die sich darauf spezialisiert haben, diese robusten Unterlagen in ihren Pflanzschulen zu ziehen und an Handelsgärtner zu liefern. Aber viele Tausende von ihnen waren im Krieg einberufen worden, und diejenigen, die gesund wieder nach Hause gekommen waren, mußten auch wieder von vorne anfangen, mußten ihr Land umgraben, die Samen wilder Rosen aussäen und darauf warten, bis die Stöcke herangewachsen waren. Und das alles braucht natürlich seine Zeit.

Inzwischen kletterten die Preise für alle noch vorrätigen Unterlagen höher und höher, ebenso wie die Preise für alles andere, das man nötig brauchte. Und so wie die Preise kletterten, sank der Wert des mühsam zusammengesparten Geldes.

In jenem ersten Jahr also verschwand Papa Meilland gewöhnlich schon, sobald es Tag geworden war. Den Spaten band er am Fahrrad fest, und wenn er zurückgeradelt kam, hatte er eine schwere Last junger Wildrosen aufgeladen, und die hatte er selbst im nahen Wald gefunden und ausgegraben.

Aber er wußte, daß er so nicht weitermachen konnte, daß er nicht einfach seine eigenen Unterlagen suchen und ausgraben konnte. Er brauchte dazu viel zuviel Zeit, und darum war es auch zu teuer. Aber das war es nicht allein. Die Wildrosen, die er im Wald fand, konnte er nur für Hochstammrosen verwenden, für die Buschrosen hätte er »Zwergunterlagen« gebraucht. Er hatte aber weder die Zeit noch den Grund und Boden, um sie selbst aus Samen heranzuziehen, und er konnte es sich auch nicht leisten, sie bei jenen einzukaufen, die sich auf sie spezialisiert hatten.

Aber einen Anfang hatte er doch gemacht, wenigstens konnte er jetzt die wilden Waldrosen veredeln und eine bescheidene Zahl guter Hochstammrosen heranziehen und verkaufen.

Im folgenden Jahr hatten sie genug Bargeld zusammengespart, um zwanzigtausend Zwergunterlagen zu kaufen, wobei sie einander versicherten, daß der Preis ungeheuerlich sei, aber daß sie nun endlich *richtig* anfangen müßten, mochte es kosten, was es wollte. Und Papa Meilland erinnert sich noch, wie stolz Claudia und er diese zwanzigtausend Büsche betrachtet hatten, alle kunstgerecht veredelt, das erste Meilland-Sortiment für die Kunden.

Mit himmelhohen Erwartungen machten sich dann er und Claudia daran, den Katalog für dieses erste Nachkriegssortiment zusammenzustellen, mit einem Vorwort an alle geschätzten Kunden, in dem sie ihnen mit tiefem Bedauern mitteilten, daß Monsieur Francis Dubreuil gestorben sei, daß aber der Schwiegersohn und Partner Antoine Meilland ebenfalls ein Fachmann und erfahrener Rosengärtner sei, das Geschäft übernommen habe und sich nun verpflichtet fühle, sich auch weiterhin das Wohlwollen und die Gunst aller alten Kunden von Monsieur Francis Dubreuil zu erhalten.

Diese Kataloge wurden jedoch nie verschickt. Das ganze teure erste Rosensortiment wurde vernichtet, vor ihren Augen zerstört von unheilvollen Käfern, von Maikäfern. Diese scheußlichen Maikäfer legten Eier ab, aus denen große weiße Würmer schlüpften, die wortwörtlich die Rosenwurzel auffraßen. Und es gab nichts, aber rein gar nichts, das sie hätten tun können, um diese teuren lebenswichtigen Rosen zu retten. Die Mittel, mit denen man heute die Rosen vor den Maikäfern und anderen tödlichen Schädlingen schützt, waren damals noch nicht bekannt. Und eines grausamen Tages mußten sie die herzbrechende Arbeit angehen, Feuer legen und das ganze schöne erste Sortiment zu Asche verbrennen, jeden einzelnen Busch. Und sie wußten, daß sie im nächsten Jahr auf irgendeine Weise das Geld wieder beschaffen mußten,

um einen zweiten Vorrat jener teuren Unterlagen zu kaufen und noch einmal von vorn anzufangen.
Und immer wieder dankte Papa Meilland seinem Gott, daß er auf die gute Madame Mivière gehört und, wenn auch äußerst ungern, in einer Baumschule zu lernen angefangen hatte, wie es auch Claudias Vater ihm in jenem ersten, nun schon so lange zurückliegenden Brief geraten hatte. Denn nun konnte er doch in seinem Obstgarten arbeiten und ausgezeichnete junge Obstbäume heranziehen und verkaufen und so den Wolf von Haus und Küche fernhalten.
Im dritten Jahr ging dann alles gut. Nun endlich konnte der Rosengärtner Antoine Meilland doch noch seinen Katalog mit jenem sorgfältig abgefaßten Vorwort verschicken, und er erinnerte sich noch gut an jenen kalten regnerischen Abend, an dem Claudia die Namen und Adressen auf die Umschläge der Kataloge tippte und sich plötzlich mittendrin unterbrach, als sie zu Namen und Adresse eines Kunden gekommen war, der zuerst, schon vor dem Krieg, nur eine bescheidene Anzahl Rosen von ihrem Vater gekauft und dann jedes Jahr regelmäßig seine Bestellungen erhöht hatte.
»Es muß himmlisch dort unten sein!« seufzte sie. »Denk doch mal! Das blaue Meer, Orangen- und Zitronenbäume, Palmen und Mimosen und welch herrlicher Sonnenschein. Und Leute, die da sitzen und die ganz ungeniert mit dir zu sprechen anfangen, als würden sie dich schon ein ganzes Leben lang kennen.«
Da war etwas in ihrer Stimme, das Papa Meilland veranlaßte, zu ihr hinüberzugehen, und als er hinschaute, sah er, daß sie gerade getippt hatte:

Monsieur Francesco Paolino
Rosengärtner
Cap d'Antibes
Alpes Maritimes

»Wir wollen sparen und einmal dort Urlaub machen«, sagte Claudia. »Es ist der einzige Ort, nach dem ich mich schon immer gesehnt habe.«
Dann lachte sie, als mache sie natürlich nur Spaß. Leute mit ihrem bescheidenen Einkommen konnten niemals richtig Urlaub machen, nur hin und wieder einmal einen oder zwei Tage freinehmen. Sie erwarteten das auch gar nicht, nicht in jenen Tagen.
Und viele lange Jahre dachte Papa Meilland nicht mehr mit einem einzigen Gedanken daran, aus dem einfachen Grunde, weil auch Claudia es ganz vergessen zu haben schien.

Drunten auf dem sonnigen Cap d'Antibes saß der Rosengärtner Francesco Paolino auf der Terrasse vor seinem Haus und las bedächtig das Vorwort, studierte dann den Inhalt des neuen Meilland-Kataloges und beschloß, diesem unbekannten Antoine Meilland eine Chance zu geben. Aber wenn seine Rosen nicht den hohen Ansprüchen seines Schwiegerpapas genügten, dann würde dieser geschätzte Kunde – huii! – davonfliegen.
Rosengärtner Paolino erklärte auch großartig seiner aufmerksam zuhörenden Frau, daß er vorhabe, eines Tages nach Lyon zu reisen und die Rosenschule der Meillands zu besichtigen. Es könnte doch sein, daß er dort den einen oder anderen guten Tip bekäme.
»Großartig«, sagte seine Frau, aber er müsse natürlich allein reisen, sie habe jetzt keine Zeit, mit ihm herumzufahren und anderer Leute Rosen zu besichtigen und gute Tips einzuholen, nein, jetzt nicht, ihr Platz war hier, zu Hause.
Und dort an ihrer Seite lag die Erklärung – in einer Wiege. Das langersehnte Baby war endlich gekommen, ein hübsches kleines Mädchen, Louisette.

Umzug nach Tassin

Es war damals, in jenen schweren Jahren unmittelbar nach dem Ersten Weltkrieg, da gab sich die Stadt Lyon einen mächtigen Ruck und begann zu wachsen, begann, immer weiter um sich zu greifen und das grüne Land ringsum zu verschlucken, während sie immer weiterwuchs. In den Tagen von Joseph Rambaux und seinem Schwiegersohn Francis Dubreuil hatten ihre Obstgärten, ihre Rosenfelder, ihr kleines Haus in den stillen Außenvierteln der Stadt gelegen, aber jetzt begannen um sie herum Fabriken wie die Pilze aus dem Boden zu schießen, und hohe Schornsteine spuckten schwarzen Rauch aus, wo einst die Vögel in Obstbäumen und grünen Feldern und Hecken gezwitschert und gesungen hatten.

Im Jahr 1923, nur vier kurze Jahre nach Papa Meillands Entlassung aus dem Heer, waren sie sich darüber klar geworden, daß sie, so bitter auch der Gedanke für sie war, wegziehen müßten, und zwar je eher desto besser, bevor noch die Bodenpreise in einer ruhigeren und für die Rosenkultur geeigneteren Gegend weiterstiegen. Um dieses traurige Kapitel möglichst schnell abzuschließen: Papa Meilland und Claudia beschlossen, nur widerstrebend und schweren Herzens, Haus, Garten und Obstbäume, die für sie beide so voller Erinnerungen waren, zu verkaufen und sich von dem Erlös ein bescheidenes Haus und vier Morgen Land bei Tassin, einer stillen ländlichen Gemeinde etwa fünf Kilometer westlich von Lyon, zu kaufen. Claudias Mutter überließ, wie immer, alles ihnen und stimmte Claudia ein wenig weinerlich zu, daß bessere Luft und größere Ruhe auch ihr guttun würden. Damals war es auch, daß Papa Meilland seinen ganzen Mut zusammennehmen mußte für die schwerste, schmerzlichste Entscheidung seines Lebens. Er mußte der kalten Wahrheit ins Gesicht sehen, seinen Traum, selbst auch einmal eine Rose zu züchten, ein für allemal begraben. Nicht umsonst hatte er lange Jahre mit Claudias Vater, Francis Dubreuil, zusammengearbeitet. Er wußte, keiner besser als er, was für eine zeitraubende Geduld, wie viele lange Jahre unablässiger Mühe und Arbeit man brauchte, um endlich eine neue Rose zu schaffen und zu vervollkommnen. Und, wie die Engländer sagen, »Zeit ist Geld«. Viele, viele Jahre würde er nun jede Stunde, jeden Franc brauchen, um diese vier Morgen Land zu kultivieren, seine Bestände wieder aufzufüllen und das Geschäft in Schwung zu bringen.

Es scheint, daß Papa Meilland sich damals resolut der Gottesgaben erinnerte, die ihm geschenkt worden waren – das ist immer eine heilsame Übung in solchen Augenblicken. Er war sein eigener Herr, er hatte eine Arbeit, die er sehr liebte – und das kann man von vielen Millionen anderer nicht sagen –, und er hatte die beste Frau der Welt und einen lebhaften und intelligenten kleinen Sohn.

Also gut, wenn er schon nicht selber neue Rosen züchten konnte, dann würde er die edelsten, die schönsten Rosen, die es bereits gab, anpflanzen und nur die besten Stücke verkaufen, die garantiert allen Käufern lange Freude und Befriedigung schenkten. Und er krempelte die Ärmel auf und machte sich an die Arbeit auf diesen vier Morgen Land. Und bald blühten sie wortwörtlich auf »wie die Rose«, und manchen warmen Sommerabend stand er in der Dämmerung, ganz verloren in das gleiche Staunen und die gleiche Seligkeit, wie er sie damals als Kind im Garten der guten Madame Mivière empfunden hatte. Und wenn er sich dann umwandte, fand er Claudia an seiner Seite, die alle seine unausgesprochenen Gedanken mit ihm teilte. Einen Augenblick lang standen sie dort, ganz still, dann lachte sie leise auf, zupfte ihn am Ärmel und sagte, um Gottes willen, das

Abendessen stehe schon auf dem Tisch und werde kalt. Je älter er wurde, desto mehr erkannte Papa Meilland, wieviel er seiner Frau Claudia zu verdanken hatte. Er konnte morgens hinausgehen und seine Arbeit unter den Rosen verrichten und mit ruhigem, leichtem Sinn vor sich hinpfeifen. Claudia führte die ganze Korrespondenz, sie verschickte die Kataloge, sie zahlte die Steuern, sie erledigte alles, was zu tun Papa Meilland von ganzem Herzen verabscheute. Sie hielt auch ihr Heim sauber und ordentlich, ja, noch viel mehr, sie machte es so behaglich und freundlich, daß sich alle dort wie zu Hause fühlten. Sie nähte ihre Kleider selbst, und auch für Francis nähte sie alles, bis er alt genug war, um von der Gemeindeschule auf die Höhere Schule in Lyon zu wechseln. Und geduldig und liebevoll sorgte sie für ihre kränkliche Mutter, die immer noch allein mit ihren Wundermedizinen und Pillen in ihrem stillen Zimmer lebte, ganz in Anspruch genommen von ihrer eigenen schlechten Gesundheit.

Und wunderbar war es, daß Claudia trotz aller Verantwortung, die in ihren guten, tüchtigen Händen lag, immer noch Zeit fand, im Garten mitzuhelfen. Wenn die Rosen blühten, machte es ihr die größte Freude, sie in aller Frühe zu schneiden und zu wunderschönen Sträußen zu binden, die gern und eifrig von den Kunden gekauft wurden, wenn sie kamen und die blühenden Stöcke besichtigten, ehe sie sich entschlossen, ihre nächste Bestellung aufzugeben.

Und da war etwas so Warmes um Claudia. Sie ging mit so viel Schwung an alles heran, was sie tat, und gleich sah das Leben ganz anders aus. Sie arbeiteten lange und schwer, aber das Leben war gut, freundlich und in Ordnung und niemals langweilig – nicht mit Claudia. Papa Meilland erinnert sich zum Beispiel, wie sie sonntags nach der Messe fröhlich auf ihren alten Fahrrädern

davonfuhren, er, Claudia und Francis; wie sie für diesen einen Tag alles hinter sich ließen, einschließlich seiner stillen kranken Schwiegermutter, diese allerdings in der Obhut von jemandem Freundlichen und Geduldigen. Dafür hatte Claudia schon gesorgt.
Fort radelten sie, frei wie die Luft, in die Vorberge der nahen Cevennen und sangen und Pfiffen und schwatzten, während sie so dahinflitzten. Und damals gab es noch keine Verkehrsstockungen auf den Straßen, keine Schlangen – Stoßstange an Stoßstange – hupender Autofahrer. Oft trafen sie kilometerweit keinen einzigen Menschen. Dann suchten sie irgendein einsames Plätzchen, ließen ihre Räder dort im Gebüsch und wanderten stundenlang durch den stillen Wald. Im Wald gab es immer soviel zu sehen und zu lernen, und Papa Meilland erinnerte sich der guten Madame Mivière und freute sich, jetzt seinem eigenen kleinen Sohn dies und das zu zeigen. So war er zum Beispiel, dank Madame Mivière, ein recht guter Pilzkenner und wußte, wo man nach eßbaren Pilzen suchen mußte – er aß sie auch selber gern, und bald lernte es auch Francis, wo er suchen mußte und wie man die verschiedenen Arten voneinander unterscheiden konnte. Was aber tat der Junge? Er wollte es noch besser wissen als sein Papa. Er besorgte sich Bücher aus der freien Bibliothek in Lyon, und bevor er noch zwölf war, konnte er alle Pilze mit ihren lateinischen Namen benennen. Sein Papa meinte, diese Namen könnten einen auf den Gedanken bringen, daß selbst die köstlichsten Pilze ungenießbar, ja, geradezu giftig seien, es sei denn, man hatte schon ganze Teller voll davon gegessen und lebte immer noch.
Vor Weihnachten und Neujahr wanderten sie stundenlang und suchten Stechpalmen und Misteln und ein Immergrün, das Papa Meilland immer als »Petit Houx«, kleine Stechpalme, bezeichnete. Er und die anderen Jun-

gen von Chamboeuf hatten es immer so genannt, wenn sie hinausgingen und Grün suchten, um zu Weihnachten die Krippe in der Kirche zu schmücken. Aber jetzt holte sein »botanischer« Sohn sich noch mehr Bücher aus der Bücherei und studierte sie, bis er den richtigen Namen für diesen festlichen kleinen Strauch mit den tiefgrünen Blättern und den leuchtend scharlachroten Beeren gefunden hatte. »Das ist Ruscus«, erklärte er seinem Papa, »Ruscus, die Stachelmyrte.«
Papa aber brachte seinem gelehrten Sohn bei, wie man sauber und sorgsam die Zweige des Ruscus und aller anderen lebendigen Büsche und Bäume schneidet, so daß sie nicht verletzt oder beschädigt werden. Dann radelten sie wieder nach Hause, mit einem Bärenhunger, und auf dem Rad festgebunden hatten sie ganze Bündel von Misteln und Stechpalmen und Ruscus. Am Abend nach dem Essen band dann Claudia lauter fröhliche hübsche Buschen daraus, die ihr die Blumenhändler von Lyon gern am Montag abkauften.
Obwohl sie schwer arbeiteten und Claudia vernünftig und umsichtig wirtschaftete, mußten sie doch immer genügsam und sparsam sein, aber sie meinten doch, daß Francis das Geld haben sollte, das sie für diese festlichen Sträuße bekamen, damit er es zusammen mit dem Geld für seine Vogelmierensträußchen sparen könne. Und seine Maman sagte dann immer: »Wart nur ab, eines Tages wirst du es gut brauchen können!«
Dann ermunterte Papa Meilland seinen Sohn, Pfirsichkerne in die Erde seines eigenen kleinen Stück Landes zu stecken – nur um einmal zu sehen, was daraus werden würde. Und Kaiser Napoleon kann bei der Inspektion seiner kaiserlichen Garde wohl kaum stolzer gewesen sein als der junge Francis Meilland bei der Inspektion seiner ersten Schwadron winziger Pfirsichbäumchen.

Dann lehrte ihn Papa Meilland geduldig, immer in Gedanken an Madame Mivière, wie man sie verpflanzte, wie man sie mit Sorgfalt und Vorsicht behandelte, so daß sie nicht zu eng standen, aber auch nicht zu weit auseinander, sondern gerade den richtigen abgemessenen Raum hatten, um gedeihen zu können. Und noch später – und das war das Schönste für Francis – lehrte ihn sein Vater, sie zu »veredeln« und zu vermehren, geradeso, wie er es selbst in Saint Galmier gelernt hatte. Und das Geld, das er für den Verkauf dieser jungen Pfirsichbäume erhielt, wanderte wieder in Francis' Sparbuch, um das Vogelmieren-Stechpalmen-Mistel-und-Ruscuskonto noch zu vergrößern. Und wieder sagte seine Maman: »Wart nur ab, eines Tages wirst du es gut brauchen können!«
Aber viel, viel wichtiger als alle Ersparnisse war es natürlich, daß Francis immer wieder ermutigt und angehalten wurde, die Augen und die Hände, die ihm der liebe Gott geschenkt hatte, immer besser zu gebrauchen. Papa Meilland hielt das feierliche Versprechen, daß er dem Himmel gegeben hatte, als sein Sohn noch in der Wiege lag.

Nun mögen Sie vielleicht wissen, daß in Frankreich die Schulkinder nicht am Samstag, sondern am Donnerstag schulfrei haben; und wie schon sein Papa, fand auch Francis das Leben außerhalb der Schule viel interessanter als das ewige Stillsitzen auf einer Bank in der Klasse. Sie dürfen Papa Meilland ruhig glauben: Nicht ein einziges Mal hatten sie Francis zu verstehen gegeben, daß er sich am Donnerstag nützlich machen und bei den Rosen mithelfen solle. Nein, bestimmt nicht.
Aber jeden Donnerstag zog er ein Paar geliebter alter blauer Drillichhosen an und war schon im Garten und lernte eifrig, dies und das zu tun. Und später im Leben

schrieb er: »Der Donnerstag war für mich immer der glücklichste Tag der Woche. Ich hatte frei und konnte bei den Rosen arbeiten!«

Und was hätte man auch anderes erwarten können, sagte Papa Meilland. Es lag dem Jungen im Blut von beiden Seiten der Familie.

Bis zu seinem zwölften Jahr war Francis selbstverständlich immer der Erste seiner Klasse gewesen – sehr zum Stolz und zur Freude seiner Eltern. So war es nur natürlich, daß Papa Meilland und Claudia sich vorgenommen hatten, ihm die beste Erziehung zu geben, ihn weiter auf der Höheren Schule in Lyon zu lassen, bis er ausgezeichnet wäre mit jenem prächtigen französischen Zeugnis höherer Schulbildung, dem »Baccalauréat«, von der respektlosen französischen Jugend oft »Bacchot« genannt oder noch kürzer »Bac«.

So waren sie sehr enttäuscht und bestürzt, daß Francis, als er zwölf geworden war, gar nicht den Wunsch hatte, mit dem »Bacchot« ausgezeichnet zu werden, ja, es beeindruckte ihn nicht im geringsten, daß seine Noten immer schlechter wurden und schließlich sogar sehr schlecht, und die beiden folgenden Jahre bat und bettelte, ja, flehte er seine Eltern förmlich an, ihn von der Schule zu nehmen und ihn das tun zu lassen, was für ihn die Arbeit seines Lebens bedeutete, die einzige Arbeit, die er sich wünschte – da draußen auf den Rosenfeldern.

Er sagte, daß er die Bücher satt habe und war taub für alle Bitten, doch ein wenig Vernunft zu zeigen, bitte, bitte, doch etwas gescheiter zu sein. Er blieb hartnäckig und starrte müßig zum Fenster hinaus, zur Verzweiflung und Verärgerung der Professoren seiner Schule in Lyon und natürlich auch seiner Eltern, Papa Meilland und Claudia.

Schließlich gaben sie nach. Man kann einen widerspenstigen Jungen nicht mit Schulbildung vollpfropfen, wie man unglückliche Gänse in der Dordogne mästet. Und am 14. Juli 1926 zog Francis Meilland, vierzehn Jahre alt, zum erstenmal feierlich die neue Jacke und die neue Hose seiner ersten richtigen Gärtnerkluft an – in Frankreich ist sie stets aus steifem haltbarem blauem Drillich – und setzte sich hin, um das erste Frühstück seines Arbeitslebens einzunehmen. Tränen traten Claudia in die Augen, als sie sah, wie feierlich er dann seinem Papa, der ebenso gekleidet war wie er, hinaus in den Garten folgte: Antoine Meilland und Sohn, Rosengärtner.

Es war ein glühendheißer Tag, jener 14. Juli, und droben in Paris und fünf Kilometer weiter in Lyon und in jeder anderen Stadt und in jedem anderen Dorf in Frankreich, auch in Chamboeuf, spielte die Blasmusik und die Herren Bürgermeister in ihren blauweißroten Bürgermeisterschärpen hielten donnernde Ansprachen, in denen sie nicht vergaßen, den Sturm auf die Bastille, den Untergang der Tyrannei und die glorreiche Geburt von Freiheit, Gleichheit und Brüderlichkeit zu erwähnen. Und dann setzten sie sich zu einem patriotischen Festschmaus und leerten manches patriotische Glas auf die Republik Frankreich.

Doch auf jenen vier Morgen Land bei Tassin konnte man es sich nicht leisten, diesen patriotischen Tag zu feiern. Es war so viel Dringendes zu tun. Jetzt war die Zeit gekommen, Rosen zu vermehren, Augen von diesen Rosen in die Zwergunterlagen einzusetzen, in einen Einschnitt nahe am Erdboden, an jenem Teil der kräftigen jungen Wildrose, wo der Stamm nicht mehr grün ist und die Wurzel beginnt.

Das ist eine Arbeit, bei der man Rückenschmerzen bekommt und die viel Geschick erfordert, denn sobald das Auge eingesetzt ist, muß es schnell fest verbunden werden. Um die Arbeit ein wenig zu beschleunigen, beschäftigte Papa Meilland jetzt einen alten erfahrenen

Mann, der ihm auf dem Fuß folgte und jedes Auge so schnell und geschickt, wie Papa Meilland es eingesetzt hatte, verband. Es sollte die erste Arbeit seines Sohnes sein, diesem alten erfahrenen Mann ein wenig zu helfen.

Aber der vierzehnjährige Francis hatte sich offenbar vorgenommen, mehr zu leisten, als nur so ein bißchen dilettantisch mitzumachen; er hatte es sich anscheinend in den Kopf gesetzt, zu beweisen, daß er genauso schnell und gut arbeiten könne wie jener alte erfahrene Mann. Vielleicht wollte er auch nur zeigen, wie recht er gehabt hatte, daß er von der Schule abgegangen war, ohne jenes glanzvolle Baccalauréat, denn hierher gehörte er, hier lag seine Begabung, hier bei den Rosen. Und der Beweis? Nun sehen Sie ihn sich an, wie er sich zu seinem Lebensberuf hingezogen fühlte, so unwiderstehlich hingezogen wie eine Ente zum Wasser.

Papa Meilland sagt, die Sonne brannte vom wolkenlosen Himmel herunter, der Schweiß strömte ihnen über das Gesicht, aber Francis ruhte und rastete keinen Augenblick. Der Rücken, die Beine müssen ihm höllisch wehgetan haben, aber als Papa Meilland ihn gutmütig fragte: »Na, wie wär's, hast du nicht genug für den ersten Tag?«, da wischte sich Francis den Schweiß von der Stirn und sagte stolz: »Nein, aber gar nicht.« Er war so munter wie ein Fisch im Wasser. Und um das zu beweisen, arbeitete er nur noch eifriger und verband Augen, als ginge es ums liebe Leben und als hinge seine ganze Zukunft davon ab, daß er jetzt mit dem erfahrenen alten Mann Schritt hielt.

Und dann war da noch etwas, worüber Papa Meilland noch heute lächeln muß: Francis hatte sich, als er noch in Lyon auf die Schule ging, niemals dafür interessiert, Englisch zu lernen. Aber eines Tages bekamen Meillands Besuch von einem englischen Gentleman, und glücklicherweise verstand er ein wenig Französisch, das bißchen Englisch, das sich Francis mit Mühe und Not angeeignet hatte, hätte in eine Streichholzschachtel gepaßt. Jedoch miteinander stellten sie nun fest, daß der bedächtig sprechende Herr ein Gartenarchitekt war, und natürlich freute sich Papa Meilland sehr, als er erfuhr, daß man ihm empfohlen hatte, in Frankreich die Meilland-Rosenschule zu besuchen. So führten sie ihn also herum, und Papa Meilland merkte, daß sich Francis am liebsten selbst geohrfeigt hätte, weil er nicht besser Englisch verstand, und daß er sich gar zu gern mit diesem gutunterrichteten englischen Gartenarchitekten unterhalten hätte, der nicht nur von der Meilland-Rosenschule gehört hatte, sondern auch ganz genau Bescheid wußte über die zehn neuen Rosen, die Joseph Rambaux, Francis' Urgroßvater, und die vierundsechzig Rosen, die der Großvater, Francis Dubreuil, gezüchtet hatte.

Und da stand nun Francis Meilland, ihr unwürdiger Nachfahre, stumm, als könne er nicht bis drei zählen. Dabei hätte er sich doch mit diesem interessanten Besucher auf englisch unterhalten sollen, ihm antworten und Fragen stellen.

Und da war's geschehen, sagt Papa Meilland. Francis entschloß sich auf der Stelle, alle Stunden aufzuholen, die er damit vertan hatte, aus dem Schulfenster zu starren, anstatt die Sprache von Shakespeare und Charles Dickens zu lernen. Er meldete sich zu einem Abendkurs in Lyon an und begann, englische Sprache und Literatur zu studieren.

Nun, das bedeutete, daß er abends gleich nach dem Essen fortgehen und fünf Kilometer nach Lyon radeln mußte, so daß er an diesen Abenden schwerlich vor elf Uhr wieder zu Hause sein konnte. Aber Francis radelte nicht nur pünktlich wie ein Wecker zu seinen Kursen, sondern steckte, wenn er einmal einen Abend keine Lek-

tion hatte, den Kopf in seine Bücher und er, dieser Anti-Bacchot von einem Sohn, murmelte vor sich hin und lernte englische Sprache und Literatur. Ein geradezu musterhafter, fleißiger Schüler.
Es war jener Abend, an dem Francis zum erstenmal die Kurse besuchte, der später einmal so bedeutsam für Papa Meilland werden sollte. Francis hatte ihnen beiden gute Nacht gewünscht, sie gebeten, auf gar keinen Fall auf ihn zu warten, und gesagt, ja, hier, er *habe* seine Schlüssel. Und dann, als er schon zur Tür hinauslief, drehte er sich plötzlich noch einmal zu ihnen um und sagte: »Wißt ihr was? Ich glaube jetzt, daß ich eines Tages um die Welt reisen werde.«
Und er war ganz ernst. Er meinte, was er sagte.
Papa Meilland erinnert sich noch, daß er lachte und sagte, Francis Jules Verne Meilland solle nur gleich einen guten Anfang machen und im Dunkeln sicher von Lyon nach Hause reisen. Aber Claudia sah ihren Sohn an und lächelte, ein ganz ernstes Lächeln, so als fände sie diesen phantastischen Gedanken gar nicht so verwunderlich. Und Jahre später erinnerte sich Papa Meilland noch oft an diesen seltsamen Augenblick: Sein Sohn stand dort in der Tür, so eifrig, so jung, und seine Mutter lächelte ihn an, als stimme sie ihm heimlich zu. »Aber natürlich! Warum auch nicht?«

Nun, wie schon sein Schwiegervater Francis Dubreuil, versuchte auch Papa Meilland es immer so einzurichten, daß er die wichtigeren Zusammenkünfte und Konferenzen der Rosengärtner besuchen konnte. Das war immer sehr unterhaltsam und außerdem auch einfach vernünftig. Man hatte dort Gelegenheit, Meinungen und Gedanken auszutauschen, sich an mancher Fachsimpelei zu beteiligen, alte Freunde zu treffen und neue Freundschaften zu schließen. Ja, Claudia pflegte zu sagen, allein schon dem zuhören zu können, was ihr Mann alles zu erzählen hatte, wenn er von einer dieser Zusammenkünfte zurückkam, sei das Fahrgeld wert.

Als Francis siebzehn war, kam Papa Meilland eines Abends von solch einem Treffen zurück und verkündete, daß er die interessanteste und ungewöhnlichste Einladung erhalten habe, eine Einladung von einem gewissen Monsieur Mallerin.

Nun, Monsieur Mallerin war in der Rosengärtnerzunft sehr bekannt und beliebt. Er hatte früher einmal einen ausgezeichneten Posten gehabt, bei einer wohlhabenden Gesellschaft in Grenoble, die sich auf Zentralheizungen spezialisiert hatte. Damals waren Rosen nur ein interessantes Hobby für ihn. Er liebte es, sie in seinem Garten zu Hause zu ziehen, versuchte aber auch gerne einmal als Amateur, Rosen miteinander zu kreuzen. Mit den Jahren jedoch entdeckte Monsieur Mallerin, daß sein Herz mehr und mehr den Rosen gehörte und immer weniger den Zentralheizungen. Und da es ihm gut ging und er ein hübsches Vermögen besaß, beschloß er eines Tages, den Radiatoren und Boilern den Rücken zu kehren und den Rest seines Lebens zu tun und zu lassen, was ihm behagte. Er kaufte sich ein reizendes kleines Landgut bei Varce, ungefähr zwölf Kilometer von Grenoble entfernt, und lebte dort zufrieden mit seinen Obstbäumen, seinem Gemüsegarten, den Bienenstöcken, dem Hühnerhof und vor allem mit seinen geliebten Rosen. Ja, und zu seiner eigenen Verwunderung konnte er sogar recht behaglich von dem leben, was er für den Verkauf aller seiner Produkte bekam. Er wurde, wie Papa Meilland es ausdrückte, eine erfolgreiche französische Ausgabe des englischen »Landedelmannes«.

Noch viel erfreulicher für Monsieur Mallerin war jedoch, daß er jetzt auf einmal mit seinen Kreuzungen erfolgreich war. Er hatte nicht nur manche liebliche neue Rose gezüchtet, sondern sie auch vermehrt und auf den Markt gebracht, kurz, er wurde nun auch noch ein erfolgreicher »Rosenzüchter-Edelmann«.

Nach dem letzten Treffen hatte Monsieur Mallerin ein paar Rosengärtner herzlich eingeladen, bald einmal einen Tag bei ihm in Varce zu verbringen. Daran war noch gar nichts Ungewöhnliches, denn Monsieur Mallerin war als gastfreundlich bekannt, aber es war seltsam, daß er dieses Mal nur solche Rosengärtner einlud, deren Söhne schon alt genug waren, um ebenfalls Liebe und Interesse für Rosen zu zeigen. Und er hatte diese Väter gebeten, doch nur ja ihre rosenliebenden Söhne mit nach Varce zu bringen, er habe gerade eine Rose gezüchtet, die sie und ihre heranwachsenden Söhne interessieren könne.

Eines schönen Tages also, im Sommer 1929, spazierten diese Rosengärtner und ihre Söhne auf Monsieur Mallerins reizendem Landgut in Varce herum. Monsieur Mallerin war offensichtlich kein Anhänger der strengen Trennung seiner Pflanzungen, gleich welcher Art. Es war bezaubernd, plötzlich Beete voller Rosen zu finden, Rosen, die prächtig, wenn auch etwas unerwartet, unter Obstbäumen und bei den Bienenstöcken blühten.

Dann führte er seine Gäste zu einer Reihe junger Rosen – zu der neuen Sorte, die er gerade gezüchtet hatte. Sie waren schon fast voll aufgeblüht, ein wunderschönes Goldgelb, und jede Rose hatte vierzig Blütenblätter, berichtete Monsieur Mallerin, auch das Laub war hübsch, ein kräftiges mattglänzendes Grün.

Später vermehrte Monsieur Mallerin diese reizende neue gelbe Rose und brachte sie unter dem Namen »Madame Pierre S. Du Pont« auf den Markt. Zu seiner Verwunderung verliebten sich die Amerikaner Hals über Kopf in »Madame Pierre S. Du Pont« und kauften diese Rose zu Tausenden, um sie in ihre Gärten zu pflanzen.

Aber damals, an jenem Sommertag, war sie der Welt außerhalb dieses kleinen Landguts von Varce noch ganz unbekannt, und Monsieur Mallerin hatte noch nicht einmal Zeit gehabt, sich einen Namen für sie auszudenken. Francis hatte natürlich schon von Kreuzungen gehört, aber jetzt sah er zum erstenmal eine völlig neue Rose, und wie er so dastand, erfaßte ihn das Staunen, daß ein Mensch etwas so Frisches, Liebliches hervorzaubern könnte, und noch dazu in dem von ihm selbst gewählten Beruf. Eine neue Rose schaffen, das war doch gewiß dasselbe wie ein Gedicht schreiben, eine neue Melodie. Man mühte sich, einen Traum zu verwirklichen, ein Ideal. Es war wie ein Wunder! Man stelle sich vor, daß in der ganzen Welt nur diese eine Reihe jener goldenen Rose existierte, die noch keinen Namen hatte, keinen Titel!

Und als er die langen spitzen Knospen und das Goldgelb der vollerblühten Rose und das tiefe Grün der Blätter genug bewundert hatte, war es Francis, als durchzucke ihn plötzlich eine Flamme, eine Flamme, die sein Urgroßvater und sein Großvater gekannt hatten und auch sein eigener Vater. Aber sein Vater hatte sie in dem langen schweren Kampf um sein Geschäft in Tassin ein für allemal unterdrücken müssen.

Gleich am nächsten Morgen, wieder in Tassin, nahm Francis, sobald es hell geworden war, ein neues Notizbuch und seinen Federhalter und ging hinaus in den Garten. Gedankenvoll marschierte er zwischen den Rosen auf und ab, blieb hin und wieder stehen und prüfte und bedachte die Schönheit, den Duft und die Eigenschaften bald dieser, bald jener Rose.

Endlich hatte er sich für zwei Rosen entschieden: für »Sunstar«, eine stark duftende halb gefüllte Rose mit orange und roten Blütenblättern und hellgrünem Laub, und für »Sir David Davis«, ebenfalls eine duftende, aber doppelt gefüllte Rose in einem tiefen leuchtenden Karmesinrot mit dunklem ledrigem Laub. Er wollte diese beiden kreuzen, und sorgfältig schrieb er ihre Namen auf und fügte hinzu:

1 – 29

Das bedeutete, daß dies seine erste Kreuzung zwischen zwei Rosen war, im Jahre 1929.

Aber 1 – 29 sollte auch die erste vieler, vieler anderer Kreuzungen werden. Denn an jenem bedeutungsvollen Tage wurde Francis Meilland im Alter von siebzehn Jahren ein leidenschaftlicher Züchter. Immer träumte er davon, immer mühte er sich ab, in jeder freien Minute, eine liebliche neue Rose zu züchten – genauso, wie es sein Urgroßvater Joseph Rambaux getan hatte und sein Großvater Francis Dubreuil, genauso wie unzählige Rosenliebhaber aller Zeiten vor ihm.

Und genauso wie alle anderen Rosenzüchter mußte auch er lernen, den langen schweren Weg zu gehen, es gibt keinen kurzen, unbeschwerlichen. Es geht eben nicht schnell, und es ist nicht leicht, eine wirklich wertvolle neue Rose zu züchten, eine, die alle Träume und Hoffnungen erfüllt.

Vor allem mußte sich Francis mit der bitteren, unabwendbaren Tatsache abfinden, daß die zahlreichen Nachkommen eines Elternrosenpaares nicht nur wie die Kinder eines menschlichen Elternpaares alle verschieden sind, nicht zwei einander gleichen, sondern daß auch die vielversprechendsten Sämlinge aus einer künstlichen Befruchtung stets so empfindlich sind, daß man sie ständig pflegen und hegen muß, wenn man sie durchbringen will.

Und das ist noch nicht alles, denn wenn schließlich eine liebliche neue Rose vor unseren Augen aufblüht, muß sie immer noch getestet und geprüft werden, und dann wird sie vermehrt, indem man jungen wilden Schößlingen Augen von diesem Rosenstrauch einsetzt. Erst wenn diese veredelten Rosen treiben, werden sie verkauft. Bis zu diesem Zeitpunkt hat der Züchter auch nicht einen Sou, einen Franc bekommen für die vielen Stunden, die er geopfert hat. Das kann leicht fünf, ja, sogar zehn Jahre dauern.

Ja, Papa Meilland sagt, daß ihm in den folgenden Jahren oft das Herz für seinen Sohn geblutet habe. Er war jung und eifrig, voller Begeisterung, aber wie so viele andere Züchter vor ihm erlebte auch er eine entmutigende Enttäuschung nach der anderen. Zum Beispiel kam es vor, daß unter fünfzig oder mehr Sämlingen, die er nach einer erfolgreichen Kreuzung als die besten aus einer großen Familie ausgewählt hatte, nicht ein einziger war, der seine Erwartungen erfüllte, nicht ein einziger war es wert, vermehrt zu werden. Ein andermal wurde ein ganzes Beet junger Pflanzen vom Mehltau vernichtet, und wieder eine andere Partie von einem plötzlichen, unerwarteten Frost. Und dann war doch eines Tages sein Hund Caddy auf den Gedanken gekommen, einen riesengroßen Knochen ausgerechnet mitten in einer anderen Kollektion vielversprechender, aber sehr empfindlicher junger Sämlinge zu vergraben. Begeistert verstreute er sie weit und breit, nach links und rechts, als er ihn wieder ausgrub. Die Rosensämlinge starben prompt in der kalten Nachtluft – alle bis auf einen.

Als Francis am nächsten Morgen das Werk der Zerstörung bemerkte, rief er sofort nach Caddy. Dieser kam lustig bellend herangesprungen, blieb aber mit einem Ruck stehen, als er Francis' finsteres Gesicht sah.

Nun war Caddy eine Promenadenmischung, lieb und häßlich und hochintelligent dazu, und außerdem ein ausgezeichneter, wenn auch etwas lauter Wachhund. Er wußte auch, wie man das härteste Herz erweichen kann. Er besaß nur ein einziges Auge, das andere hatte er in einer seiner vielen siegreichen Schlachten mit anderen Hunden verloren, aber er verstand dieses eine ihm verbliebene helle Auge sehr zu seinem Nutz und Frommen einzusetzen. Niemand brauchte Caddy über die biblische Weisheit: »Eine sanfte Antwort stillt den Zorn« aufzuklären, wenn er in demütiger, verschreckter Liebe und Ergebenheit mit diesem einen Auge einen Menschen anblickte, der drauf und dran war, ihm tüchtig eins überzuziehen.

Ja, wirklich, dieser oft erprobte sanftmütige Blick aus Caddys einzigem Auge hatte solch eine Wirkung, daß ihm noch einmal verziehen wurde. Und nicht genug damit, als sich später der einzig Überlebende dieses Massakers von dem Schock erholte und zu einem hübschen kleinen Busch gelber Rosen entwickelte, gab ihm Francis großmütig den Namen »Caddy«, und später wurde er auch unter dem Namen dieses einäugigen Hundes vermehrt und verkauft.

Und das war nun natürlich ein Familienwitz geworden, aber die bittere Wahrheit blieb doch, daß Francis eine entmutigende Enttäuschung nach der anderen hinnehmen mußte. Papa Meilland wußte nichts Besseres, als Francis zu helfen und zu raten. Aber vor allem Claudia verstand so gut mit ihrem Sohn umzugehen. Sie war immer fröhlich und zuversichtlich und ganz sicher, daß Francis eines Tages all die schwere Arbeit, den ewigen Ärger nicht bereuen würde. Sie erzählte ihm von seinem Urgroßvater, dem guten Joseph Rambaux, und von seinem Großvater Francis Dubreuil und wie oft sie gestöhnt und gesagt hatten, daß man schon recht besessen sein müsse, wenn man seine ganze freie Zeit damit zubringe, eine Rose mit einer anderen zu kreuzen, immer weiter gelockt von einem Wunschbild, einer Fata Morgana. Aber eines Tages hatten sie alle schwere Arbeit, alle enttäuschten Hoffnungen vergessen. Sie standen vor einer

zauberhaften neuen Rose, wie einst Francis' Urgroßvater vor der entzückenden »Perle d'Or« oder sein Großvater vor der veilchenduftenden »Sarah Bernhardt«.
Auch Monsieur Mallerin war die Freundlichkeit in Person. Francis schrieb ihm oft, oder er fuhr nach Varce, um irgendein neues Problem mit ihm zu besprechen. Dann redeten sie stundenlang darüber, wie man wohl am besten die empfindlichen und schwierigen jungen Rosensämlinge pflegen und schützen könnte. Und sicher war es Monsieur Mallerin, der heute bei Rosenzüchtern und Gärtnern durch seine stolze und herrliche »Madame Pierre S. Du Pont« so berühmt ist, zu verdanken, daß »die vielversprechende Arbeit« des jungen unbekannten Züchters Francis Meilland bald in dieser oder jener Zeitschrift für Rosenzucht erwähnt wurde, und das nicht nur in Frankreich, sondern auch in europäischen und amerikanischen Publikationen.
Francis las natürlich mit großem Eifer alles, was er über die Arbeit berühmter Rosenzüchter der ganzen Welt nur finden konnte. Aber am meisten bewunderte er doch Dr. Nicolas, der in Frankreich geboren und dann nach Amerika ausgewandert war, wo er die Forschungsabteilung der größten Rosenschule der Welt leitete. Später schrieb Francis: »Jeder von uns versucht, bewußt oder unbewußt, dem Menschen nachzueifern, den er am meisten bewundert. Für mich war Dr. Nicolas das ›Ideal‹.«
So ist es verständlich, daß Francis seinen Augen nicht traute, als er las, daß dieser große Mann auch einmal die Arbeit erwähnte, die »ein vielversprechender junger französischer Züchter Francis Meilland« in Tassin bei Lyon leistete.
Manchmal aber hatte Francis doch einen Anfall von Verzweiflung und erklärte finster, man könne nicht sein ganzes Leben lang nur immer »vielversprechend« sein. Aber Claudia hatte dann für ihren verzweifelten Sohn

die rechte Antwort bereit. Ganz energisch sagte sie zum Beispiel, daß Geduld nicht eigentlich eine Tugend der Züchter sei, sondern einfach eine Notwendigkeit, und daß Rom – so ähnlich hatte sie es einmal irgendwo gelesen – nicht an einem Tag geschaffen worden sei. Nicht anders sei es auch mit einer wirklich schönen neuen Rose. Sie hatte so eine fröhliche Art, diese alten, abgedroschenen Klischees vorzubringen, daß es drollig klang und doch wie eine alte Wahrheit, daß Francis lächelte und sagte: »Schon gut, schon gut.« Er hatte schon verstanden, und jetzt wollte er doch einmal sehen, was für ein vielversprechendes Wunder er mit einigem Glück noch vollbringen konnte, wenn er alt, runzlig und grau war.

Es war seltsam – um dieselbe Zeit begann auch der Rosengärtner Francesco Paolino unten auf dem Cap d'Antibes, seine Hand und sein Glück damit zu versuchen, eine Rose mit einer anderen zu kreuzen.

Aber der Rosengärtner Paolino wünschte sich eine ganz besondere dankbare neue Rose, eine Rose mit langem geradem kräftigem Stiel und fast ohne Dornen, eine Rose, die in einer eleganten hohen Kristallvase wunderschön aussah, und vor allem eine Rose, die so liebenswürdig war und viele Tage lang frisch blieb, selbst im wärmsten Zimmer.

Die Blumenhändler würden über diese neue Paolino-Rose jubeln und voller Zuversicht sein, sie an ihre reichen Kunden verkaufen zu können, mit den Worten: »Ich versichere Ihnen, Monsieur – oder Madame –, Sie werden das Geld nicht bereuen! Sie werden erstaunt sein, wie lange diese neuen Rosen halten! Stellen Sie sich vor, eine Dame erzählte mir erst letzte Woche, daß sie eine Vase mit diesen Rosen so lange in ihrem Salon stehen hatte, daß jemand fragte, ob sie künstlich seien – hahaha!«

In jeder freien Minute begann nun also auch der Rosengärtner Paolino auszuwählen und vorzubereiten und dann dieser oder jener vielversprechenden Rose ein kleines Papierhütchen aufzusetzen. Und bewaffnet mit einem Pinsel und etlichem reifem Blütenstaub von einer anderen vielversprechenden Rose, wartete er genau den richtigen Augenblick ab, lüpfte das Papierhütchen, brachte vorsichtig etwas Blütenstaub auf die Narbe und setzte sofort das Hütchen wieder auf.

Aber diese »dankbaren« neuen Paolino-Rosen hatten ebenfalls nicht die geringste Eile, sich in persona vorzustellen. Aber der Rosengärtner Paolino blieb immerzu optimistisch. Eines glücklichen Tages würde er dastehen und rufen: »Stupendo! Magnifico!« Und dann würde er Marie-Elisabeth herbeiholen, damit auch sie sich daran freuen könnte – an der idealen langstieligen, langblühenden und wunderschönen neuen Paolino-Rose.

Wenn er sich beim Arbeiten einmal umschaute, sah er oft die kleine Louisette, die sich hinter ihn gestellt hatte und ihn aufmerksam beobachtete, und eines Tages verlangte sie plötzlich einen feinen Pinsel, ebenso einen wie der von Papa, ein wenig Blütenstaub, ebenso wie der von Papa, und viel Papier, damit sie kleine Papierhütchen machen könnte, nicht für Papas Rosen, sondern für *ihre* Rosen.

Und von dem Tag an lächelten Papa und Maman oft einander zu, wenn sie ihrer kleinen sechs Jahre alten Tochter zusahen, wie sie »Züchterin« spielte. Es war ein Bild, ein wunderhübsches Bild, wie sie unter all den Rosen spielte.

1932 ist Claudias Mutter ganz friedlich eingeschlafen. Sie war fast achtzig geworden, so alt an Jahren! Aber hatte sie denn überhaupt richtig *gelebt*? Wie läßt es sich sonst erklären, daß sie in den Erinnerungen derer, die sie gekannt hatten, nur als Schatten herumgeistert, daß man wenig, so sehr wenig von ihr in Erinnerung behalten hat außer ihrer ewigen Sorge um die eigene Gesundheit, ihrer Zurückgezogenheit und dem Aufgebot an Medizinflaschen und Pillenschachteln in ihrem stillen und verdunkelten Zimmer.

Aber Claudia, immer anhänglich und liebevoll, vermißte sie sehr und trauerte um sie, und das um so mehr, als sie wußte, wieviel ihre arme Mutter, immer sanft und eigensinnig, in ihrem Leben versäumt hatte. Und Papa Meilland glaubte, der Schock, den sie durch den Verlust ihrer Mutter erlitten hatte, ihre Trauer, seien schuld, daß Claudia auf einmal so blaß und müde aussah. Als er ihr vorschlug, doch einmal den Arzt nach einem guten Stärkungsmittel zu fragen, lachte sie nur und sagte, was für ein Unsinn, sie brauche kein anderes Stärkungsmittel, wenn es nur aufhörte, so unablässig zu regnen, und wenn der Wind nicht mehr so schrecklich heulte, dann könne sie wieder an die frische Luft gehen und sich im Garten ein wenig bei der Arbeit an den Rosen stärken.

Dann kam ein wahrer Freudentag, der ihnen allen neuen Mut gab. Monsieur Mallerin schrieb nämlich, daß er Mister Robert Pyle, einen berühmten amerikanischen Rosengärtner nach Tassin schicken werde. Offenbar besaß Mister Pyle viele Morgen Rosenland in Pennsylvanien und war immer auf der Suche nach neuen Rosen, die er seinem großen amerikanischen Kundenkreis anbieten konnte.

»Ich habe ihm gesagt«, schrieb Monsieur Mallerin, »daß ›mein Schüler‹ seine Sache recht gut macht und daß er Sie besuchen soll. Im Ernst, es wäre eine einmalige Chance für Sie, einem der bedeutendsten amerikanischen Rosengärtner Ihre Arbeit zu zeigen.«

Papa Meilland erzählt, daß das Wetter noch immer scheußlich gewesen sei, und erinnert sich noch gut, wie sie vorsorglich alles für Mister Pyles Besuch in Tassin vorbereiteten. So stellten sie zum Schutz gegen den peitschenden Regen und den Wind ein kleines Zeltdach über einem wenige Quadratmeter großen Beet auf, das sie mit der letzten Partie junger Rosensämlinge bepflanzt hatten – das einzige Resultat, das Francis nach vier ganzen Jahren vieler mit Geduld durchgeführter Kreuzungen vorweisen konnte.

An dem großen Tag jedoch änderte sich glücklicherweise das Wetter. Die Sonne kam heraus, und sie nahmen das Schutzdach über dem kleinen Beet mit den Rosensämlingen fort. Der berühmte amerikanische Rosengärtner war so freundlich, und man konnte so gut mit ihm sprechen, daß Francis alle die geheimen Fußangeln der englischen Grammatik vergaß und sich ganz fließend auf englisch mit ihm unterhielt, während er einen Stapel Notizbücher vorlegte. Sie enthielten alle Aufzeichnungen, die er über die einzelnen Kreuzungen gemacht hatte, und auch die Ergebnisse und alles, was er mit den Erfahrungen, die er bereits hinter sich hatte, noch in Zukunft zu erreichen hoffte. Und Mister Pyle, so scheint es, hörte ihm mit größtem Interesse zu.

Später schrieb Francis: »Heute glaube ich, daß Robert Pyle viel mehr von meiner Jugend, von meiner Begeisterung – und von der Qualität der Rosen meines Vaters – beeindruckt war als von der kläglichen Handvoll unscheinbarer neuer Rosensämlinge, die ich ihm zeigen konnte!«

Robert Pyle machte, bevor er sich verabschiedete und Tassin verließ, dem jungen Francis Meilland das beste Kompliment, das ein Amerikaner überhaupt machen kann; er bot ihm einen Vertrag an, in dem er garantierte, jede neue Rose, die Francis züchten würde, in Amerika auf den Markt zu bringen.

»Für einen Anfänger«, schrieb Francis später einmal, »gibt es keinen größeren Ansporn als das Angebot eines Vertrages.« Aber Francis sollte noch einen weiteren Auftrieb bekommen – noch ein Vertragsangebot, ebenfalls aus Amerika, und dieses Angebot kam von Dr. Nicolas, dem berühmten Züchter, den Francis immer so herzlich bewundert hatte – von seinem »Ideal«.

Francis ging wie auf Wolken. Zwei Vertragsangebote von zwei so bedeutenden Männern aus der Rosenzunft, von ganz nüchtern rechnenden Geschäftsleuten, *das* mußte man sein dort drüben in Amerika. Man vertraute ihm, Francis Meilland, der bis heute trotz aller schweren Arbeit noch nicht eine einzige neue Rose vorweisen konnte.

Papa Meilland und Claudia freuten sich natürlich mit ihrem Sohn. Ja, Papa Meilland holte eine seiner besten Flaschen hervor, die er für besondere Gelegenheiten aufgespart hatte. Und sie tranken auf das Wohl der beiden weitblickenden und weltberühmten amerikanischen Rosenliebhaber und auf das Wohl aller Rosenliebhaber, überall in der Welt.

Es war tragisch, herzzerbrechend, daß Claudia sich jetzt, so bald nach dem Tod ihrer alten, immer kränklichen Mutter fortwährend zusammennehmen mußte, um nicht zu zeigen, wie müde und wie krank sie sich fühlte und was für Schmerzen sie oft zu ertragen hatte; jetzt, da sich endlich das Rosengeschäft, das sie mit soviel Mühe aufgebaut hatten, gut anließ und regelmäßig Bestellungen von überallher aus Frankreich und auch aus anderen europäischen Ländern einliefen, jetzt, da auch Francis als hervorragender junger Züchter die erste Anerkennung fand.

Es ist das Alter, sagte sie sich selbst. Jeder weiß, daß die Frauen in einem gewissen Alter allerlei Beschwerden auf sich nehmen müssen, die Natur bringt schon alles wieder in Ordnung. Auch sie würde bald wieder ganz die alte sein. Es mag sein, daß die quälende Erinnerung an ihre ewig kränkelnde Mutter schuld daran war, daß Claudia sich mit Händen und Füßen dagegen wehrte, zu verraten, wie krank, wie müde sie sich fühlte und wie oft sie von Schmerzen gequält wurde.

Gott allein weiß, wie todesmutig sie kämpfte und was für ein bitterer Schlag es für Papa Meilland war, als er sie eines Tages auf dem kleinen Pfad zwischen den Rosenbeeten liegend fand, grau vor Schmerzen und plötzlicher Schwäche.

Als er sie zu ihrem Bett trug, versuchte sie ihn wegen seiner Besorgnis auszulachen und sagte, sie sei doch gar nicht gefallen, was denke er denn, sie habe sich nur ein wenig ausruhen wollen, in ein, zwei Tagen werde sie wieder ganz munter sein.

Aber Claudia sollte nie wieder bei der Arbeit im Garten und bei den Rosen, die sie so sehr liebte, lachen und singen. Es war doch nicht das Alter gewesen; sie war krank, unheilbar krank, und es gab nichts, gar nichts, was ihr Arzt oder der beste Spezialist von ganz Lyon hätten tun können, um ihr zu helfen, nichts, nur ihre Schmerzen konnten sie aus Mitleid ein wenig lindern.

Und als sie im Sterben lag, brach es Papa Meilland schier das Herz, als er sie im Fieber phantasieren hörte, daß sie jetzt sparen und dann an die Côte d'Azur reisen wollten, um auf dem Cap d'Antibes Urlaub zu machen und in der Sonne zu sitzen, die blühenden Mimosen zu sehen,

die Palmen, die Orangen- und Zitronenbäume und das warme blaue Meer.
Da nahm Papa Meilland ihre Hand und versprach ihr, daß sie fahren würden, natürlich würden sie fahren.
Nicht ein einziges Mal seit jenem lange vergangenen Abend hatte Claudia diesen Urlaub wieder erwähnt, vielleicht weil sie immer sparsam und haushälterisch mit dem Geld sein mußten, vielleicht aber auch, weil ihr gutes Herz nichts davon wissen wollte, ihre kranke Mutter mehr als einen Tag zu verlassen.
Bittere Ironie war es, daß sie jetzt, da ihre Mutter tot war, da endlich alles so gut lief, wirklich für diesen ersehnten Urlaub hätten sparen können. Aber da lag nun Claudia im Sterben und sprach von nichts anderem als dem Sonnenschein, den Mimosen in goldener Blüte und dem warmen blauen Meer, das sie nun nie mehr sehen würde.
In jenen qualvollen Tagen war Grandmère Jenny wie eine feste Burg. Und noch kurz bevor Claudia starb, öffnete sie ihre Augen, und in einem von Gott geschenkten Augenblick der Klarheit erkannte sie ihre Schwiegermutter. Es war fast so, als habe sie gewußt, daß sie da war, dort an ihrem Bett. Und sie schien ihre ganze letzte Kraft zusammenzunehmen und sagte: »Grandmère Jenny, je vous laisse mes deux hommes . . .« – »Grandmère Jenny, ich hinterlasse dir meine beiden Männer . . .«
Grandmère Jenny nahm ihre dünne Hand in ihre tapfere alte Hand und hielt sie fest, aber sie konnte keine Worte finden.
Claudia verstand, denn sie lächelte und versank dann wieder in ihre Fieberphantasien, und in jener Nacht, weniger als ein Jahr nach dem Tod ihrer Mutter, starb Claudia. Sie war nur vierzig Jahre alt geworden.
Da erstarrte die ganze Welt um Papa Meilland und Francis, und wurde erschreckend einsam und leer. Und

der Himmel allein weiß, was ohne Grandmère Jenny aus ihnen geworden wäre. Sie stellte ihnen das Essen auf den Tisch und befahl ihnen ganz energisch, auch zu essen. Ja, sie fing es sehr klug an, sie nahm Francis auf die Seite und erklärte kategorisch, er müsse nun an seinen armen Papa denken und darauf bestehen, daß er mit ihm verreise und sich ein paar Tage ausruhe.
Und dann, als Francis außer Hörweite war, ging Grandmère Jenny zu Papa Meilland und sagte, er solle ihr nur glauben, sie wisse ganz genau, wie ihm zumute sei, keiner wisse das besser als sie, aber er müsse jetzt an seinen Sohn denken und mit dem armen Jungen verreisen, damit er sich ein paar Tage ausruhen könne.
Daß Grandmère Jenny so etwas sagte, machte sie beide stutzig. Niemals zuvor, nicht ein einziges Mal hatte sie es bis jetzt für nötig gefunden, daß irgend jemand Urlaub machte, nicht ein einziges Mal bis auf diesen Tag.
Und Grandmère Jenny ließ nicht mit sich reden, in diesem Augenblick schon gar nicht. Sie gab ihnen auch gar keine Gelegenheit, ließ ihnen keine Zeit, sich das noch einmal zu überlegen, sondern sie schickte beide, ihren Sohn und ihren Enkel, fort, als seien sie noch Kinder, damit sie sich ein paar Tage Ruhe gönnten – im sonnigen Antibes.
Grandmère Jenny fügte nicht hinzu, Claudia hätte das gewünscht. Das war gar nicht nötig, sie wußten, daß es so war, daß Claudia es selbst so gewünscht hätte, und dieses Gefühl konnten sie nicht einfach abschütteln. Also nahmen Papa Meilland und Francis ihre Koffer und die Butterbrote, die Grandmère Jenny für sie gemacht hatte, damit sie im Zug auch etwas zu essen hatten, und fuhren los, hinunter nach Antibes.

Als Papa Meilland am ersten Morgen in Antibes seine Augen öffnete, schaute er sich trübsinnig in dem hüb-

schen kleinen Hotelzimmer um. Doch es muß sein Schutzengel gewesen sein – jedenfalls Papa Meilland schwört darauf –, der ihm eingeflüstert hatte, daß sie Monsieur Francesco Paolino, ihren alten geschätzten Kunden, besuchen sollten. Das verlangte ja schon die Höflichkeit. Und dann mußten sie auch wenigstens etwas *tun,* mußten sich wieder auf ihre Sprache besinnen und sich aus ihren verzweifelten müden Gedanken aufraffen.
Und man muß wirklich vor Papa Meillands Schutzengel den Hut ziehen, denn kaum hatte die kleine Madame Paolino auch nur einen Blick auf ihre schwarzen Anzüge und in ihre schmalen unglücklichen Gesichter getan, da schickte sie auch schon ihre dunkeläugige hübsche kleine Tochter Louisette im Galopp in den Garten, um Papa zu holen. Eine Viertelstunde später saßen sie alle auf der schattigen Terrasse, eine Erfrischung vor sich auf dem Tisch, und lächelten wieder, zum erstenmal seit vielen Wochen. Und dann, ohne ihren Protest, daß sie ja nur eine kleine Visite machen wollten, um endlich das Vergnügen zu haben, Monsieur und Madame Paolino kennenzulernen, auch nur das geringste Gehör zu schenken, rief die kleine Madame Paolino aufgeregt: »Was, in einem Hotel abgestiegen! Was für ein Einfall!« Kannten sie sich denn nicht schon lange genug durch ihre Briefe und Kataloge, viele Jahre schon. Und sie sollten es ihr bitte nicht übelnehmen, aber sie waren ja nicht in Lyon, hier unten machte man nicht so viele Umstände, jedenfalls die Paolinos täten das nicht. Sie hatten immer gern Gäste, es war ein herrlicher Vorwand, beisammensitzen zu können und sich etwas zu erzählen. Also kein Wort mehr! Sie würde jemanden nach ihren Koffern schicken, ihre Betten waren schon gemacht, und sie mußten ihr sagen, wie ihnen die Pasta asciutta schmeckte, die sie ihnen gleich vorsetzen würde. So etwas hatten sie dort oben in Lyon bestimmt noch nicht gegessen, man mußte

schon bei Schwiegermamma Paolino in die Lehre gegangen sein, um dieses italienische Meisterwerk zustande bringen zu können. Und lustig lachend erzählte sie ihnen die Geschichte von dem abscheulichen Hund Perla, der ihre erste Pasta asciutta verschmäht hatte.

Wie man sieht, hatte sich die kleine Madame Paolino überhaupt nicht verändert, sie war immer noch dieselbe impulsive kleine Marie-Elisabeth mit dem guten Herzen, die damals jeden Tag ihren Sou verschenkt hatte, ohne auf die ständige Klage ihrer Maman zu hören: »Aber man ist nicht reich, ich sage es dir! Man ist nicht reich!« Und Gott sei gedankt, daß sie sich nicht geändert hatte, denn das war es gerade, was die Meillands jetzt am allernötigsten brauchten, diese fröhliche warme Gastfreundschaft, diese Ungezwungenheit, diesen Sprung in eine andere Welt, das Gefühl, herzlich willkommen zu sein.

Die paar Urlaubstage in Antibes hätten ganz unerträglich werden können, vor allem für Papa Meilland, der jetzt zum erstenmal das blaue Meer, die Orangen- und Zitronenbäume und die Mimosen sah, alles, wonach sich Claudia so sehr gesehnt hatte; er hätte alles dafür gegeben, wenn er sie nur an seiner Seite hätte haben können. Aber man ließ ihnen keine Zeit, gab ihnen keine Gelegenheit, wie verloren herumzusitzen, vergraben in ihren Schmerz und ihre Trauer. Und seltsam war es, dachte Papa Meilland, daß er und Francesco Paolino, zwei Männer, die sich äußerlich so unähnlich waren, ja, aus ganz verschiedenen Milieus stammten, sich schon nach dem ersten Händedruck so gut verstanden – er, Antoine Meilland, über einsachtzig groß ohne Schuhe, ein braver, ein wenig schwerfälliger Sohn Chamboeufs, wie er typischer nicht sein könnte, und der lebhafte »piccolo« Francesco Paolino, der sich in fließendem Französisch mit ihm unterhielt, einem sehr provençalischen Französisch mit einem anheimelnden starken italienischen Akzent. Das Herz wurde einem warm, wenn man ihm nur zuhörte.

Das Band, das die beiden verknüpfte, war natürlich ihre Liebe zu den Rosen. Und bald besichtigten Papa Meilland und Francis den Paolino-Rosengarten und erfuhren, wie er buchstäblich aus dem wilden, unwegsamen Wald herausgehauen worden war. Und Papa Meilland mußte es ihm schon zugeben: Der Rosengärtner Francesco Paolino mochte »piccolo«, sehr klein, sein, aber niemand hatte einen schöneren, einen besser gepflegten Garten. Papa Meilland sagte, er habe es immer schon gewußt, was für Künstler, was für Arbeiter die Italiener sind. Er hatte ja als Kind die munteren Stuhlmacher bei der Arbeit in Chamboeuf beobachtet.

Der Rosengärtner Paolino begnügte sich jedoch nicht mit Gärten, sondern er besaß auch Gewächshäuser, bitte sehr, so daß er das ganze Jahr hindurch blühende Rosen verkaufen konnte. Ja, die Paolino-Gartenanlagen und Gewächshäuser waren eine Überraschung. Es war wirklich ein Vergnügen, sie zu besichtigen! Und Papa Meilland macht nicht so schnell ein Kompliment, und schon gar nicht, wenn es um Rosen geht.

Und die kleine Madame Paolino konnte nicht nur so gut kochen wie ihre Schwiegermamma Paolino, sondern sie schien auch sehr gern Gäste zu haben. Am Abend nach dem Essen saßen sie draußen auf der Terrasse und tranken ihren guten Kaffee, und Papa Meilland hörte sich lachen, wie er es nicht mehr für möglich gehalten hätte, lachen über die Geschichten von Papa Korporal und Mamma Paolino und ihrer Damenkleidermassenfabrikation, und wie großartig sie mit ihrer lebhaften Familie und mit der »Hochfinanz« fertig geworden war, was sich dann so gut bezahlt gemacht hatte.

Papa Korporal und Mamma Paolino hatten sich jedenfalls, der Erzählung nach, in ihren letzten Jahren auf dieser Erde im vollen Glanz elterlichen Stolzes und Triumphes gesonnt. Sie wußten, alle Paolinos von Geburt oder durch Heirat arbeiteten fleißig und hatten auch Erfolg; und Fleiß und Erfolg gehen ja nicht immer Hand in Hand. Mamma war zuerst gestorben. Ihre letzten Gedanken hatten noch allen ihren vielen Großkindern gehört, aber Papa Korporal, das Haupt der Familie, war weit über neunzig Jahre alt geworden und hatte seine soldatische Pflicht getan; bis zum letzten Tage war er der liebe Herrgott seiner Familie geblieben.

Ach ja, sagte die kleine Marie-Elisabeth, mit der Welt wäre es besser bestellt, wenn alle Eltern aus dem gleichen Holz geschnitzt wären wie Papa Korporal und Mamma Paolino.

Dann war es auch äußerst interessant, alte Erinnerungen auszutauschen und zu entdecken, daß beide Jungen, der eine oben in Chamboeuf, der andere hier unten in Antibes, sich einst trotzig entschlossen hatten, ihr Leben lang Rosen zu ziehen, und daß Francesco Paolino zuerst einmal ein Cordonnier, Maître Bottier geworden war, ein Meister in seinem Fach – das konnten sie ihm ruhig glauben, auch wenn er das jetzt selbst von sich behauptete. Ja, er hatte sich darauf verstanden, elegante Schuhe mit dem »Krick-Krack-Krick-Krack« anzufertigen und hatte allen und jedem großartig Kredit gewährt, bis er plötzlich – »krach!« – Bankrott machte. Damit war damals der erste entscheidende Schritt zu seinem späteren Beruf getan, aber Francesco wollte der künftigen Generation von Rosengärtnern diesen Weg nicht gerade empfehlen.

Papa Meilland war auch sonst, schien es, der Glücklichere von beiden gewesen, denn er hatte eine richtige Lehrzeit in einer guten Baumschule durchgemacht, während der junge Rosengärtner Paolino sehen mußte, wie und woher er sein Wissen bekam. Jetzt konnte er es ja zugeben, anfangs hatte er sich in aller Unschuld bei irgendso einem Burschen fachmännischen Rat geholt, einem Burschen, der mächtig vor ihm angegeben hatte, wie gut er Bescheid wisse, wie man Bäume und Rosen richtig und fachmännisch beschneidet. Und er hatte diesen Burschen voller Respekt zu mehr als einem Gläschen eingeladen und andächtig seinen Reden gelauscht.

Aber dieser Kerl war entweder der geschickteste Lügner, der auf Gottes Erdboden herumlief, oder ein gemeiner Spitzbube. Er hatte sich einen Jux daraus gemacht, einen jungen Narren, der sich in den Kopf gesetzt hatte, draußen in den wilden Wäldern auf dem Kap Rosen zu kultivieren, an der Nase herumzuführen; seine Ratschläge für den Schnitt erwiesen sich als unheilvoll, ja, fast vernichtend für die ersten, von Francesco liebevoll gepflegten Beete mit jungen Rosen.

Aber Francesco Paolino hatte wieder etwas dazugelernt. Nach diesem Erlebnis vertraute er nur noch seinen eigenen guten Augen, und so schaute er den erfahrenen Gärtnern bei ihrer Arbeit auf die Finger, wenn sie in den städtischen Anlagen von Antibes und Nizza die Rosen beschnitten.

Dieses Gartengespräch erinnerte Marie-Elisabeth an den wundervollen Besitz der Madame la Baronne Alice de Rothschild in Grasse, wo man Rang und Stellung eines jeden Mannes in der großen Hierarchie der Gärtner an der Farbe der Mütze erkennen konnte, die er auf dem Kopf trug.

Und hin und her und die Jahre zurück gingen die Erinnerungen, das freundschaftliche Gespräch, bis sie alle das Gefühl hatten, als kennten sie sich schon ihr ganzes Leben lang. Und als die paar Tage vorüber waren, reisten Papa Meilland und Francis – beide nun schon viel wohler aussehend – nach Tassin zurück. Aber sie hatten hoch und heilig versprechen müssen, immer daran

zu denken, daß sie auf dem Kap jederzeit willkommen waren.
Und Rosengärtner Paolino hatte ebenso hoch und heilig versprochen, eines Tages nach Tassin zu kommen. Er hatte auch die beste Absicht, einmal in den Meilland-Gärten herumzuschnüffeln, dabei seine Augen offenzuhalten, manchen guten Tip von Papa Meilland mitzunehmen und von seinem Sohn, diesem tüchtigen Züchter.

Als Francis im Zug saß, der sie zurück nach Lyon brachte, dachte er an die kleine Louisette Paolino und wie sie ihn so ernst und schweigsam angesehen hatte, ehe sie sich entschloß, mit ihm zu sprechen. Und wie lebhaft und intelligent sie sich dann gezeigt hatte, was für kluge Fragen sie über seine Arbeit gestellt und wie aufmerksam sie ihm zugehört hatte, wenn er etwas erklärte.
Und sie hatte so entzückend ausgesehen mit dem bunten Kleidchen draußen im Sonnenschein bei den Rosen ihres Papas. Sie hatte auch einen interessanten Akzent, echt provençalisch, es war eine Freude, ihr zuzuhören.
Dann dachte er wieder an den Tag, an dem sie jenseits der Rosenfelder die Sonne über dem Meer hatten untergehen sehen, wie die Schönheit ihm die Zunge gelöst und er ihr plötzlich erzählt hatte, wie sehr sich seine Mutter danach gesehnt habe, das alles zu sehen.
Sie blieb einen Augenblick lang stumm und wandte nicht einmal den Kopf. Dann sagte sie still: »Das muß ja wie eine Wallfahrt für Sie und Ihren Vater sein.«
Francis hatte es die Sprache verschlagen. Sie hatte recht, so war es, natürlich, aber wie seltsam, daß ein Kind von zwölf Jahren das so schnell, so richtig empfinden konnte.
Ja, Louisette war ein ganz ungewöhnliches Mädchen. Und sehr hübsch. Sie gefiel ihm.

Und Louisette dachte, wie steif und korrekt doch dieser junge Mann aus Lyon zuerst gewesen war, wie ernst und schweigsam und prüfend er sie angesehen hatte, wie zögernd er sich dann entschloß, mit einem zwölfjährigen Mädchen ein Gespräch anzufangen, einem Mädchen, das vielleicht plötzlich zu seinem größten Unbehagen loslachte. Er hatte keine Schwestern, das sah man ja gleich auf den ersten Blick, und er war schon ziemlich alt, über zwanzig, genau acht Jahre älter als sie.

Aber er war doch recht nett, fand Louisette, als er erst einmal aufgetaut war und man ihn schon ein bißchen besser kannte. Und sein Lyoner Akzent war interessant, es war richtig amüsant, ihm zuzuhören.

Er wußte auch über alles so gut Bescheid und hatte ihr wirklich sehr geholfen, als sie mit diesen unmöglichen englischen unregelmäßigen Verben: »to behold«, »to begin« und »to sell« nicht fertig geworden war.

Er hatte gelacht und gesagt, daß nur die Engländer selber erklären könnten, warum man sagt: »I walk, I walked. I finish, I finished«, aber niemals, niemals: »I behold, I beholded. I begin, I beginned. I sell, I selled.« Das war *ganz* falsch. Man mußte sagen: »I behold, I beheld. I begin, I began« und »I sell, I sold.«

Ja, an jenem Abend hatte ihr ihre Hausarbeit richtig Spaß gemacht. Und Louisette kam zu dem Schluß, daß sie Francis Meilland eigentlich recht gern mochte, und das nicht nur wegen seiner so nützlichen Kenntnisse der englischen Verben. Er war auch sehr nett – seinem Alter angemessen, natürlich.

Am Morgen nach ihrer Rückkehr nach Tassin stürzten sich Papa Meilland und Francis kopfüber in die Arbeit, die im Rosengarten auf sie wartete. Und Grandmère Jenny, die gerade das Frühstücksgeschirr spülte und sich überlegte, was sie denn heute zum Mittag- und Abendbrot kochen sollte, machte eine kleine Pause, um dem Himmel zu danken, daß sie beide nach diesen wenigen Tagen, die sie fort waren, so viel besser aussahen. Und sie dankte auch dem weisen Himmel dafür, daß soviel dringende Arbeit auf die beiden wartete. Nichts ist heilsamer als schwere Arbeit. Das hatte sie selbst erfahren, damals als ihr eigener armer Mann gestorben war und sie allein auf dem Hof zurückgelassen hatte.

Grandmère Jenny fuhr sich schnell über die Augen und schneuzte sich die Nase, und wenn sie auch nach dem kleinen Bauernhof in Chamboeuf, der inzwischen verkauft worden war, Heimweh hatte, so wollte sie das doch um keinen Preis zugeben, nicht einmal sich selber, sie wollte halten, was sie Claudia wortlos versprochen hatte.

»Ich hinterlasse dir meine beiden Männer . . .«

Das war's, was Grandmère Jenny tun wollte: sich um diese beiden Männer kümmern.

Sie hatte sich auch schon vorgenommen, ein paar Hühner anzuschaffen und einen guten strengen Hahn, der sie alle in Zucht und Ordnung halten müßte. Auch ein paar Kaninchen wollte sie haben, und den Gemüsegarten könnte sie auch noch übernehmen. Grandmère Jennys Grundsatz war: »Man muß sehen, was man seiner Familie zu essen gibt, man muß es wachsen sehen.«

Und in ihrer freien Zeit wollte sie natürlich auch im Rosengarten helfen.

Oh, sie würde schon genug zu tun haben, nicht einen Augenblick würde sie Chamboeuf vermissen. Sie war jetzt hier zu Hause, bei diesen beiden hilflosen Männern.

1935 faßte Francis Meilland einen Plan, über den alle, die ihn kannten, den Kopf schüttelten, ja, manche meinten, es komme ihm als einfachem Arbeiter und Rosengärtner nicht zu, so ehrgeizig zu sein, wenn er auch ein vielversprechender junger Züchter war.

Und Grandmère Jenny? Nun, sie erklärte kurz und bündig, der Junge müsse verrückt geworden sein, und nun sollte doch wenigstens der Vater zeigen, daß er ein Kerl war und etwas gegen diesen ganzen hirnverbrannten Plan unternehmen, ihn mit seinen beiden großen Füßen in Grund und Boden stampfen und nicht so stumm dasitzen und bloß zuhören.

Zu Grandmère Jennys Empörung hatte Francis alle seine Ersparnisse zusammengezählt: alles Geld, das er für Vogelmiere, Stechpalme, Misteln und Ruscus und für die noch viel einträglicheren jungen Pfirsichbäume bekommen hatte, und beschlossen, das ganze Geld aus dem Fenster zu werfen – für eine Reise nach Amerika!

Papa Meilland sagt, man müsse Grandmère Jenny verstehen. Sie fühlte damals, wie eine liebevolle Oma auch heute fühlen würde, wenn sie hört, daß ihr Enkel alle seine Ersparnisse – mit der Erlaubnis seines übergeschnappten Vaters – für einen Raketenflug zum Mond und wieder retour hinauswerfen will.

In jenen Tagen reisten die jungen Leute nicht so einfach mir nichts, dir nichts mit ein paar Pfennigen auf die andere Seite der Welt. Sogar eine Reise nach Paris war eine Sensation, ja, ein Erlebnis fürs ganze Leben, und Francis war noch nicht einmal so weit von zu Hause fort gewesen, und doch, er war fest entschlossen, nach Amerika zu gehen und zu sehen, wie man dort Rosen kultivierte.

Und das kommt davon, erklärte Grandmère Jenny wütend und höchst ungerecht, weil der Junge jeden Abend seine Nase in diese amerikanischen Zeitschriften steckt, mit den Fotos von den Wolkenkratzern, die so hoch waren wie der Turm zu Babel, und jeder Christenmensch weiß ja, was mit dem passierte.

Natürlich hatte Grandmère Jenny bald allen, die tratschten, den Mund gestopft, aber es war für sie nicht gerade beruhigend, zu hören, daß mancher dabei war, der über diesen Unsinn nicht wie die anderen bloß den Kopf schüttelte, sondern geradeheraus erklärte: »Il va mettre son père sur la paille.« – »Er wird es noch dahin bringen, daß sein Vater auf Stroh schlafen muß!«

O ja, sagte Grandmère Jenny, es gab manche, die schon düster prophezeiten, daß Francis seinen Vater noch ruinieren, ihn in bitterste Armut stürzen würde, wenn er so weitermache.

Aber Papa Meilland erinnerte sich, wie Claudia, jedesmal, wenn Francis ein wenig in seine Sparbüchse steckte, sagte: »Du wirst sehen, eines Tages kannst du es gut brauchen!«

Er erinnerte sich auch, wie sehr, sehr gern sie gereist wäre, und als sie endlich die Möglichkeit hatte, war es für sie zu spät.

Vor allem erinnerte er sich an jenen Abend, als Francis fortging, um in Lyon den Kurs für Englische Sprache und Literatur zu besuchen, und wie er sich in der Tür noch einmal umgedreht und erklärt hatte, er habe so eine Ahnung, daß er eines Tages rund um die Welt reisen werde. Und Claudia hatte nur ernst gelächelt, als wolle sie sagen: »Aber ja, natürlich! Warum nicht?«

Also hörte Papa Meilland nicht auf die nachbarlichen Kassandras und sagte: »Warum nicht?«, genauso wie es Claudia gewünscht hätte. Aber natürlich gab er auch seinem Sohn ein paar ernste Worte väterlicher Belehrung und Ermahnung mit auf den Weg, und an einem Morgen im April begab sich Francis auf die Reise nach Amerika, das Gesicht hell und strahlend wie die Sonne, die Ersparnisse sicher verstaut in der innersten Tasche. Feierlich versprach er Grandmère Jenny, er werde jeden Tag drei gute amerikanische Mahlzeiten zu sich nehmen und auf der Hut sein vor allen amerikanischen Gangstern und Taschendieben, und vor allem werde er sich geradewegs ins Weiße Haus nach Washington begeben, zum Präsidenten der Vereinigten Staaten höchstpersönlich, und im Namen Lafayettes Schadenersatz fordern, wenn man ihn je seiner Ersparnisse beraube oder ihm irgendein anderes Ungemach in Amerika begegnen würde. Papa Meilland sagt, man brauchte schon eine Karte für den ganzen Kontinent Nordamerikas, um den Globetrottersohn auf seiner Reise begleiten zu können. Er blieb zwei Monate fort und legte fünfzehntausend Meilen zurück, und er vergaß nicht einmal lange, lange Briefe nach Hause zu schreiben und alles zu erzählen, was er getan und gesehen hatte.

Papa Meilland tut es leid, aber er muß sagen, daß die Freiheitsstatue seinem Sohn nicht besonders gefallen habe; ihr grünes strenges Gesicht sah ihn so drohend an, als wollte auch sie ihm dringend raten, sich nur ja nicht berauben zu lassen.

Aber New York hat Francis fasziniert – wenn er sich für sein Geld auch nicht mehr leisten konnte als einen bescheidenen Blitzbesuch bei den üblichen himmelhohen Sehenswürdigkeiten. Besonders auch deshalb, weil er der Meinung war, daß es gewissermaßen billiger sei und auch interessanter, Amerika im Auto zu »machen«, und nicht mit der Eisenbahn. Und jener »Arglose im Ausland«, wie Mark Twain ihn gewiß genannt hätte, kaufte sich einen alten amerikanischen Wagen und fuhr, während ihm das Herz wie eine Trommel bis zum Halse schlug, fuhr also vom achten Stock über eine Rampe hinunter – denn auch die New Yorker Garage war natürlich ein Wolkenkratzer – und tauchte mitten hinein in den Verkehr, der über den Broadway tobte. Jawohl, Broadway. Die Haare standen ihm zu Berge, und er schickte ein Stoßgebet zum Himmel, er möge nicht beschwindelt worden sein und nicht in die falsche Richtung fahren.

Sein Gebet wurde erhört. Er war nicht beschwindelt worden, im Gegenteil, sein alter Wagen surrte davon wie eine stabile gutmütige Nähmaschine, und so fraß er sich – Kilometer um Kilometer – durch die ganzen Vereinigten Staaten bis hinunter nach Mexiko und besuchte unterwegs die bekanntesten Rosengärtner.
Einige von ihnen, Mister Robert Pyle zum Beispiel und Dr. Nicolas, kannten ihn schon. Andere erinnerten sich, ein paar Zeilen über ihn in irgendeiner Fachzeitschrift gelesen zu haben. Aber auch wenn sie noch nie von ihm gehört hatten, empfingen sie ihn gastfreundlich mit warmer amerikanischer Herzlichkeit.
Sie nahmen sich Zeit, ihm zu zeigen, was sie machten; sie erklärten ihm ihre Arbeitsmethoden, und Papa Meilland sagt, daß jene amerikanischen Rosengärtner so waren wie ihre Wolkenkratzer: Das gigantische Ausmaß ihrer Rosengärtnerei benahm einem den Atem. Sie bebauten weite Ebenen, nicht bloß Gärten, mit Rosen, und sie hatten die unglaublichsten arbeitsparenden Maschinen konstruiert. Papa Meilland amüsierte sich, als Francis schrieb, daß einige dieser riesigen Rosenfirmen so große Schwierigkeiten hatten, den guten Dünger für ihre vielen Morgen Rosenland zu bekommen, und so teuer dafür bezahlen mußten, daß sie sich kurzerhand eine schöne Herde Kühe zulegten, insgesamt zweihundertfünfzig Stück.
Dort grasten sie, schrieb Francis, diese zufriedenen Kühe, in einer weiten grünen Prärie, die ihnen ganz allein gehörte, und um sie herum blühten und dufteten diese vielen Morgen gutgedüngter Rosen. Was kann sich eine amerikanische Kuh oder eine Rose Besseres wünschen?
Dann fuhr Francis wieder zurück nach New York, und fast kamen ihm die Tränen, als er sich von seinem alten amerikanischen Wagen trennen sollte, er war ein treuer, ein verläßlicher Freund gewesen und hatte ihn

niemals im Stich gelassen. Auch die Leute von jener amerikanischen Garage waren zuverlässig, sie nahmen den Wagen zu dem vereinbarten Preis zurück, und das war gut so, denn obgleich Francis überall die großzügigste Gastfreundschaft genossen hatte, waren seine Ersparnisse fast ganz aufgebraucht. Selbst dieser fabelhafte Wagen konnte nicht mit Luft betrieben werden, und er hatte immerhin fünfzehntausend Meilen zurückgelegt.

Glücklicherweise hatte Francis schon vorsorglich seine Rückfahrt nach Frankreich im voraus gebucht und bezahlt.

So kam also der Reisende unversehrt nach Tassin zurück. In seinem Kopf drehte sich noch alles, was er gesehen hatte. Sein Koffer war vollgestopft mit amerikanischen Rosenkatalogen, die herrlichen Farbbilder machten sie zu wahren Kunstwerken. Auch wer keinen Garten hatte, um die Rosen zu pflanzen, die dort abgebildet waren, mußte sie mit Vergnügen anschauen. Er hatte auch viele Notizbücher vollgeschrieben, mit Anmerkungen über die arbeitsparenden Maschinen, neben denen sich ein Spaten geradezu wie ein prähistorisches Werkzeug ausnahm. Auch hatte er die amerikanischen Kühlhäuser nicht vergessen, in denen man Temperatur und Luftfeuchtigkeit automatisch so gut regulieren konnte, daß man alle seine Rosen mit unbedeckten Wurzeln den ganzen Winter über dort lagern konnte, ohne fürchten zu müssen, daß sie austrockneten oder vor Kälte starben. Alles das würden sich »Meilland und Sohn« auch anschaffen – wenn sie das notwendige Bargeld hatten, natürlich.

Aber eins hatte Francis doch am allermeisten beeindruckt: In Amerika konnte ein Züchter, wenn er eine neue Blumensorte zum Blühen gebracht hatte, ein Patent beantragen. Er war dann gesetzlich berechtigt, einen angemessenen Anteil an allen Verkäufen, an jedem Gewinn, der mit seiner Neuzüchtung erzielt wurde, zu bekommen, und das siebzehn Jahre lang. In Amerika erhielt der Züchter wahrhaftig den ehrlich verdienten Lohn für seine Mühe.

Und das gefiel Francis, nicht nur weil er selbst ein begeisterter Züchter war, sondern es entsprach auch seinem Gerechtigkeitsgefühl. Wenn die Züchter in Amerika gesetzlich vor »Piraten« geschützt waren, warum nicht auch in anderen Ländern?

Aber Papa Meilland gab zu bedenken, daß man dann Rechtsanwälte, die mehrere Sprachen beherrschten, beschäftigen und auch bezahlen und den Fall vielleicht jahrelang in jedem Land außerhalb Amerikas durchfechten müsse. Und welcher arme Teufel von einem europäischen Züchter, der sein täglich Brot verdienen und noch dazu eine Familie ernähren mußte, konnte sich das leisten!

Nein, es mochte zwar gerecht sein, sagte Papa Meilland, daß ein Züchter einen Anteil an allen Einkünften aus seiner Arbeit bekomme, aber außerhalb Amerikas war das ein schöner, unerreichbarer, ein viel zu kostspieliger Wunschtraum.

Francis soll ihn dann angesehen und gesagt haben, daß man in der Vergangenheit ganz genauso über manches Unrecht gesprochen habe, das später dann wiedergutgemacht wurde.

Am Morgen nach seiner Rückkehr nach Tassin konnte Grandmère Jenny, als sie ihr Staubtuch am Fenster ausschüttelte, zum erstenmal nach zwei Monaten wieder lächeln. Seit dem frühen Morgen war ihr Heimkehrer in seiner blauen Gärtnerkluft schon an der Arbeit bei den Rosen. Und Grandmère Jenny sagte sich, daß sie doch ein närrisches altes Weib gewesen sei, sich solche Sorgen zu machen, und niemals mehr würde sie diese Schauermärchen über die Gangster in Amerika glauben. Warum auch? Der Junge und seine Ersparnisse waren dort ebenso sicher und willkommen wie in Tassin oder Chamboeuf. Sie mußte auch zugeben: Dort gab es für ihn sehr viel mehr zu sehen und zu lernen.

Von jenem Tage an schlug Grandmère Jennys Herz sehr warm und reumütig für das entfernte Amerika. Sie hatte natürlich alle Ansichtskarten, die Francis geschrieben hatte, aufbewahrt. Aber am besten von allen gefiel ihr doch die Ansicht von der Freiheitsstatue. Grandmère Jenny billigte von ganzem Herzen den strengen Blick auf dem Gesicht jener aufrechten, sittsam bekleideten Frau. Sie fand, daß sie droben in Paris solch eine Statue sehr gut brauchen könnten, viel besser sogar als diesen verrückten teuren Eiffelturm!

»Golden State«

Im folgenden Jahr, es war das Jahr 1936, überredete Francis, befeuert von seinem Besuch in Amerika, Papa Meilland, die Extraausgabe zu riskieren und ihren bescheidenen eintönig schwarz-weißen Katalog mit ein paar Seiten farbiger Abbildungen attraktiver zu gestalten. Sie waren die allerersten Rosengärtner in Europa, die einen farbigen Katalog herausbrachten, und der Erfolg, der sich prompt einstellte, war sehr erfreulich – jedenfalls schien es anfangs so.

Zu ihrer Überraschung meldete sich nämlich sofort eine sehr angesehene Großhandelsfirma, die jährlich viele tausend Rosenstöcke verkaufte, und machte ihnen ein großzügiges Angebot: Sie bot einen ausgezeichneten Vertrag. Aber dieser Vertrag erforderte, daß die Meillands ihr bisheriges Programm völlig umstellten.

Bis jetzt hatte ihr Katalog immer eine reiche Auswahl von dreihundert verschiedenen Rosensorten aufgeführt, aber nach diesem Vertrag mußten sie sich auf nur dreißig besonders gefragte Sorten konzentrieren und außerdem ihre Gesamtleistung um ein Drittel steigern. Dann würde diese Großhandelsfirma alle Stöcke aufkaufen und, wie Francis es begeistert voraussagte, sie würden zum erstenmal restlos ausverkauft sein und nicht einen einzigen Rosenstock übrigbehalten. Schließlich überredete er seinen konservativen Papa, dieses großzügige Angebot anzunehmen und den verlockenden Vertrag zu unterschreiben.

So konzentrierten sie sich also nur auf diese dreißig Sorten und rackerten sich ab, um ein Drittel mehr Rosen zu veredeln als bisher. Das bedeutete: Überstunden machen, und zwar im Galopp. Papa Meilland kann ein Lied davon singen. Aber sie wurden mit ihrem Programm pünktlich zum angesetzten Termin fertig, und als sie voller Stolz das Massenaufgebot dieser dreißig verschiedenen Rosensorten überblickten, machte die Firma, die diesen großzügigen Vertrag mit ihnen geschlossen hatte, Bankrott! Restlos Bankrott!

Und da standen sie nun, und das Riesenaufgebot der dreißig verschiedenen Rosensorten blieb bei ihnen liegen. Keine Firma in ganz Frankreich konnte solche Mengen kaufen und wieder verkaufen, selbst wenn sie gewollt hätte. Also blieb ihnen gar nichts anderes übrig, wie Papa Meilland erklärte, als entweder den ganzen Haufen zu verbrennen oder selbst zu versuchen, diese Rosen zu verkaufen. Sehr verlockend würde das Angebot aussehen, das war einmal sicher! Sie konnten diesmal ihren Kunden nur dreißig verschiedene Rosensorten anbieten und nicht dreihundert wie bisher. Einen prachtvollen Katalog würde das abgeben! Kein Kunde würde mit einer so dürftigen Auswahl zufrieden sein!

Nein, sagte Papa Meilland ganz mutlos, die Aussichten sind schlecht. Es sah fast schon nach Bankrott aus. Und das hatte man davon, wenn man – ohne den Braten zu riechen – ein viel zu glänzendes Angebot annahm.

Aber Francis, noch immer von seiner Amerikareise begeistert, wehrte sich gegen so viel Pessimismus. Im Gegenteil, behauptete er, die Umstände seien außergewöhnlich günstig, die Gelegenheit einmalig, denn nur sie allein könnten dieses sensationelle Angebot machen: die besten Stöcke der dreißig beliebtesten Rosensorten. Und voller Begeisterung überredete er jetzt seinen pessimistischen, vorsichtigen Papa zu einem zweiten Vabanquespiel – einer Werbung amerikanischen Stils –, einer Praktik, die in jener Zeit den Rosengärtnern in Frankreich noch ganz unbekannt war.

Aber Papa Meilland hatte nicht nur einen Horror vor jeder Art von Glücksspiel, sondern dieses zweite Spiel sollte, sage und schreibe, siebenunddreißigtausend Franc kosten, und das war in der damaligen Zeit eine gewaltige Summe Geld. Für diese erschreckend hohe Summe sollten sie eine Anzahl herrlicher farbiger Plakate und, wie es Papa Meilland vorkam, viele Tonnen teurer Kataloge bekommen, in denen jede einzelne Rose dieser dreißig verschiedenen Sorten in schönen Farben abgebildet war. Begeistert, berauscht von dieser ganz neuen und farbenfrohen Werbung, sah Francis schon die Bestellungen für ihre Rosenmassen förmlich hereinströmen.

Francis' Pech war, daß er trotz seiner zwei Monate in Amerika nicht die geringste Erfahrung hatte, wie man eine wirkungsvolle schnelle Werbekampagne organisiert. Und Papa Meilland wußte es natürlich noch viel weniger, und ihr erster denkwürdiger Versuch, eine Werbung zu starten, lief im Schneckentempo an. Ja, wirklich, es gab eine zeitraubende Verzögerung nach der anderen. Die Drucker zum Beispiel hätten ganz gut eine Portion Dynamit brauchen können, damit sie und ihre Maschinen endlich auf Touren kamen, und schließlich – es war im Herbst 1937 – konnte Francis seine Sorge und Angst nicht mehr verbergen, denn alle ihre Konkurrenten hatten um diese Zeit bereits ihre guten und zuverlässigen schwarz-weißen Kataloge verschickt, ja, sie hatten sogar schon alle Bestellungen ausgeführt und ihren Verkauf beendet. Und »Meilland und Sohn« hatten noch keinen einzigen Katalog, kein einziges teures Plakat auch nur zu sehen bekommen, geschweige denn verschickt.

Die Zeit wurde immer knapper und knapper, und Papa Meilland verkündete zornig, nun hätten ganz gewiß alle schon die Rosen gekauft, die sie benötigten. Die Chance, ihren Rekordbestand noch abzusetzen, wurde täglich geringer. Und noch immer waren diese teuren farbigen Kataloge, diese kostspieligen Plakate nicht vom Drucker gekommen. Aufs höchste beunruhigt, stellte Papa Meilland Francis ein Ultimatum. Er gab ihm noch vierzehn Tage Zeit; wenn bis dahin nicht die vielen Tonnen Papier geliefert und versandt waren, könne er nie mehr seinem Sohn und dessen fabelhaften neuen amerikanischen Geschäftspraktiken vertrauen. Ja, sie konnten von Glück reden, donnerte Papa Meilland, wenn sie nicht selbst auch noch Bankrott machten und sich »auf Stroh betten« mußten.

Aber Dank sei dem Himmel! Ehe noch diese schicksalshaften vierzehn Tage verstrichen waren, wurde das örtliche Postamt unter einer Lawine von vielfarbigen Katalogen und Plakaten förmlich begraben. Und hinaus und fort gingen sie mit der Post, überallhin, nach Frankreich und ganz Europa, und Papa Meilland und Francis schickten ein Stoßgebet zum Himmel und harrten der Dinge, die da kommen sollten.

Der Erfolg war großartig, war ein Wunder. Dreiundzwanzig Tage später hatten sie auch nicht einen einzigen Rosenstock mehr übrig, ja, sie mußten sogar an eine ganze Anzahl interessierter Kunden Entschuldigungsbriefe hinausjagen. Die Katastrophe hatte sich in einen durchschlagenden Erfolg verwandelt.

Papa Meilland sagt, er sei sprachlos gewesen. Er hatte es für unwahrscheinlich gehalten, daß so spät noch jemand einen neuen Rosenstock bestellen und kaufen wollte. Aber dieser Werbefeldzug hatte bewiesen, daß er sich völlig geirrt hatte. Sie hatten einen ganz unvorhergesehenen Markt erreicht und entdeckt, nämlich Kunden, die begeistert einen so schönen farbigen Katalog durchblätterten, der sich auf ein Angebot von dreißig sorgfältig ausgewählten Sorten beschränkte.

Francis meinte nachdenklich, daß dies doch sehr bedeutsam sei, aber Papa Meilland dachte voller Dankbarkeit, daß ihm das Elend erspart geblieben war, alle diese schönen Rosenstöcke zu verbrennen, und daß sie nun die Rechnung des Druckers bezahlen konnten und jetzt weit davon entfernt waren, sich »auf Stroh zu betten«. Jetzt konnten sie über das ganze Gesicht strahlen, wenn sie ihrem Bankdirektor begegneten.

Aber dies bewegte doch Papa Meilland ganz eigenartig: Es war nicht das erstemal, daß ein Rosenkatalog eine so überraschende und dankbare Rolle in seinem Leben spielte, nein, es war nicht das erstemal.

Während dieser ganzen Zeit, bei Regen und bei Sonnenschein, in jeder freien Minute, hatte Francis weiter nach einer neuen lieblichen Rose gesucht. Acht Jahre waren vergangen seit jener ersten Kreuzung 1 – 29, acht lange Jahre, in denen er viele tausend winzig kleine Samen ausgesät, acht Jahre, in denen er sorgsam beobachtet und selektiert und, was am schwersten ist, Partie um Partie jener auserlesenen, aber immer sehr zarten jungen Rosen gepflegt hatte.

So können Sie sich vielleicht vorstellen, wie Francis zumute war, als ein Jahr nach dem anderen verging und er trotz seiner geduldigen, mühseligen Arbeit, noch immer keine einzige neue Rose vorweisen konnte. Das soll nun nicht heißen, er habe kein einziges Mal erlebt, daß aus einer seiner Kreuzungen eine liebliche neue Rose erblühte. Gewiß hatte er das erlebt, aber ganz gleich, wie schön auch eine Rose war, er war klug genug, sie nicht gleich nach einer ersten herrlichen Blüte auf den Markt zu bringen. Er mußte zuerst einmal prüfen, ob ihre Schönheit von Dauer war. Und zu diesem Zweck ließ er sie zuerst einmal zwei oder auch drei Jahre, ja, manchmal sogar noch länger, in einem Versuchsbeet im Garten wachsen und blühen.

Und alle Jahre wieder mußte Francis dieselbe bittere Erfahrung machen – auch die vielversprechendste, die reizendste seiner neuen Rosen zeigte bald irgendeine fatale Schwäche, irgendeinen bedenklichen Mangel. Eines Tages sagte dann auch Francis mißmutig zu Papa Meilland, daß nicht eine der neuen Rosen, für die er so schwer gearbeitet hatte, einer gewissen »weißen Drossel« ähnelte, einer wahren Virtuosin, die den englischen Dichter Robert Browning immer wieder in Entzücken versetzt hatte – in schönen Versen natürlich. Anders als diese »weiße Drossel«, konnten seine neuen Rosen »niemals wiederfinden jenes erste sorglos selige Empfinden«. Im Gegenteil, wenn sie mit ihrer »ersten sorglos seligen« Blüte Francis' Hoffnungen beflügelt hatten, dann gab es für ihre spätere Entwicklung nur ein Wort: einfach herzzerbrechend.

Aber er machte verbissen weiter, und endlich, endlich, im Jahre 1937, acht Jahre nach jener ersten Kreuzung, konnte Francis stolz seine erste neue Rose vorstellen, eine leuchtend gelbe Rose, tief gewölbt, gefüllt, mit schönem glänzendem Laub. Sie war sorgfältig geprüft wor-

den, nicht nur auf den eigenen Versuchsbeeten, sondern auch auf den Versuchsbeeten anderer interessierter Rosengärtner in Frankreich und in anderen europäischen Ländern. Etliche hatte er auch zum Testen an Mister Robert Pyle geschickt, der einem unbekannten und eifrigen jungen französischen Züchter so optimistisch vertraut und ihn auf seiner denkwürdigen Reise nach Amerika so herzlich aufgenommen hatte. Und alle Experten waren von dieser ersten neuen Rose hell begeistert.
Aber noch hatte sie keinen Namen, denn auch hier mußte man vorsichtig sein. Sie hatten treue, ihnen befreundete Kunden in anderen Ländern, und sie wußten, daß ein Name in der einen Sprache genau den richtigen Ton treffen konnte, in einer anderen aber nichts bedeutete. Oder schlimmer noch, er konnte sogar abstoßend wirken oder auch komisch.
Sage zum Beispiel zu jemandem, der Paris kennt und liebt, »Pigalle«, und – zehn zu eins – er wird bei diesem Namen nicht an »Jean-Baptiste Pigalle«, den Bildhauer aus dem 18. Jahrhundert, denken, der einige der erhabensten Monumente geschaffen hat, die man noch heute hier und dort in Paris sehen kann. Nein, für ihn beschwört das Wort »Pigalle« sofort jenen fröhlichen, belebten Platz in Paris herauf: »La Place Pigalle«, wo niemand gerne nachts zu Bett zu gehen scheint.
Für ihn also könnte »Pigalle« ein fröhlich beschwingter Name für eine fröhlich beschwingte Rose sein, aber für einen Engländer sind die ersten drei Buchstaben geradezu abschreckend: »Pig, Schwein! Ah, no!«
Ein anderer erinnerte sich an »Anitras Tanz« in »Peer Gynt« und meinte, »Anitra« sei genau der richtige Name für eine neue Rose, bis die italienischen Rosengärtner lachend protestierten: O nein, bloß nicht, dieser Name erinnerte zu sehr an »Anatra«, das italienische Wort für Ente.

Und wie Papa Meilland einmal sagte: So köstlich, so ausgezeichnet »Seine Durchlaucht das Schwein« oder eine knusprig gebratene Ente auch sein mögen, man würde sie doch wohl kaum jemals mit einer zarten, anmutigen Rose in Verbindung bringen. Ja, wenn man einen Namen für eine neue Rose sucht, zeigt sich, daß das alte französische Sprichwort recht hat: »Ein guter Name ist mehr wert als Gold«. Papa Meilland hat diesen Spruch sogar noch ergänzt, so daß er lautet: »Ein guter Name für eine Rose ist mehr wert als eine Goldmedaille«.
Nach vielem Hin und Her beschlossen sie, die Wahl des Namens für die neue Rose Mister Robert Pyle zu überlassen. Und Papa Meilland sagt, es habe ihnen glatt die Sprache verschlagen. Mister Pyle hatte jene neue goldgelbe französische Rose unter dem Gedröhn sämtlicher Werbetrommeln und unter dem Namen »Golden State« auf den amerikanischen Markt gebracht – einem Namen, der ihnen nicht einmal im Traum eingefallen wäre, und im Triumph wurde sie zum offiziellen Wahrzeichen der großen Internationalen Ausstellung von San Francisco gewählt.

Mit einem Wort, es war ein rauschender Erfolg. »Als Experiment, als eine erste neue Rose, ist sie ein Meisterwerk«, schrieb bewundernd ein amerikanischer Journalist. Übrigens erwähnte er nicht, daß das Experiment acht Jahre lang gedauert hatte. Aber was soll's? Auch Francis hatte das vollständig vergessen, als seine erste neue Rose bei drei der größten internationalen Wettbewerbe auf den ersten Platz kam. Aber noch lieber war es Papa Meillands patriotischem Herzen, ja, viel besser war es, daß sie im selben Jahr auch noch den vielbegehrten Titel erhielt: »La plus belle rose de France«, die schönste Rose von Frankreich.

Und dann, im gleichen Wirbelwindtempo, begannen die höchstwillkommenen amerikanischen Dollars nach Tassin zu rollen. Mister Pyle hatte natürlich sofort ein Patent für »Golden State« beantragt, und das bedeutete, daß Francis für jede Rose, die in den Vereinigten Staaten verkauft wurde, Prozente erhielt.

Und war nun Francis so gescheit und sparte seine amerikanischen Dollars? Nein, das tat er nicht. Zur allgemeinen Verblüffung gab er das Geld sofort wieder aus, und zwar um seinen ersten Traum zu verwirklichen – um ein Kühlhaus zu bauen, so eines, wie er es in Amerika immer bewundert hatte, in dem alle ihre Rosen selbst den kältesten Winter sicher überstehen würden. Es war das erste Kühlhaus, das diesseits des Atlantik gebaut wurde, und es kostete fast den ganzen willkommenen Dollarsegen. Bald war es fertig – ein Beweis für das Vertrauen in die Zukunft. Sie können mir glauben, es wurden wieder viel und häufig die Köpfe geschüttelt, und es wurde gemunkelt, daß der junge Francis Meilland, wenn er so weitermache, »il va mettre son père sur la paille!«, das war mal gewiß. All die vielen amerikanischen Dollars für immer in ein Kühlhaus zu stekken – für Rosen!

Auch Grandmère Jenny, die von früh bis spät auf den Beinen war, hatte starke Bedenken, daß all die vielen amerikanischen Dollars so mit vollen Händen ausgegeben wurden. Was hätte nur ihr armer Mann dazu gesagt? Als wenn sie es nicht wüßte ... Seine Haare hätten sich ihm auf dem Kopf gesträubt. »Man kann Rosen nicht essen«, hätte er gesagt, verfolgt von jenem grausam quälenden Hunger des lang vergangenen Französisch-Preußischen Krieges.

Recht hart und ungeduldig war sie oft mit ihrem armen Mann gewesen. Und jetzt war sie hier und äußerte ihre Bedenken, ohne daß sie gefragt worden wäre, über die Unvorsichtigkeit, soviel Geld für ein Kühlhaus – für Rosen – auszugeben.

Dann – und das geschah nicht zum erstenmal – erklärte Grandmère Jenny dem Himmel, es sei nun höchste Zeit, ihr Enkel müsse sich endlich nach einer Frau umschauen, und es sei die allereigenste himmlische Aufgabe, das richtige Mädchen für *dieses* Haus zu finden. Es müsse Rosen ebenso lieben wie seinen Mann. Sonst, gab Grandmère Jenny dem Himmel zu bedenken, konnte es kein beständiges Glück, keine wahre Harmonie für die beiden geben. In *diesem* Haus könne eine junge Frau auf Rosen wirklich eifersüchtig werden – ja, auf Rosen!

Grandmère Jenny gestand dem Himmel, sie wisse, daß sie eine bissige alte Frau sei und immer alle herumkommandiere. Aber einer müsse doch dafür sorgen, daß die beiden Männer etwas Ordentliches in den Magen bekämen und saubere Hemden hätten und daß ihre Socken gestopft würden. Und sie hätte so furchtbar gern eine nette Frau für Francis, eine, die Rosen liebte und auch eine gute, liebevolle Schwiegertochter für Papa Meilland war und der sie, Grandmère Jenny, wenn ihre Zeit gekommen war, diese beiden Männer in Frieden anvertrauen könne. Amen, Amen.

Aber niemand, weder Grandmère Jenny noch Papa Meilland, und natürlich auch nicht Francis selber, hatten eine Ahnung, was der Himmel in diesem goldenen Jahr 1937 noch alles für sie bereithielt.

Francis sah blaß und müde aus. Er arbeitete immer bis spät in die Nacht hinein, und dazu hatte er auch noch die schwere besondere Verantwortung für den Bau des teuren Kühlhauses. So überredeten ihn Papa Meilland und Grandmère Jenny, ein paar Tage Urlaub zu machen und sich ein wenig Ruhe zu gönnen – unten auf dem Cap d'Antibes.

Seit jener ersten freundlichen Begegnung vor fünf Jahren waren sie immer mit der Familie Paolino in Verbindung geblieben. Francis hatte ihnen natürlich Briefe und Ansichtskarten aus Amerika geschickt, und in ihrer Antwort hatten die Paolinos jedesmal das Postskriptum angefügt: »Aber wann werden Sie endlich Zeit finden, hierherzukommen und uns wieder zu besuchen? Die Tür steht weit offen.«

Louisette war fünfzehn gewesen, als Francis jene denkwürdige Reise nach Amerika machte, und sie hatte alle seine Briefe und Karten aufgehoben und gesagt, daß man ja nie wissen könne, ob man die nicht vielleicht eines Tages für eine geographische Hausaufgabe brauchen könnte. Sie hatte sogar den Atlas hervorgeholt und darin herumstudiert – etwas, was sie vorher noch nie aus freien Stücken getan hatte –, um Francis Meilland auf seiner Reise zu folgen, wie er in seinem alten Auto dahinsurrte und fünfzehntausend Meilen weit durch Amerika und Mexiko reiste.

Für sich dachte sie auch, daß Francis alles wunderbar beschreiben konnte. Ja, sie fand, Fabre, der große französische Naturalist, hätte es nicht besser gekonnt als Francis Meilland, wenn er beschrieb, wie er in einem herrlichen riesengroßen Park in der Stadt Washington auf eine Bank gesunken war, ganz müde von der Besichtigung der gewaltigen Bauten, die weiß waren wie verwehter Schnee. Und sogleich kamen von den Bäumen um ihn her blaue Drosseln geflogen, ja, blaue, und ganze Scharen frecher Spatzen und große, sehr aufdringliche Rotkehlchen, zweimal so groß und dreist und rot wie die Rotkehlchen in Europa.

Zuerst hüpften sie – so schrieb Francis – höflich um ihn herum, als wollten sie sagen: »So ist's recht, Mister. Setzen Sie sich nur hin und ruhen Sie sich aus. Jetzt kehren Sie mal die Taschen um. Sie haben doch sicherlich uns hungrigen Vögeln was zum Picken mitgebracht.«

Und schubsend und schilpend drängten sie sich um seine Füße. Der eine gab seinen Hosen einen aufmunternden

Schlag mit den Flügeln, der andere einen ungeduldigen Hieb mit dem Schnabel, und lauter und lauter wurde der Lärm, als wollten sie einander überschreien und Francis zurufen: »Los, Mister, machen Sie schon! Ein Vogel hat nicht soviel Zeit! Brot genügt, wenn Sie keinen Kuchen haben.«

Dann kam quer über den grünen Rasen ein graues Eichhörnchen getanzt, boxte sich einen Weg durch die empört schilpenden Vögel, sprang auf die Bank und von da direkt auf Francis' Knie.

Nun ging es los. Hinauf auf die Bank flogen nun auch die Spatzen, die blauen Drosseln und die Rotkehlchen, und wütend protestierten sie gegen diesen Gangster, gegen diesen Eindringling, bis plötzlich, der Himmel allein weiß woher, ein zweites graues Eichhörnchen erschien, die Situation mit einem Blick erfaßte und, hopp, auch hinaufsprang, auf Francis' anderes Knie.

Jetzt gingen die Spatzen, die blauen Drosseln und die Rotkehlchen zu einem Massenangriff über. Wenn jemand auf den Knien dieses Boys sitzen dürfte, dann hatten *sie* das Vergnügen, sie, seine »gefiederten Freunde«. Sie hatten ihn zuerst gesehen.

Plötzlich, wie von einem schrecklichen Unheil bedroht, sprangen die beiden Eichhörnchen davon, kreischend, als wollten sie sagen: »Verduftet! Verduftet! Gefahr! Gefahr!«

Sie machten solch einen Spektakel, daß sogar die großen aufdringlichen Rotkehlchen erschraken, und auf und davon flogen Francis' »gefiederte Freunde«.

Dann kamen die beiden Eichhörnchen wieder angetanzt, sprangen gleich auf Francis' Knie und warteten auf Beifall und auf ein paar Kekse, die er glücklicherweise in der Tasche hatte.

Louisette hatte auch Freude gehabt an den Schilderungen von dem Tag, an dem Francis sich von der amerikanischen Rosenkultur beurlaubt und die Niagara-Fälle besucht hatte. Auch von diesem großartigen Schauspiel waren ein paar Ansichtskarten gekommen, mit interessanten Angaben auf der Rückseite, etwa: »Jede Minute stürzen 500 000 Kubikmeter Wasser aus einer Höhe von fünfzig Metern.«

Als ob ein Mädchen solch unpoetische Dinge wissen wollte! Ebenso amüsierte und ärgerte Louisette sich – wie einem das so geht mit nüchternen Erwachsenen –, als er schrieb, wie eindrucksvoll es sei, wenn mächtige Scheinwerfer auf der kanadischen Seite der Fälle diesen gigantischen Wasserfall nachts in eine blendendweiße Lichterflut tauchten. Wie er aber zusammengezuckt sei und dann aus vollem Hals gelacht habe, als die Fälle plötzlich in einem grellen »Waschfrauenblau« und darauf in einem unmöglichen »Pfefferminzlikörgrün« erschienen.

Aber die fünfzehnjährige Louisette war anderer Meinung: Diese Fälle mußten ja himmlisch ausgesehen haben, bezaubernd schön, wenn sie die Farben wechselten, wenn fünfhunderttausend Kubikmeter schäumenden Wassers fünfzig Meter hinunterstürzten. So hätte *sie* dieses Verwandlungsspiel angesehen. Aber natürlich konnte man von einem Mann in Francis' Alter nicht erwarten, daß er solche Wunder zu würdigen verstand.

Zwei Jahre waren vergangen, seitdem diese Karten und Briefe aus Amerika in Antibes angekommen waren, und Louisette war nun nicht mehr so sicher, daß sie es wirklich so zauberhaft schön finden würde, wenn sie die Niagara-Fälle plötzlich in »Waschfrauenblau« und dann in »Pfefferminzlikörgrün« erblickte. Aber sie freute sich natürlich, daß Francis Meilland sie wieder besuchen wollte. Sie wollte gern mehr über Amerika und das romantische Mexiko hören.

Francis soll sprachlos gewesen sein, völlig aus der Fassung, als er Louisette wiedersah. Er hatte zwar erwartet, wie man das so tut, daß sie ein wenig größer geworden sei, aber immer noch ein Kind. Aber ein Kind war sie nicht mehr. Sie war ein ganz entzückendes Mädchen von siebzehn Jahren, erwachsen und schön, sehr schön.
Auch Louisette war, ganz im geheimen, sehr überrascht. Wie? Francis Meilland war ja gar nicht so alt, sondern ein sehr liebenswürdiger und ansehnlicher junger Mann und noch keine fünfundzwanzig Jahre alt! Ja, er war noch sehr jung und sah sehr gut aus. Und er war so witzig und unterhaltsam.
Sie können sich das übrige selbst zusammenreimen. Francis Meilland verliebte sich Hals über Kopf in Louisette Paolino, und sie in ihn.
Und um sie herum blühten die Rosen, Tausende von Rosen, so wie es sich natürlich für ein junges Liebespaar gehörte, und ganz besonders für die Tochter von Francesco Paolino und den Sohn von Antoine Meilland.

3 – 35 – 40

Am 14. Januar 1939 heiratete Louisette Paolino Francis Meilland in der Chapelle Saint Benoit auf dem Cap d'Antibes.
Ihre Maman fand natürlich, daß Louisette eine wunderschöne Braut war in dem hübschen Kleid aus weißer Seide, mit dem langen Brautschleier und dem entzückenden Bukett aus weißen Rosen – wie hätte es auch anders sein können, und alle von ihrem Papa eigens für sie geschnitten. Und als die kleine Maman der Braut alle die schöngekleideten und freundlich lächelnden Gäste sah, da wünschte sie, daß Papa Korporal und Mamma

Paolino diese Hochzeit noch miterlebt hätten. Wie stolz wären sie gewesen, alle ihre Söhne und Töchter um sich versammelt zu sehen, alle mit ihren Frauen, Männern und Kindern, und etliche nun auch schon mit Enkeln, alle versammelt zu Louisettes Hochzeitstag, über fünfzig Paolinos von Geburt oder durch Heirat.

Natürlich waren außer den Paolinos auch noch andere Hochzeitsgäste geladen, aber bei der sprichwörtlichen Paolino-Gastfreundschaft war niemand auf den Gedanken gekommen, die Häupter zu zählen. Fest steht, daß sich nach der schönen und sehr ergreifenden Trauung mehr als hundert Gäste das ausgezeichnete Hochzeitsessen schmecken ließen; und mit den vielen Paolinos, die ja alle begabte und lustige Unterhalter sind, verlief alles sehr harmonisch – »fröhlich wie die Hochzeitsglocken«, wie die Engländer so treffend sagen.

Grandmère Jenny war sehr zufrieden, daß ihr Enkel endlich ein Mädchen gefunden hatte, das er heiraten wollte. Ja, wenn man Francis' Worten Glauben schenken darf, war Louisette das einzige Mädchen überhaupt, das er je bitten würde, seine Frau zu werden und sein Leben mit ihm zu teilen. Und nach dem Foto der Braut zu urteilen und nach allem, was Grandmère Jenny über sie gehört hatte, schien sie wirklich zu Francis zu passen, und sehr hübsch war sie auch.

Aber Grandmère Jenny war nicht mit auf der Hochzeit. Noch nie hatte man sie dazu überreden können, weit von zu Hause wegzufahren, und sie hatte rundweg erklärt, daß jemand – und das war natürlich sie selber – in Tassin bleiben müsse, um auf alles ein Auge zu haben und auch dafür zu sorgen, daß das Haus gut gelüftet und warm und tipptopp in Ordnung war, wenn Francis' Braut in ihr neues Heim kam.

Und so, wie sie nun einmal war, wollte Grandmère Jenny natürlich nicht eingestehen, und schon gar nicht sich selber, daß die Reise hinunter zum Cap d'Antibes für jemanden, der so alt war wie sie, doch ein wenig zuviel sei, und noch dazu mitten im Januar, und dann die Tränen und der Trubel auf einer Hochzeit! Niemand wagte es jemals, auf Grandmère Jennys Alter anzuspielen, und noch viel weniger, auch nur leise anzudeuten, daß ihr vielleicht irgend etwas zuviel sein könnte. Jedenfalls tat man das nicht zweimal, und ganz bestimmt nicht, wenn Grandmère Jenny es hören konnte.

Am Hochzeitstag ihres Enkels, während sie so herumwerkelte, das Haus putzte, bis es glänzte wie eine Nähnadel, und die Hühner und Kaninchen fütterte, wanderten ihre Gedanken zurück zu anderen Hochzeitsfeiern, besonders zu den Hochzeiten ihrer eigenen vier Kinder: Antoine, Galmier, Clothilde und Marie. Und mit mütterlichem Stolz erinnerte sie sich, wie gut sie alle ausgesehen hatten und wie sie ihnen allen zur Hochzeit ein Goldstück geschenkt hatte. Es gab damals noch nicht die zerknitterten, schmutzigen Bündel von Papierscheinen wie heute, dachte Grandmère Jenny, sondern man hatte reelle gute Gold-, Silber- und Kupfermünzen, denen man ansah, was sie wert waren, und die auch etwas wogen. Wie alt kam man sich jetzt vor, wenn man sich erinnerte, daß diese schönen Goldstücke nach zwei Königen benannt worden waren. Entweder waren es »Louis« nach König Louis-Philippe I., dem »Roi-Citoyen«, dem Bürgerkönig, wie sie ihn genannt hatten, weil seine Interessen so bürgerlich und schlicht gewesen waren, oder es waren »Napoléons« nach Napoleon III. Grandmère Jenny hatte jedoch die denkbar schlechteste Meinung von Napoleon III. und seinem unglückseligen Französisch-Preußischen Krieg, in dem ihr armer Mann beinahe an Hunger gestorben wäre, und so waren für sie alle Goldstücke nur Louis, und sie hatte unermüdlich gespart und gespart, bis sie genug hatte, um jedem ihrer vier

Kinder an seinem Hochzeitstag einen Goldlouis, der seine zwanzig Franc wert war, schenken zu können. Und zwanzig Franc waren eine beachtliche Summe Geld in jenen Tagen.

Es tat Grandmère Jenny immer gut, sich an diese vier goldenen Louis zu erinnern, aber noch besser war es, wenn sie an die vier Certificats d'Études dachte. Man hatte doch das Gefühl, daß man etwas im Leben geleistet hatte, wenn man sich an all das erinnerte.

Grandmère Jenny fragte sich dann zum soundsovielten Male, wie sich dies hübsche junge Mädchen wohl als Ehefrau machen würde. Louisette war ein Einzelkind und sicher von ihren Eltern sehr verwöhnt. Aber, Herr im Himmel, hatte Grandmère Jenny damals nicht ganz genauso gedacht, vor dreißig Jahren, als Antoine zum erstenmal Claudia zu ihr nach Chamboeuf gebracht hatte? Auch Claudia war ein Einzelkind gewesen, und was für eine Prachtfrau und -mutter war sie geworden und Grandmère Jenny ebenso ans Herz gewachsen wie ihre eigenen vier Kinder. Claudia war eine richtige Tochter gewesen, wahrhaftig, nie eine Schwiegertochter.

Als Grandmère Jenny an Antoines Frau dachte, füllten sich ihre Augen mit Tränen. Claudia hatte so schwer gearbeitet, sie war so klug gewesen, so voll Freude, so voll Vertrauen und Begeisterung, das Leben und die Seele ihres Hauses. Und sie hatte den Triumph der ersten neuen Rose ihres Sohnes nicht mehr erlebt. Und auch jetzt war sie nicht an Antoines Seite, um mitzuerleben, wie ihr Sohn Francis die hübsche kleine Louisette Paolino heiratete. Das war auch für Louisette sehr traurig. Claudia wäre die beste, die gütigste Schwiegermutter gewesen.

Ach ja, das arme Kind würde mit ihr, Grandmère Jenny, vorliebnehmen müssen, mit einer »Schwiegergroßmutter«, einer ungeduldigen alten Frau, die unverblümt ihre

Meinung sagte, die niemals stillsaß und von den anderen das gleiche erwartete. O ja, Grandmère Jenny kannte ihre eigenen Fehler, wenn sie es auch für überflüssig hielt, sie einzugestehen, außer gelegentlich dem Himmel, natürlich.

Dann gelobte Grandmère Jenny sich selbst und dem Himmel feierlich, sie wolle nie vergessen, daß Louisette so jung war, und vor allem wolle sie nie, nie, unter keinen Umständen Louisette mit Claudia vergleichen – wenigstens nicht vor anderen. Claudia wäre das nicht recht gewesen. Sie hätte gewollt, daß ihre junge Schwiegertochter sie liebte. Und da sei Gott vor, daß Grandmère Jenny ihr freundliches, liebendes Andenken trübte und vielleicht die kleine Louisette verbitterte, indem sie ihr immer und ewig Claudia als ein Beispiel hinstellte, als ein Vorbild – und mochte Grandmère Jenny in den kommenden Wochen noch so sehr versucht sein, das zu tun.

Einerlei, wie es auch kommen mochte, Grandmère Jenny hoffte zu Gott, daß sie nicht allzuoft in Versuchung geführt würde und daß die Zunge ihr nicht durchgehen würde, allen guten Vorsätzen zum Trotz.

Sie hoffte ebenso zu Gott, daß Louisette nicht so war wie diese modernen leichtfertigen jungen Weiber, die sich die Gesichter mit Creme und Puder vollschmierten und auch noch die Lippen unnatürlich knallrot schminkten. Grandmère Jenny hielt gar nichts von diesem zweifelhaften, trügerischen »Make-up«. Gottlos war es und ungesund, das war ihre Meinung, und eine sündhafte Zeit- und Geldverschwendung obendrein. Wasser und Seife, mehr brauchte ein Mädchen gar nicht, um frisch und appetitlich auszusehen.

Dann schaute Grandmère Jenny auf ihren alten eisernen Haken und beschloß, doch lieber ihre schöne künstliche Hand anzulegen, wenn Francis seine junge Braut heimbrachte. Grandmère Jenny selber hatte ja nie eingesehen, warum ihre Kinder soviel Geld für diese Hand ausgeben wollten, aber sie hatten darauf bestanden und ihr eine wie natürlich aussehende künstliche Hand anpassen lassen. Sie wollte nicht undankbar sein, und so trug sie sie auch pflichtschuldigst jeden Sonntag zum Hochamt und an allen Feier- und Festtagen, aber sie bedeckte sie immer mit einem schützenden schwarzen Handschuh. Man durfte nichts riskieren mit so einer kostbaren künstlichen Hand. Sie konnte damit nicht einfach und unbedenklich einen kleinen Schubs geben oder einen tüchtigen Hieb versetzen wie mit ihrem starken alten eisernen Haken. Darum war auch Grandmère Jenny immer ganz besonders vorsichtig und fühlte sich niemals richtig wohl, wenn sie diese großartige künstliche Hand trug, und immer sehr dankbar, wenn sie sie wieder ablegen konnte. Erst wenn der praktische alte Haken wieder an seinem Platz war und sie eine Schürze umgebunden hatte, fühlte sich Grandmère Jenny richtig wohl und zu Hause und gerüstet zu neuen Taten.

Aber sie würde natürlich die Hand anlegen, um Louisette zu begrüßen. Später würde sich das Kind schon daran gewöhnen, sie mit diesem alten eisernen Haken zu sehen, ja, schließlich würde Louisette ihn gar nicht mehr bemerken, wie alle anderen auch.

Grandmère Jenny schaute auf die Uhr und stellte fest, daß das Hochzeitsessen nun schon bald vorüber sein mußte. Sicher hielt jetzt gerade jemand eine Rede und brachte sie alle zum Lachen, hoffte Grandmère Jenny. So, wie es im Leben bestellt war, mußte man schon genug Tränen vergießen. Aber eine Braut und ein Bräutigam sollten an ihrem Hochzeitstag nur glückliche Gesichter um sich sehen. Ja, sie hoffte, jemand war aufgestanden und hatte den guten Einfall, sie alle zum Lachen zu bringen.

Und seltsamerweise war *tatsächlich* gerade jemand aufgestanden, und es gab auch keinen Zweifel, daß alle vor Lachen brüllten. Es war der Vater der Braut, und er bemerkte, daß er, mit Verlaub, hier nur schnöden Undank ernte. Viele, viele Jahre lang war er einer der besten, der treuesten Kunden von Papa Meilland gewesen und hatte seine Rechnungen immer blank und bar bezahlt. Und wie zahlte Papa Meilland ihm das zurück? Kommt doch von Lyon herunter sein Sohn, dieser Räuber – da sitzt er jetzt und lacht mit allen seinen weißen Zähnen –, und schleppt seine einzige Tochter fort.
Die Mutter der Braut stimmte natürlich pflichtschuldigst mit ein in das Gelächter, aber sie fuhr sich dabei geschwind einmal über die Augen, denn sie mußte wieder daran denken, daß so viele Kilometer zwischen dem Cap d'Antibes und Tassin bei Lyon liegen. Viel zu viele, wenn die einzige Tochter fortgeht, und noch mehr, wenn einmal die Großkinder kamen. Und dann schaute sie wieder auf Louisette und Francis, und das Herz ging ihr über. Sie waren beide so zärtlich, so sehr verliebt.
Aber dann stellte sie wieder fest, wie schon oft, daß ihre Tochter doch die einzig richtige Frau für den glücklichen Francis war. Ja, es stimmte, auch wenn es Louisettes eigene Maman war, die so dachte.
Und es zeigte sich, daß die Brautmutter völlig recht hatte, übrigens dachte ja der Vater des Bräutigams genau dasselbe. Ja, da saß Papa Meilland, erfüllt von einer großen Dankbarkeit, und pries den Himmel, daß sein Sohn eine solche Frau gefunden hatte. Und als er wieder aufhorchte, da war schon wieder jemand aufgestanden und brachte einen neuen Toast aus und erklärte ganz poetisch, daß die entzückende junge Braut von einer Rosenwelt in die andere schreite . . .
Das war auch wortwörtlich so – ein häufiges Ereignis in dieser Familiengeschichte –, denn das Paar sollte –

nach einem Abschied unter fröhlichem Winken – seine vierzehntägigen Flitterwochen in einer idyllischen Villa inmitten noch immer blühender Rosenfelder in Marokko verleben. Sie waren von einem liebenswürdigen und gastfreundlichen Rosengärtner herzlich eingeladen worden.

Grandmère Jenny wäre nicht wenig verwundert gewesen, wenn sie gewußt hätte, daß auch Louisette sich selber und dem Himmel ein feierliches Versprechen gab. Das war vierzehn Tage später, als Louisette mit Francis im Zug saß, der sie heim nach Tassin brachte. Sie nahm sich fest vor, niemals zu vergessen, wie sehr alt Grandmère Jenny schon war, und daß sie, wenn sie auch noch so streng dreinschaute und daherredete, ein Herz von Gold hatte und ihr Leben für die Familie geben würde. Louisette wollte also immer besonders nett zu Grandmère Jenny sein, und sehr verständnisvoll, auch wenn in den kommenden Tagen ihre Geduld auf eine sehr harte Probe gestellt werden sollte.
Aber Louisette hoffte von ganzem Herzen, daß sie doch nicht allzuhäufig auf die Probe gestellt werden würde. Sie brauchte ja nur daran zu denken, wie gut Francis' Mutter Claudia mit Grandmère Jenny ausgekommen war. Und Louisette hatte sich heimlich vorgenommen, genauso zu sein wie ihre unbekannte Schwiegermutter. Es mußte ja ein Mädchen tief beeindrucken, mit welchem Ausdruck in den Augen und in der Stimme man von Claudia sprach, nicht nur Francis und Papa Meilland, sondern auch alle anderen, die sie gekannt hatten, alle. Also gab Louisette sich selber und dem Himmel das feierliche Versprechen, ganz besonders lieb zu Grandmère Jenny zu sein, ganz besonders nachsichtig, und sie nie, nie mit Francis' Mutter zu vergleichen, jedenfalls nicht vor den anderen. O ja, Louisette wollte eine geradezu musterhafte »Schwiegergroßtochter« sein.

Allerdings benutzte auch Louisette wie alle jungen Mädchen ein Make-up und frischte es noch schnell ein wenig auf, bevor sie in Tassin ankamen. Aber sie war Francesco Paolinos Tochter, sie hatte sein Fingerspitzengefühl, seinen Farbensinn geerbt. Und Grandmère Jenny schaute sie mit ängstlich forschendem Blick an und begrüßte und küßte sie dann warm und herzlich. Und niemals schien sie später zu bemerken, daß Louisette ein wenig mehr als nur Seife und Wasser verwendete.

Papa Meilland sagt, daß besonders dies Grandmère Jennys altes Herz bezwang: Louisette bewies bald, daß sie den Mut der Paolinos geerbt hatte, von dem ihrer kleinen Maman gar nicht zu reden. Louisette liebte ihren Mann, und von Anfang an zeigte es sich, daß sie auch für seine Arbeit die richtige Partnerin war. Natürlich hatte sie die Rosen immer schon geliebt, aber nun sagte sie: »Zeig mir, wie man es macht!«, und bald arbeitete sie an Francis' Seite so begeistert und hingebungsvoll wie Francis selbst.

Papa Meilland sagt, das habe ihn nicht gewundert, Louisette war ja schließlich Francesco Paolinos Tochter. Eins aber rührte ihn über alles: Louisette lernte Schreibmaschine schreiben, und bald erledigte sie mutig die immer umfangreicher werdende Korrespondenz, genau wie Claudia, Papa Meillands Frau, es einst getan hatte.

Aber die Wahrheit darf nicht verschwiegen werden: Ganz gewiß war das Leben doch nicht eitel Sonnenschein für Louisette. Ein Mädchen mag ihren Mann innig lieben, sie mag willig an seiner Seite mitarbeiten und ihm, wenn nötig, bis ans Ende der Welt folgen, aber sie wird dabei doch immer ihren lustigen kleinen Papa und ihre Maman vermissen. Und dann vermißte Louisette auch den heiteren Sonnenschein, das warme blaue Meer und den Himmel von Cap d'Antibes. Dort oben in Tassin bei Lyon war der Himmel oft so grau und düster. Manchmal,

im Winter, gab es sogar Nebel. Freilich, diese Nebel waren nicht mit der »Erbsensuppe« zu vergleichen, durch die man sich in London frierend und vorsichtig tastend seinen Weg suchen mußte – wie es Charles Dickens im ersten Kapitel eines berühmten Romans beschrieben hat, eines Romans, der in Frankreich als »Pflichtlektüre« für die Prüfung gilt und durch den Louisette und ihre ganze Klasse ängstlich hindurchgestolpert waren. Charles Dickens hätte wahrscheinlich diese gelegentlichen Nebel in Tassin bei Lyon mit einem »Pah« abgetan, aber für ein Mädchen vom Cap d'Antibes an der sonnigen Côte d'Azur ist jeder Nebel ein dicker Nebel.
Francis verstand sie natürlich sehr gut und fühlte mit ihr. Ja, auch er dachte oft an das Cap d'Antibes, nickte und sagte, ja, es wäre wundervoll, wenn sie eines glücklichen Tages alle dorthin ziehen könnten. Aber um ganz aufrichtig zu sein, Francis dachte nicht nur an Louisettes Glück und das ihres Papas und ihrer Maman, er dachte auch an die neuen Rosen, die er züchten wollte, von denen er immerfort träumte und für die er tagein, tagaus arbeitete. Dort unten würden die empfindlichen Rosensämlinge viel besser gedeihen, viel schneller wachsen und viel früher Resultate zeigen. Und das würde die ganze Arbeit sehr beschleunigen.
Aber man mußte nun einmal realistisch denken. Die Zeiten hatten sich geändert. Das Land auf dem Kap war nicht mehr für »einen Sou der Quadratmeter« zu haben wie zu Mamma Paolinos Lebzeiten. Das Kap war nun wirklich »entdeckt« worden – von reichen Leuten, Sonnengenießern, die sich dort schöne Villen bauten. Ja, man erbleichte, wenn man bloß daran dachte, wieviel Geld es jetzt kosten würde, genug Land für eine Rosengärtnerei zu kaufen, gar nicht davon zu reden, was für riesige Kosten und was für ein Risiko mit solch einer Veränderung verbunden waren.

Aber, wie schon Papa Meilland mehrfach bewiesen hat, es ist immer sehr heilsam, hin und wieder den Rat jener frischen, flotten englischen Hymne zu befolgen und die Gottesgaben zu zählen, »zu zählen eine nach der anderen«. Und als Francis und Louisette ihre Gottesgaben zusammenzählten, mußten sie erkennen, daß sie für ein jungverheiratetes Paar für vielerlei Gottesgaben zu danken hatten.

»Meilland und Sohn« hatten sich einen sehr guten Namen geschaffen und gewannen immer neue Kunden, überall in ganz Europa ebenso wie in Frankreich.

Auch der Name »Francis Meilland« begann in der Welt der Rosenzüchter immer mehr Geltung zu gewinnen. Die großen Rosengärtner, die der Erfolg und die Vollkommenheit von Francis' erster neuer Rose »Golden State« sehr beeindruckt hatte, zeigten ein wirklich ermutigendes Interesse für jede neue Rose, die Francis noch züchten würde.

Aber vor allem, weit, weit vor allem anderen: Francis und Louisette liebten sich und waren überaus glücklich miteinander.

Was nun einen Umzug zum Cap d'Antibes betraf, nun, das war nur ein Traum, ein wunderschöner, aber unerfüllbarer Traum. Man kann eben im Leben nicht alles haben.

Papa Meilland sagt, wenn man das nächste Kapitel ihrer Familiengeschichte verstehen will, muß man ins Jahr 1935 »zurückblenden«, als er wieder einmal Francis dabei half, fünfzig der vielversprechendsten jungen Sämlinge aus der großen Nachkommenschaft einer Kreuzung auszuwählen.

Wie immer, war auch diese neue Familie von Rosensämlingen riesig groß. Es waren mindestens achthundert. Und man darf Papa Meilland wohl glauben, daß es kein einfaches, leichtes Geschäft war, diese Heerscharen zu inspizieren und sich dann für fünfzig zu entscheiden. Gewiß, es war angenehm zu hören, daß Francis erklärte: »Oh, Papa macht niemals einen Fehler.« Aber Papa selber hätte dafür doch nicht die Hand ins Feuer gelegt. Nein, wirklich nicht. Nicht, wenn er vor achthundert Sämlingen stand, von denen auch nicht einer wie der andere aussah.

Es wäre also treffender zu sagen, daß sie gemeinsam die fünfzig auswählten und dann behutsam in eines ihrer Versuchsbeete pflanzten, jeden einzelnen Sämling mit einem Etikett am dünnen Stiel. Francis hatte jetzt bereits Dutzende von Notizbüchern in der linken Schublade seines Schreibtisches, und man brauchte nur die Zahlen auf dem kleinen Etikett eines jeden neuen Rosensämlings abzulesen und dann das richtige Notizbuch hervorzuholen, und schon hatte man den ganzen sorgsam geführten Bericht über Eltern, Großeltern und Urgroßeltern, zusammen mit dem Datum und der Art der Kreuzung, kurz, den ganzen Stammbaum eines jeden neuen kleinen Rosensämlings.

Inzwischen hatten sie natürlich schon mehrere Versuchsbeete im Garten, und Francis und Papa Meilland kontrollierten sie regelmäßig und sehr genau. Aber auch nicht einer der fünfzig neuen Rosensämlinge auf jenen Beeten sah irgendwie bemerkenswert aus. Und der winzig kleine in der hintersten Ecke mit dem Etikett 3 - 35 - 40 sah gewiß nicht bemerkenswerter aus als die neunundvierzig anderen. Ja, er war eigentlich nur noch so mit »hereingerutscht«; es könnte vielleicht etwas aus ihm werden, das war aber auch alles. Und im folgenden Jahr wurde der kleine 3 – 35 – 40 zusammen mit dieser ganz unauffälligen Familie neuer Rosen okuliert.

Vier Jahre später freuten sich Francis und Papa Meilland und waren mächtig stolz auf die neuen Rosen, die jetzt gerade in ihren Versuchsbeeten aufzublühen begannen. Das Glück wollte es, daß im Juni desselben Jahres ein paar wichtige nationale und internationale Rosengärtnerkonferenzen in Frankreich abgehalten wurden. Francis überredete Papa Meilland, einige ihrer besten Kunden einzuladen, einen Tag bei ihnen in Tassin zu verbringen, so daß sie, wie Francis später schrieb, »unsere Hoffnungen mit uns teilen und wir ihnen zeigen könnten. was wir noch zu erreichen suchten«.

Auch Louisette fand, daß es eine ausgezeichnete Idee sei. Die neuen Rosen waren dieses Jahr wirklich besonders schön. Aber Louisette war erst neunzehn Jahre alt, erst sechs kurze Monate verheiratet, und sie sollte für all diese wichtigen Kunden, Franzosen und Ausländer, die Gastgeberin spielen und ihnen ein ausgezeichnetes Essen vorsetzen, ein Essen, das ihnen allen schmecken sollte. »Ach, das überlasse ich alles dir«, hatte Francis getrost und ganz unbekümmert gesagt, als sei Louisette eine glänzende Köchin und hätte schon viele Jahre lang mit Erfolg wichtige Leute bewirtet.

Aber, sagt Papa Meilland, das zeigt Ihnen wieder einmal, daß sie einen echten Paolino-Kopf auf den jungen Schultern trägt. Klugerweise beschloß sie, ein Menü zusammenzustellen, das den meisten Männern schmecken würde, gleichgültig, aus welchem Lande sie kamen, ein gutes einfaches Essen, aber alles nur mit den besten Zutaten und sehr gut gekocht. So saß sie viele Stunden mit Grandmère Jenny zusammen, die ja, wie Sie sich vielleicht erinnern werden, einmal Köchin in einem vornehmen Hause gewesen war, und redete über das Essen. Und noch mehr Stunden verbrachte sie über dem klassischen Führer durch die gute französische Küche »La Véritable Cuisine de Famille, par Tante Marie«.

Und was Tante Marie Louisette nicht sagen konnte, das wußte Grandmère Jenny und sagte es gern. Papa Meilland berichtet, daß seine kleine Schwiegertochter schon bald das Menü fix und fertig geplant hatte und sich daran machte, es mit soviel Umsicht und Geschick vorzubereiten wie der höchste Küchenchef, der für Monsieur den Präsidenten der Republik Frankreich ein Bankett auszurichten hat.

Von dem Augenblick an, als die Gäste in Tassin eintrafen, war jener Tag im Juni ein wunderbarer Erfolg. Sie kamen aus vielen Ländern, sie sprachen in vielen Sprachen, aber blühende Rosen sind wie Musik, sie brauchen keine Dolmetscher, sie kennen keine Schranken, die Rasse und Sprache aufrichten. Und jede neue Rose in den Versuchsbeeten wurde genau geprüft und aufrichtig bewundert.

Aber Königin von allen war eine stolze Rose mit den hübschesten Knospen, die sich in der warmen Junisonne langsam zu einer herrlichen üppigen Blüte öffneten, vom Elfenbein zum blassen Gold schattierend und von einem zarten Rosa gesäumt. Und diese klaren zärtlichen Farben schienen sich von Stunde zu Stunde, von Blume zu Blume zu wandeln, es war eine Lust, sie zu betrachten. Aber noch nicht genug der Pracht: Die Stiele waren kräftig und lang, die hübschen dunkelgrünen Blätter hatten eine ganz besondere Frische, einen ganz eigenen Glanz. Und ein Etikett am Stiel sagte: 3 - 35 - 40.

Ja, es war 3 - 35 - 40, nun nicht mehr winzig klein, die das Spiel gewann und die Herzen aller Rosengärtner. Und alle diese erfahrenen Männer konnten sich an dieser frischen bezaubernden Pracht der 3 - 35 - 40 nicht satt sehen, konnten sie nicht genug bewundern und wünschten sich – in einem halben Dutzend verschiedener Sprachen –, sie zu Hause auszuprobieren, sobald genug veredelte Rosen zu haben waren.

Aber es war nicht allein der Triumph der 3 - 35 - 40, der jenen schönen Junitag des Jahres 1939 so denkwürdig machte, so unvergeßlich in all den Jahren, die danach folgten. Da war etwas in der Luft, etwas Gutes und Freundliches, und alle, die an diesem Tag in Tassin versammelt waren, vergaßen niemals, wie sie friedlich beisammengesessen und miteinander geredet hatten und sich das ausgezeichnete einfache Essen schmecken ließen, das Louisette so wunderbar vorbereitet hatte, natürlich mit Grandmère Jennys Hilfe und der »Véritable Cuisine« von Tante Marie. Das Gespräch drehte sich natürlich um Rosen, und frischweg, und so gut es eben ging, übersetzte ein Rosengärtner für den anderen, half einer dem anderen, so daß sich alle am Gespräch beteiligen konnten. Und sie vergaßen wenigstens an diesem einen sonnenhellen Tag über ihrem freundschaftlichen Beisammensein die dunklen Wolken des Krieges, die schon wieder die Welt bedrohten, während Hitler in Deutschland pausenlos und immer lauter und lauter brüllte und Mussolini in Italien sich in die Brust warf und von kommenden großen Siegestaten faselte.

Das war tragisch, wahnwitzig, dachte Papa Meilland, wo es doch so viele Männer gab in der Welt, mit einem Heim und Familie, aufrechte, fleißige Männer, die viel, viel lieber mit Rosen als mit Kanonen zu tun hatten, Männer wie sie hier in Tassin beisammensaßen.

Und Papa Meilland wird es wahrscheinlich auch niemals vergessen, daß es gerade ihr deutscher Rosenfreund war, der, als das fröhliche Mahl beendet war, aufstand und sagte: Er wisse, er spreche für alle ihre Gäste, wenn er ihnen heute für diesen glücklichen und interessanten Tag danke und ihnen die herzlichsten Komplimente mache. Und dann, während sein Gesicht plötzlich größte Bewegung verriet, sprach er die Hoffnung aus, daß sie sich im nächsten Jahr wieder unter dem friedlichen blauen Himmel bei den Rosen von Tassin treffen möchten.

Aber alle diese freundlichen Rosengärtner, die die neue Rose so sehr bewundert hatten, sollten sich viele schlimme Jahre nicht wieder treffen, und einige nie mehr. Drei Monate später eroberten Hitlers Truppen Polen. Der Zweite Weltkrieg hatte begonnen.

Eines Tages in jenem schrecklichen September 1939 betrachtete Grandmère Jenny das neue teuere Kühlhaus, das mit so viel Hoffnung gebaut worden war, damit die Rosenstöcke dort überwintern könnten. Und zum erstenmal in ihrem Leben war sie dankbar, daß ihr armer Mann nicht mehr war, daß er nicht mehr lebte und sich in seinem hohen Alter auch noch über diesen Krieg Sorgen machen mußte.

Die Männer an der Spitze, fand Grandmère Jenny, hatten nichts gelernt, waren nicht ein Fünkchen vernünftiger geworden seit jenem grausamen Französisch-Preußischen Krieg vor neunundsechzig Jahren, den ihr armer Mann nicht hatte vergessen können.

Der Erste Weltkrieg, der »letzte aller Kriege«, hatte, so schien es Grandmère Jenny, erst gestern und nicht vor fünfundzwanzig Jahren getobt, und jetzt wurden die Männer schon wieder in Marsch gesetzt, um andere Männer zu töten, die sie nicht kannten, ja, die sie noch nie gesehen hatten. Nein, Grandmère Jenny würde diesen Wahnsinn nie verstehen, und wenn sie hundert Jahre alt würde.

Aber ach, man durfte den Glauben trotzdem nicht verlieren. Das wäre eine Sünde, fand Grandmère Jenny, und würde auch zu nichts führen. Man mußte immer hoffen, beten und arbeiten.

Und eine bittere, herzzerbrechende Arbeit war es, besonders in jenem ersten Winter, als Papa Meilland und Francis mit einem vierzehnjährigen Jungen und einem alten Gärtner, den einzigen Leuten, die ihnen noch geblieben waren, zweihunderttausend ausgezeichnete Rosenstöcke

ausgraben und zu Asche verbrennen mußten. Mit ihren eigenen Händen zerstörten sie den Garten, für den sie so lange und so schwer gearbeitet hatten.
Sie mußten jetzt Gemüse anbauen, genauso wie Claudia es im Ersten Weltkrieg getan hatte. Aber sie behielten doch genug Stöcke zurück, um das Geschäft weiterführen zu können, ein unsicheres Geschäft allerdings, denn wer wollte schon Rosen kaufen und pflanzen, wenn Hitlers Soldaten sie mit ihren Schaftstiefeln wieder zertrampelten. Nur wenige Optimisten, sehr wenige.
Francis war, als der Krieg ausbrach, untauglich für das Heer befunden worden. Er besaß wohl Mut und erstaunliche Tatkraft, aber er war körperlich nie besonders kräftig gewesen. Und jetzt arbeitete er nur noch fieberhafter, so, als ob er etwas gutmachen müßte.
Später schrieb Francis in der Erinnerung an diese Kriegsjahre: »Trotz der großen Schwierigkeiten, mit denen wir zu kämpfen hatten, stärkte mein Vater uns den Rücken und gab uns neuen Mut; und mit allen Mitteln, die wir ersinnen konnten, versuchten wir, das Geschäft in Gang zu halten, ja, sogar weiter neue und schöne Rosen zu züchten.«
Neuer Mut! Papa Meilland sagt, er muß ja wirklich der beste Schauspieler der Welt gewesen sein oder ein Bluffer, denn wie oft standen sie vor dem blanken Ruin! Damals zum Beispiel, als es ihnen gelungen war, mit vielen Hoffnungen eine Sendung Rosen in die Türkei, ja, in die Türkei zu schicken. Bezahlt werden sollte bei Eingang der Lieferung, und zwar an einen Agenten, der wiederum Mittel und Wege finden würde, um dieses so dringend benötigte Geld nach Tassin zu leiten. Das alles war natürlch nur unter sehr schwierigen und verzwickten Umständen zustande gebracht worden.
Und was geschah? Die Deutschen hatten ausgerechnet diesen Zeitpunkt gewählt, um in Jugoslawien einzumar-

schieren, sie stürmten die Züge und warfen die Reisenden hinaus, ebenso wie alle Güter, die keinen militärischen Wert hatten, und hinaus flogen natürlich auch die kostbaren Rosen. Vielleicht fand sie irgendein Rosenfreund verloren auf den Schienen und hob sie auf, und wer weiß, vielleicht blühen sie jetzt irgendwo friedlich in einem unbekannten Garten in Jugoslawien. Vielleicht waren sie aber auch liegengeblieben und verdorrt. Alles, was sie darüber erfahren konnten, war, daß die Deutschen die Sendung »abgefangen« hätten und daß kein Rosenstock jemals in die Türkei gelangt war.

Sie erfuhren auch nicht, was mit drei anderen und unendlich viel wichtigeren Sendungen geschehen war. Gerade im letzten Augenblick, kurz bevor alle normalen Verbindungen in Europa unterbrochen wurden, hatten sie drei kleine Päckchen mit der veredelten Rose 3 - 35 - 40 abschicken können, eins an ihren Rosengärtnerfreund in Italien, das andere an einen Freund in Deutschland.

Auch die dritte Sendung hatte Frankreich noch im letzten Augenblick verlassen können. Ganz früh an einem grauen Novembermorgen hatten sie einen heimlichen dringenden Anruf von dem amerikanischen Konsul in Lyon erhalten, einen freundlichen und sehr großzügigen Mann und großen Rosenliebhaber. Aber alles, was er diesmal sagte, war ein knappes: »Ich reise ab. Wenn Sie wollen, können Sie mir ein kleines Päckchen für einen Freund mitgeben. Höchstgewicht: ein Pfund!«

Sie hatten verstanden. In weniger als zwei Stunden war ein kleines Päckchen mit veredelten 3 - 35 - 40 im amerikanischen Konsulat abgeliefert worden, ein Ein-Pfund-Päckchen, sorgfältig adressiert an ihren amerikanischen Freund und Rosengärtner Mister Robert Pyle. Und auf und davon flog jenes kleine Päckchen mit dem letzten, dem allerletzten Clipper, der das unglückliche Frankreich verließ, um nach Amerika zu fliegen.

Es hat keinen Sinn, lange bei den elenden Demütigungen, dem bitteren Geschmack von Verrat und Niederlage, den langen hungrigen und verzweifelten Jahren jenes Zweiten Weltkrieges zu verweilen. Es ist besser, weit besser, zu erzählen, daß die Meillands viel glücklicher dran waren als Millionen anderer Familien in der ganzen vom Krieg heimgesuchten Welt. Sie überlebten.
Oft und oft fragten sie sich natürlich, was wohl aus diesen drei kleinen Päckchen mit den 3 - 35 - 40 geworden war. Ob sie wohl sicher angekommen waren? Oder hatte irgendein Gauleiter in Deutschland, irgendein Schwarzhemd in Italien sie »abgefangen« und weggeworfen, so daß sie verdorrten und starben?
Und vor allem, war jener allerletzte Clipper aus Frankreich sicher in Amerika angekommen? O Gott, hoffentlich war er angekommen! Sie konnten den Gedanken nicht ertragen, daß er vielleicht brennend abgestürzt war und mit ihm jener freundliche Amerikaner, der sich so großzügig erboten hatte, »ein kleines Päckchen für einen Freund« mitzunehmen.

Papa Meilland sagt, jetzt sei der Augenblick gekommen, um klarzustellen, daß damals, als alle Verbindungen abgeschnitten waren, keiner ihrer ausländischen Rosenfreunde wissen konnte, daß sie selber bereits einen Namen, den einzigen Namen, für 3 - 35 - 40 gefunden hatten. Es war natürlich unmöglich gewesen, diese Frage mit ihnen zu besprechen, unmöglich, es ihnen mitzuteilen. Es hatte keine der üblichen Familiendebatten gegeben, kein Köpfezusammenstecken, sie hatten alle sofort und einmütig beschlossen, daß ihre schöne üppige und so widerstandsfähige neue Rose den Namen »Madame A. Meilland« tragen sollte.
»Madame A. Meilland«, die Worte, die für Francis »Mutter« bedeutet hatten, wenn er sie auf den Briefen

las, die der Vater im Ersten Weltkrieg von der Westfront nach Hause geschickt hatte. »Madame A. Meilland«, die tapfere Frau, die bei jedem Wind und Wetter einen schweren Handwagen voll Gemüse zum Markt geschoben hatte, die stets fröhlich und getreulich neben Papa Meilland und ihrem Sohn gearbeitet, sie geliebt und ermutigt hatte – dies war *ihre* Rose.

Und wenn ihre Freunde, die Rosengärtner, in anderen Ländern erst einmal die Schönheit der neuen Rose und ihre Haltbarkeit erprobt hatten – und das würden sie eines Tages gewiß tun –, dann verstanden sie sicherlich alles und stimmten zu.

Da sickerte die Nachricht durch, daß ihr freundlicher deutscher Kunde nicht nur sein kleines Päckchen mit 3 - 35 - 40 sicher erhalten, sondern es auch trotz der vielen Schwierigkeiten und Widerstände fertiggebracht hatte, die Rose in seinem Garten auszuprobieren, und er war so in sie verliebt, daß auch er ihr einen Namen gegeben hatte: »Gloria Dei«.

Und unter diesem Namen wurde sie in Hitlers Deutschland verkauft. Und Ehre sei Gott, wahrhaftig, daß dieser Freund es gewagt hatte, ihr einen so bedeutsamen, einen so wunderschönen Namen zu geben, und mutig den »allerhöchsten Kriegsherrn« ignorierte, der jetzt das dunkle hungrige besetzte Europa beherrschte.

Dann kam weitere Nachricht. Und sie kam auf ähnlichen Umwegen zu ihnen – diesmal aus Italien. Ihr Rosengärtner dort hatte ebenfalls ein kleines Päckchen mit 3 - 35 - 40 erhalten. Auch er hatte sie geprüft, hatte ihre herrlichen Eigenschaften erprobt und ihr den fröhlichsten italienischen Namen gegeben: »Gioia«, Freude. Auch diese Nachricht erfreute sie herzlich.

Aber keinerlei Nachricht kam von jenem letzten Clipper, der nach Amerika geflogen war, von jenem kleinen, ein Pfund schweren, an Robert Pyle adressierten Päckchen.

Aber wie konnte auch eine Nachricht sie erreichen, trösteten sie sich gegenseitig, da doch der weite Ozean zwischen Frankreich und Amerika lag! So hofften sie weiter und beteten und arbeiteten.
Und bald wurde es auch in ihrer Familie – Gott sei dafür gedankt – lebhafter und lauter. Louisette und Francis wurden Mama und Papa. Zuerst wurde ein kräftiger kleiner Junge, Alain, geboren und dann ein zierliches kleines Mädchen, Michèle. Papa Meilland und Francesco Paolino fühlten sich sehr stolz als Großväter, und die kleine Marie-Elisabeth war die glücklichste Großmutter.
Und Grandmère Jenny war nun Urgroßmama, aber niemand würde ihr das ansehen! Sie arbeitete noch immer für zwei, nur mit ihrer einen Hand und mit dem alten eisernen Haken an der anderen. Stocktaub stellte sie sich jedesmal, wenn jemand es wagte und sie flehentlich bat, doch einmal daran zu denken, daß eine Urgroßmama guten Gewissens auch einmal die Hände in den Schoß legen und sich ein wenig Ruhe gönnen und zusehen könne, wie die übrige Familie mit der Arbeit fertig wurde. Die Hände in den Schoß legen! Sich Ruhe gönnen! Anderen bei der Arbeit zusehen! Das war nichts für Grandmère Jenny. Und mit Grandmère Jenny ließ sich nicht darüber reden, nicht über ein so heikles Thema wie ihre Arbeit. Sie hätte sich prächtig mit jenem gestrengen englischen Moralisten aus dem siebzehnten Jahrhundert verstanden, der es ebenfalls als seine heilige Pflicht angesehen hatte, »zu nützen jede lichte Stund'«. Und sie würde nun einmal nicht von ihrer Gewohnheit abgehen, nein, auch nicht, um ihnen einen Gefallen zu tun.
Der ganzen Familie wäre leichter ums Herz gewesen, wenn sie sich die wohlverdiente Ruhe gegönnt hätte. Aber Grandmère Jenny wäre todunglücklich gewesen, und so ließ man sie gewähren.

Louisette erzählt, daß sie eine ganz wundervolle Urgroßmama gewesen sei und daß einem die Tränen kommen konnten, wenn man zusah, wie geschickt und wie zärtlich sie mit der einen gesunden Hand und mit dem alten eisernen Haken an der anderen ein schreiendes Baby aufnahm und fütterte und es an sich drückte und tröstete, genauso wie alle anderen Omis.

Sie liebte beide Urenkel, aber Alain war an Grandmère Jennys Geburtstag, am 25. Mai, geboren, und so war er für sie ein ganz besonderes Baby. Und ohne jede Sentimentalität muß man sagen, es war unverkennbar, daß eine große Liebe Grandmère Jenny und Alain verband. Sobald er auf seinen zwei Beinchen kriechen und herumtapsen konnte, war er immer bei Grandmère Jenny. Er folgte ihr überallhin.

»Er ist mein Ebenbild«, erklärte Grandmère Jenny stolz, »nur daß ich achtzig Jahre älter bin als er.« Und so gingen sie hinaus und suchten wilde würzige Kräuter unter der Hecke, um die Kaninchen damit zu füttern; aber am allerschönsten war es für Alain, wenn Grandmère Jenny im Herbst mit ihrem fabelhaften eisernen Haken an dem einen Arm die scharlachroten Hagebutten von den wilden Rosensträuchern pflückte und sie ihm gab, damit er sie in ihren Korb legen konnte. Miteinander sammelten die beiden, Grandmère Jenny und der kleine Alain, viele Kilo wilder Hagebutten, und Alain hörte ernsthaft zu, wenn Grandmère Jenny ihm erklärte, wie die winzig kleinen Samen in diesen Hagebutten zu kleinen Rosenbüschen heranwachsen würden, zu wilden natürlich, aber sie würden einmal sehr nützlich sein, wenn der Krieg vorüber und gewonnen war.

Grandmère Jenny sorgte natürlich schon vor, daß nach diesem Krieg keine Zeit vertan werde wie damals nach dem Ersten Weltkrieg, als Papa Meilland viele Kilometer geradelt und gelaufen war, als er viele Tage lang wilde

Rosen gesucht und ausgegraben hatte, weil er so dringend die widerstandsfähigen »Unterlagen« brauchte.

Im besetzten Frankreich zu reisen, war schwierig, ja, oft ganz unmöglich. Aber hin und wieder gelang es den Meillands doch, Fahrkarten zu bekommen, und dann fuhren sie mit dem kleinen Alain und der kleinen Michèle hinunter zum Cap d'Antibes. Und wie erzählt wird, sahen die beiden Kinder ihren kleinen Großpapa, Francesco Paolino, an und dann ihre winzig kleine zierliche Großmama, Marie-Elisabeth, und sagten sofort »Pepette« und »Memette« zu ihnen. Aber bitte, fragen Sie auch diesmal nicht, warum und wieso, denn niemand könnte es Ihnen sagen. Die beiden waren eben für Alain und Michèle Pepette und Memette, und diese Namen paßten so gut zu ihnen, daß sie bald auch von allen anderen nur noch Pepette und Memette genannt wurden. Und so ist es auch heute noch.
Nun, auch Pepette und Memette bauten in diesem Zweiten Weltkrieg fleißig Gemüse an, aber auch sie konnten eine kleine Anzahl der schönsten Rosen in einer Ecke ihres Gartens halten. Und Pepette sagte, wie schon im Ersten Weltkrieg: »Bedauern Sie uns nicht zu sehr! Ja, bedauern Sie uns überhaupt nicht!« Er und Memette hatten genug zu essen, und von Zeit zu Zeit, wenn auch nur sehr selten, konnten sie Louisette sehen und Francis und Papa Meilland und ihre beiden Großkinder umarmen und küssen. So waren sie sehr glücklich, viel glücklicher als viele Millionen anderer Großeltern, die den ganzen traurigen Krieg über in Hunger, Elend und banger Sorge lebten.
Im Dezember 1943 sollten Papa Meilland, Francis, Louisette und die Kinder nach langer Zeit wieder einmal zum Cap d'Antibes reisen, damit Pepette und Memette sie auch einmal alle zu Weihnachten bei sich hätten.

Und Grandmère Jenny erklärte rundheraus, es sei nur recht und billig und christlich dazu, mochte es auch Krieg sein, daß Großeltern einmal an einem hohen Festtag ihre Familie um sich hätten.

Aber es hatte gar keinen Zweck, zu versuchen, auch Grandmère Jenny dazu zu überreden, mit ihnen zu fahren. Sie liebte es nun einmal gar nicht, für länger als einen Tag von zu Hause fortzugehen. Aber damals, im Jahre 1943, überraschte sie doch die ganze Familie, als sie ganz munter erklärte, wenn erst einmal alle aus dem Hause wären und ihr nicht mehr »unter den Füßen« herumliefen, würde sie ihnen den Gefallen tun, sich hinsetzen, die Füße hochlegen und sich einmal ordentlich ausruhen. Also bitte, nur ja keine Ermahnungen, nicht soviel zu tun, alles ruhig liegenzulassen, und die ganze übliche Litanei. Diesmal wollte sie sich wirklich ausruhen, während sie fort waren.

Nun, Grandmère Jenny war, wie Sie nun schon wissen, immer sehr offen und geradeheraus. Sie liebte nun einmal ein offenes Wort, und sie verkündete ihre Absicht, sich auszuruhen, so ernsthaft, als wolle sie ihnen wirklich nur den Gefallen tun. So waren sie alle zwar verwundert, aber sehr zufrieden, daß sie endlich einmal vernünftig wurde, und nicht im geringsten beunruhigt.

Bis sie wieder nach Hause kamen und Grandmère Jenny im Bett fanden. Niemand hatte bisher Grandmère Jenny sich im *Bett* ausruhen sehen, und noch dazu am hellichten Tag. Und ihre eine fleißige alte Hand lag so unnatürlich still und unbeweglich auf der Bettdecke.

Grandmère Jenny sollte nie wieder beim ersten Hahnenschrei aufstehen, um mit ihrer abgearbeiteten Hand für zwei zu schaffen. Sie lag ganz still in ihrem Bett, vertraute ihre Seele dem lieben Gott, der für alle Verständnis hat, dankte ihm von ganzem Herzen, daß sie nun Claudias »beide Männer« der netten Louisette überlassen konnte, und ging friedlich zur ewigen Ruhe. Sie war siebenundachtzig, aber sie hatte niemandem, bis zu jenem Augenblick niemandem gestattet, davon Notiz zu nehmen.

Natürlich vermißten sie alle Grandmère Jenny sehr. Louisette sagte, um die Welt wäre es besser bestellt, wenn es eine Grandmère Jenny in jeder Familie gäbe. Und Papa Meilland, der nun wohl schon selber über achtzig ist, bekommt immer noch nasse Augen, wenn er sich an seine gute und tapfere Mutter erinnert, und er wundert sich noch heute: »Wenn man sich das einmal vorstellt! Als sie sich zum erstenmal ausruhte – war es ihr Tod!«

In jenem selben Jahr 1943 gingen Gerüchte wie ein Lauffeuer in Frankreich um, daß sich die deutschen Truppen trotz Hitlers brüllender Wut, trotz seiner Wahnsinnsbefehle, standhaft zu bleiben, zu erfrieren, zu kämpfen und zu sterben wie die Helden, immer weiter und weiter aus Rußland zurückzogen, und auf diesem Rückzug zwei Millionen Mann verloren – erfroren, getötet, gefangen. Und die ganze Propaganda, die ununterbrochen aus den von den Nazis kontrollierten Radios dröhnte, konnte die Wahrheit nicht unterdrücken.

Dann kam er – der lang erwartete Tag. Am 6. Juni 1944 waren die Alliierten endlich an der Küste der Normandie gelandet, und ganz Frankreich hielt den Atem an, als sie langsam das deutsche Heer, das verzweifelt Widerstand leistete, zurückdrängten, immer weiter zurück bis an den Rhein.

Im August hörten sie auf einmal immer wieder auf bestimmten Wellenlängen geheimnisvolle Radiobotschaften: »Dies Summen macht einen dumm.« – »Nancy hat die Grippe im Gerippe.« – »Gabi legt sich gleich ins Gras.«

Als die örtlichen F. F. I. – die geheimen Widerstandsgruppen Südfrankreichs – diese dunklen Botschaften empfingen, verschärften sie sofort den pausenlosen Guerillakrieg gegen die Deutschen und zerstörten rücksichtslos alles und jedes, was ihnen vielleicht militärisch irgendwie nützen konnte: Straßen, Eisenbahnlinien, Brükken, Telegrafenmaste, alles, bis das normale Leben völlig stockte und man angespannt das Ende abwartete. Nur die Zikaden zirpten weiter unter der heißen Augustsonne, ja, man hätte schwören können, daß auch sie unbarmherzig immer wiederholten: »Dies Summen macht einen dumm. Nancy hat die Gripp' ... Gripp' ... Gripp' ... im Geripp' ... Geripp' ... Geripp' ...«

Und am Abend des 14. August verließen sechsundzwanzig Schiffe mit Truppen, Waffen und Munition – einer freien französisch-amerikanischen Armee unter dem Befehl General de Lattres – bestimmte Häfen des befreiten Italien und Nordafrikas und steuerten die Küste zwischen Calvaire und Saint Tropez im Süden Frankreichs an.

Papa Meilland berichtet weiter, daß sofort die wildesten und ungereimtesten Gerüchte umliefen, aber bald stand zweierlei fest: Die so lange erwartete Befreiungsarmee war erfolgreich an der Küste gelandet und bewegte sich durch das Rhônetal auf Lyon zu. Und die Deutschen zogen sich unter heftigem Widerstand immer weiter zurück.

Das waren hochwillkommene Nachrichten, aber Louisette war kreideweiß, starr vor Angst und Sorge. Irgend jemand von denen, die es immer »ganz genau wissen«, die immer Zugang zu den wichtigsten, geheimsten Informationen haben, beschwor, daß Cap d'Antibes und auch die kleine Stadt Antibes von einem Ende bis zum anderen in hellen Flammen stehen. Kein Haus mehr, das noch ein Dach habe, keine Menschenseele könne dort noch leben.

Das alles war natürlich nicht offiziell bestätigt. Wie konnte es auch? Es ging ja kein Zug; keine Karte, kein Brief, kein Telegramm wurde befördert, kein Telefonanruf kam durch. Und Papa Meilland erzählt, daß Francis mit finsterem und unbewegtem Gesicht erklärte, jetzt könne man nur noch eins tun – zum Kap fahren und sich selbst überzeugen, und wenn sie noch am Leben wären, würde er Pepette und Memette irgendwie, auf irgendeine Weise mit nach Tassin bringen. Er packte sein Fahrrad, steckte etwas zu essen in die Satteltasche und fuhr los.

Er fuhr geradenwegs auf die Route Nationale 7, die große Straße, die Paris mit Lyon verbindet und von dort an die Riviera führt. Und während er so wild dahinstrampelte, betete er, daß seine alten Reifen noch aushalten möchten, und vor allem, er und sein Rad möchten doch gelegentlich mitgenommen werden von einem der amerikanischen Militärlaster, die jetzt zwischen den Dörfern und Städten, die befreit worden waren, verkehrten – »faisant la navette«, wie die Franzosen sagten.

Seine Gebete wurden erhört. Von Zeit zu Zeit durfte Francis sein Fahrrad auf einen amerikanischen Laster werfen, der Fahrer drückte ihm einen amerikanischen Helm fest auf den französischen Schädel, Francis machte sich so klein wie nur möglich, versuchte, sehr amerikanisch auszusehen, und machte sich, wie versprochen, mit seinem Fahrrad »aus dem Staube«, sobald der amerikanische Laster in einem Dorf oder einer Stadt halten mußte. Und oft, oft dankte Francis dem Himmel, daß er Englisch gelernt, daß er sich einmal durch ganz Amerika hindurchgeredet hatte, denn jetzt konnte er doch wenigstens erklären, warum er es so eilig hatte, zum Cap d'Antibes zu kommen, und er konnte sich auch bei diesen sympathischen amerikanischen Lastwagenfahrern herzlich bedanken.

Auch seine Reifen hielten glücklicherweise aus, und als er endlich nach Antibes geradelt kam, war nicht ein Haus zerstört, alle lustig roten Ziegel lagen noch oben auf den Dächern, draußen auf dem Kap schien die Sonne auf friedliche Gärten und Villen, und dort stand es, das Haus von Pepette und Memette, und nicht ein Fenster war zerbrochen. Und da waren auch schon Pepette und Memette, heil und gesund, und da war nun er, ganz stumm vor Freude und grau von Staub und plötzlicher Erschöpfung.

Memette verlor keine Sekunde. Sie brachte ihm sofort etwas zu essen, drängte ihn, zuzugreifen, und steckte ihn dann gleich ins Bett. Und vierundzwanzig Stunden später war er schon wieder auf der Route Nationale 7, strampelte sich schon wieder ab oder hielt vorüberfahrende amerikanische Lastwagen an und wurde gelegentlich von einem freundlichen Fahrer mitgenommen. Nach einer Woche kam er wieder nach Tassin geradelt und fiel fast vom Fahrrad. Es brauchte keine Worte. Louisette las in seinen Augen und brach in Tränen aus – Tränen des Glücks und der Dankbarkeit.

Am Ende jenes schicksalhaften, stürmischen Monats August zogen die Pariser, vor Freude singend und weinend, über die Boulevards. Ihre Stadt, das Herz Frankreichs, war wieder frei. Und bald war auch ganz Frankreich wieder befreit, und Deutschland bekam nun selber die Invasion zu schmecken, von den Russen im Osten, von den Amerikanern, Briten und Franzosen im Westen.

Einen Monat nach der Befreiung Frankreichs, auf den Tag genau einen Monat später, kam ein Brief nach Tassin, ein Brief mit einer amerikanischen Marke. Die Hände zitterten ihm, so aufgeregt war Francis, als er ihn aufriß, dann las er ihn still und wortlos.

»Was ist ...?« hauchte Louisette.

»Ja«, sagte Francis, »ja, er ist von ihm, von Mister Robert Pyle.«

Die Rose »Peace«

Man müßte wohl ein Shakespeare oder ein Victor Hugo sein, um mit Worten beschreiben zu können, was sie fühlten, als Francis jenen ersten Nachkriegsbrief aus Amerika übersetzte und vorlas. Alles, was sie anfangs sagen konnten, war: »Ach nein! Lies das noch einmal! Diesmal ein bißchen langsamer.«
Darauf übersetzte Francis langsam und genau jedes einzelne Wort, so, als müsse er sich selbst erst einmal vergewissern, daß es auch stimmte, was er las, daß dies wirklich und wahrhaftig ein Brief von Robert Pyle war aus Pennsylvanien in Amerika.
Aber nein, dort standen schwarz auf weiß viele freundliche Grüße und eine ganze Menge von Fakten, Zahlen und Daten, die sich wie ein schöner Roman lasen. Und da war ja auch die Unterschrift, die unverkennbar kühne, großzügige Unterschrift:

Robert Pyle

»Während ich diesen Brief diktiere«, schrieb er, »hängt mein Blick voll Bewunderung an einer herrlichen Rose, deren blaßgoldene, cremig-elfenbeinfarbene Blütenblätter an dem leicht gekräuselten Saum in das zarteste Karmin übergehen. So steht sie vor mir, majestätisch, voller Verheißung, und ich glaube, sie wird die größte Rose dieses Jahrhunderts werden.«
Robert Pyle sang das Loblied der 3 - 35 - 40. Ihre Gebete waren erhört worden. Jener letzte Clipper aus dem besetzten Frankreich war wohlbehalten in Amerika angekommen, jener großzügige Amerikaner hatte sein Ver-

sprechen wahrgemacht; Robert Pyle hatte das schnell zusammengeschnürte Ein-Pfund-Päckchen mit 3 - 35 - 40 bekommen.

Und Robert Pyle hatte keine Zeit verloren, er war sofort an die Arbeit gegangen. Er hatte 3 - 35 - 40 nicht nur selbst sofort vermehrt, die okulierten Stöcke ausgepflanzt und in seinen eigenen Versuchsbeeten getestet, sondern sie auch anderen bedeutenden Rosengärtnern, die überall in den Vereinigten Staaten ihre Rosenschulen hatten, zur Prüfung zugeschickt. Kurz, sie war sehr gründlich getestet worden, auf jedem amerikanischen Boden, in jedem amerikanischen Klima, auf den heißen trockenen Rosenfeldern von Texas ebenso wie auf den kühlen feuchten Feldern von Michigan. Auf allen Feldern war sie ein großartiger Erfolg; sie gewann die Herzen aller Rosengärtner, überall.

Die Amerikaner waren offenbar begeistert, daß auch der Stock selbst ebenso hübsch war wie die Rose, die er trug. Er war ausdauernd, kräftig und widerstandsfähig, er hielt auch den verhängnisvollen Frösten im Frühling stand.

Noch zwei andere Eigenschaften der 3 - 35 - 40 hatten den amerikanischen Rosengärtnern ganz besonders gefallen: Die schönen Knospen öffneten sich viel langsamer als die Knospen anderer Rosen, und die vollaufgeblühten Rosen waren nicht nur sehr haltbar, sie bewahrten auch unverändert die zarte Frische der halbgeöffneten Knospen.

Die Amerikanische Rosengesellschaft hatte dann die Berichte studiert, die ihr von ihren Mitgliedern, die miteinander sämtliche Staaten Amerikas vertraten, geschickt worden waren, und sich von den ausgezeichneten Eigenschaften der 3 - 35 - 40 so sehr überzeugt, daß sie dieser außergewöhnlichen Rose, die aus dem elenden, vom Feind besetzten Frankreich gekommen und buchstäblich vom Himmel gefallen war, die höchste Anerkennung schenken wollte.

Man beschloß während der Ausstellung der Pazifischen Rosengesellschaft in Pasadena in Kalifornien am Sonntag, dem 29. April 1945, für diese Rose eine »Namengebungszeremonie« abzuhalten. Dieser Tag mußte natürlich schon viele Monate vorher festgelegt werden.

In Europa herrschte immer noch Krieg, die Verbindungen waren abgerissen, und es war unmöglich, festzustellen, ob Papa Meilland und Francis noch lebten und ob ihre Rosenschule in Tassin bei Lyon noch existierte. Robert Pyle hatte sich daher mit anderen bedeutenden Rosengärtnern beraten, und miteinander hatten sie folgende Erklärung abgegeben:

»Wir sind überzeugt, daß die größte neue Rose unserer Zeit nach dem sehnlichsten Wunsch der ganzen Welt genannt werden sollte: Peace – Frieden.

Wir glauben, daß sie dazu bestimmt ist, als eine klassische Rose noch in den Gärten unserer Enkel und vieler nachfolgender Generationen zu blühen. Wir wählen den Namen ›Peace‹, Frieden, er soll daran erinnern, wie bitter schwer wir gelernt haben, daß der Frieden für alle Menschen immer lebensnotwendiger wird, daß die Menschheit ihn mit größerer Besonnenheit, Wachsamkeit und Vorsicht erhalten muß, als sie es bisher vermocht hat. In diesem Sinne geben wir dieser schönen neuen Rose – mit allen unseren Hoffnungen für die Zukunft – den Namen ›Peace‹.«

Und an jenem sonnigen Sonntag, dem 29. April 1945, als 3 - 35 - 40 feierlich ihren schönen amerikanischen Namen »Peace«, Frieden, erhielt, wurden vor einer großen Versammlung von Rosenfreunden, die aus ganz Amerika nach Pasadena gekommen waren, zwei weiße Tauben freigelassen, sie stiegen hoch in den blauen kalifornischen Himmel.

Sie mögen es einen seltsamen Zufall nennen, aber an jenem Tag, der schon so lange im voraus festgelegt worden war, fiel Berlin.

Robert Pyle schrieb am Schluß seines Briefes, er hoffe und bete, daß diese Nachricht die Meillands sicher erreichen möge und wie herzlich er sich freuen würde, wenn er von ihnen Nachricht bekäme, *gute* Nachricht, und bis dahin verbleibe er mit aufrichtigen Wünschen ihr

Robert Pyle.

Papa Meilland sagt, daß sie noch keinen so willkommenen und so freundschaftlichen Brief aus Amerika erhalten hätten. Und er konnte nicht anders, er stand schnell auf, ging in den Keller, brachte eine versteckte Flasche herauf und schenkte allen und sich selbst ein kleines Gläschen ein, zur Feier des Tages und zur Beruhigung der Gemüter. Und sie tranken auf Frieden und Freiheit und auf Robert Pyle und auf alle anderen Rosenliebhaber in der ganzen Welt, auf alles und auf alle mit einem dankbaren Prost – aber zuerst auf Frieden und Freiheit.

In dieser Nacht nahm Francis seine Feder und versuchte aufzuschreiben, was ihre Herzen bewegte.

»Das Schicksal hat es gewollt«, schrieb er, »daß unsere Rose 3 - 35 - 40 in verschiedenen Ländern verschiedene Namen trägt, aber alle diese Namen beweisen, daß vor einer so wunderschönen Rose alle Menschen guten Willens ›Gloria Dei‹ singen, ›Freude‹ erleben und den ›Frieden‹ ersehnen.

Und hier in Frankreich wird unsere Rose zum Andenken an eine geliebte Frau und Mutter blühen: ›Madame A. Meilland‹.

›Madame A. Meilland‹, ›Gioia‹ – Freude, ›Gloria Dei‹ – Ehre sei Gott, ›Peace‹ – Frieden, alles wunderschöne Namen, aber eins ist gewiß: Claudia selber hätte gemeint, daß ›Peace‹ doch der schönste Name sei.«

Der hochwillkommene Nachkriegsbrief aus Amerika war nur der erste von vielen anderen, die jetzt schnell einer nach dem anderen eintrafen. Sie können sich vorstellen, wie es den Meillands zumute war, als sie hörten, daß jeder der neunundvierzig Delegierten der neugebildeten Vereinten Nationen bei der ersten Zusammenkunft in San Francisco in dem für ihn reservierten Hotelzimmer eine wunderschöne Rose in einer Vase auf dem Tisch vorfand, zusammen mit einer Botschaft des Sekretärs der Amerikanischen Rosengesellschaft:
»Dies ist die Rose ›Peace‹, sie erhielt ihren Namen an dem Tag, als Berlin erobert wurde. Möge sie dazu beitragen, daß sich alle Menschen guten Willens um Frieden bemühen, für alle Menschen auf der Erde.«
An diesem Tage, an genau diesem Tage wurde im verwüsteten Europa Waffenstillstand geschlossen. An diesem Tage fielen zum erstenmal seit sechs grausamen Jahren keine Bomben mehr, die Geschütze schwiegen, in dieser Nacht heulten keine Sirenen, und die Kinder in Europa konnten in Frieden schlafen.
Dann kam ein anderer denkwürdiger Tag: Die gestrengen und gewissenhaften Rosensachverständigen sprachen der Rose »Peace« den All-Amerikanischen Preis zu.
An diesem Tage endete der Krieg mit Japan.
Einen Monat später verlieh die Amerikanische Rosengesellschaft zum erstenmal in ihrer Geschichte ihre höchste Auszeichnung, eine Goldmedaille, einer neuen Rose. Diese Rose war »Peace«, und an demselben Tage wurde der Friedensvertrag mit Japan unterzeichnet.
Hervorragende amerikanische Organisation? Ausgeschlossen, denn die Termine für die wichtigen Rosenschauen werden immer schon Monate im voraus festgelegt.
Hatten vielleicht der gute Klang und die sinnvolle Bedeutung des Namens dieser schönen neuen Rose die Gut-

achter beeindruckt? Nein. Kein Sachverständiger, der etwas auf sich hält, würde sich in seinem Urteil von einem Namen beeinflussen lassen und seinen Ruf als erfahrener sachlicher Gutachter bei der Bewertung von Rosen gefährden. Und bedenken Sie bitte, es war keine amerikanische Rose; sie war in Frankreich gezüchtet worden, von einem Franzosen.

So nennen Sie es einen merkwürdigen Zufall oder wie Sie wollen, auch hier ist die Wahrheit viel überraschender, viel erregender als jede noch so kühn ersonnene Dichtung.

Und ebenso erfreulich, aber noch herzerfrischender als alle Medaillen und Preise waren die Briefe, die nun aus allen Teilen der Welt hereinströmten. Es war, als ob die Menschen in aller Welt, müde und überdrüssig der Gewalt, Grausamkeit und sinnlosen Zerstörung, ihre Herzen von dieser schönen, üppig blühenden Rose mit dem schönen und beziehungsreichen Namen angesprochen fühlten.

Wieder und wieder rührte es die Meillands, wenn sie lasen, daß diese Rose auf viele Gräber gepflanzt wurde, auf den Philippinen ebenso wie im zerstörten Rotterdam, daß in der ganzen Welt Beete voller »Friedensrosen« vor Krankenhäusern blühten, in öffentlichen Parks und Gärten, wo Kinder spielen und alte Leute in der Sonne sitzen. Man pflanzt wohl kaum eine Rose auf solche stillen, versteckten Plätze, weil sie gerade in Mode ist oder weil sie einen so schönen Namen hat!

Vielleicht hatte der englische Naturforscher Richard Jefferies die Wahrheit entdeckt, als er schrieb: »Die Stunden, wenn die Seele von der Schönheit ergriffen ist, sind die einzigen Stunden, in denen wir wahrhaft leben.« Sechs endlos lange Jahre hatten Tod und gräßliche Zerstörung gewütet, und wenn man jetzt einen Augenblick lang ergriffen und gefangen war von der stillen Schön-

heit einer neuen Rose, ahnte man vielleicht, was es hieß, wieder zu leben, wahrhaft zu leben.
Vielleicht war es das, was der Friedensrose die Herzen öffnete, ihr Freunde gewann, wohin immer sie kam – in einem Bauerngärtchen ebenso wie in den prunkvollen Rabatten eines Schlosses.
Vielleicht lag es auch daran, daß sie so üppig und gesund und so zuverlässig war, so tapfer. Wenn sich einem Gartenfreund das Herz im Leibe umdreht, weil seine anderen Rosen nach einem plötzlichen heftigen Regenguß traurig zerfetzt die Köpfe hängen lassen, dann steht »Peace« immer noch da und »lächelt unter Tränen«, wie es in jenem alten sentimentalen Lied heißt, ebenso tapfer wie die Frau und Mutter, nach der sie zuerst genannt worden war. Fragen Sie irgend jemanden, der sie gekannt hat, und er wird Ihnen sagen, daß noch keine Rose der Persönlichkeit, nach der sie genannt ist, so sehr in ihren Eigenschaften entsprach und deren Namen so viel Ehre gemacht hat wie diese herrliche, zuverlässige Rose. Sie hat alle liebenswerten Eigenschaften von Claudia, von Madame A. Meilland selbst.
Schon neun Jahre, nachdem die Amerikaner ihr den schönen Namen »Peace« gegeben hatten, schätzte man, daß dreißig Millionen dieser Rose in der ganzen Welt blühten, und Francis schrieb in sein Tagebuch: »Wie befriedigend ist es doch für einen schlichten Gärtner, der in seinem Garten arbeitet, daß seine Rosen in Bauerngärten und auf Herrenland blühen, in der Umgebung von Kirchen, Moscheen und Krankenhäusern und in öffentlichen Parks, und daß jetzt so viele Menschen die Rose sehen, die einmal nur in seiner Vorstellung gelebt hat, während er sich bemühte, sie zu züchten.
Wie seltsam ist es doch, daß alle diese vielen Millionen Rosenstöcke aus einem einzigen Samenkorn hervorgegangen sind, einem Samenkorn, nicht größer als ein

Stecknadelkopf. Wie leicht hätte man dieses Körnchen übersehen oder in einem Augenblick der Unachtsamkeit vernachlässigen können. Wie leicht hätte es auch eine hungrige Feldmaus als Leckerbissen verspeisen können. Und wenn aus dem Samenkorn ein kleiner zarter Sämling heranwuchs, wie gefährdet war er durch plötzlichen Frost oder ein gefräßiges Insekt.«

Man könnte natürlich einwenden, daß dies ja überhaupt das ewige Geheimnis der Erhaltung alles Lebendigen ist, aber 3 - 35 - 40 hat ganz gewiß ihren Triumph auch Francis Meilland zu verdanken, seiner herzlichen Liebe zu den Rosen, seinem Glauben an die Zukunft und seiner hingebungsvollen Arbeit, und auch aller anderen, die in dieser Familiengeschichte vorkommen.

Aber was machten nun die Rosengärtner selber?

Droben in Tassin bei Lyon gab es jeden Tag Arbeit in Hülle und Fülle, denn die Gärten mußten ja wieder bestellt und neu aufgefüllt, die Tausende von Rosenstöcken, die im Krieg in Rauch aufgegangen waren, mußten wieder ersetzt werden. Aber diesmal waren die Bemühungen, alles wieder in Gang zu bringen, doch nicht mit dem verzweifelt schweren Kampf nach dem Ersten Weltkrieg zu vergleichen. Papa Meilland und Francis brauchten nun nicht mehr mit alten, klapprigen Fahrrädern viele Kilometer zu radeln, um in den Wäldern und an den Hecken wilde Rosen für Unterlagen zu suchen und auszugraben.

3 - 35 - 40 war eine sehr freigebige Märchentante. Das Geld für den Verkauf ungeheurer Mengen von »Peace« kam bald hereingeströmt, der größte Teil aus Amerika. Robert Pyle hatte »Peace« sofort patentieren lassen, und als Züchter dieser neuen Rose erhielten die Meillands einen gerechten Anteil am Gewinn aller in Amerika verkauften Rosen.

In den anderen Ländern sah es natürlich ganz anders aus. Rosengärtner konnten sich ohne weiteres zwanzig oder mehr Stöcke kaufen und »Peace« selbst vermehren, zu Tausenden, wenn sie wollten, sie brauchten keinen Pfennig an Francis zu zahlen, gleichgültig, wieviel sie verkauften oder verdienten.
Und Francis schwor sich, daß er, mit Gottes Hilfe, eines Tages sich die Zeit nehmen und das juristische Wissen aneignen würde, um diese Ungerechtigkeit zu bekämpfen, nicht nur im eigenen Interesse – denn er selber hatte ja Glück gehabt –, sondern im Interesse aller Züchter der ganzen Welt, der geduldigen Schöpfer aller schönen neuen Blüten und Pflanzen.
Indessen waren er, Papa Meilland und Louisette natürlich sehr dankbar für die vielen Dollars, die jetzt aus Amerika herangerollt kamen, während sie jeden Tag viele Stunden lang arbeiteten, um das Geschäft wieder aufzubauen.
Inzwischen wuchsen Alain und Michèle heran – und so schnell! Papa Meilland fand, daß die Zeit wie im Flug verging, und bald war es schon so weit, daß er seinen Enkelsohn lehrte, die Augen zu gebrauchen, die ihm der liebe Gott geschenkt hatte, ebenso wie er es seinen eigenen Sohn gelehrt und wie es die gute Madame Mivière ihm einst in ihrem Garten und draußen in den Feldern und Wäldern um das stille Chamboeuf gezeigt hatte. Als Alain sieben Jahre alt war, brauchte niemand nach ihm zu suchen: »Aber wo ist denn nur der Junge?« Sie wußten genau, wo sie ihn finden würden, denn entweder folgte er seinem Vater oder Papa Meilland, beobachtete genau, was sie taten, und stellte tausend Fragen oder er war in seinem eigenen kleinen Garten, unter seinen eigenen Rosen, glücklich wie ein König.
Es war gar keine Frage, »was er einmal im Leben machen würde«, Alains junges Herz gehörte bereits ganz

den Rosen, er wollte nur mit Rosen zu schaffen haben, genauso wie sein Papa und wie seine beiden Großpapas – Papa Meilland oben in Tassin und Pepette unten auf dem Cap d'Antibes –, genauso wie sein Urgroßvater Francis Dubreuil und – Himmel, wie schnell doch die Zeit vergeht – genauso wie sein Ururgroßpapa, jener gute brave Gärtner Joseph Rambaux im Tête-d'Or-Park in Lyon.

Und die kleine Michèle? Nun, sie spielte Blumenverkäuferin, schnitt und band Rosen und stellte sich vor, daß sie die Sträuße an sehr spendable Kunden verkaufte, an Kunden wie die stattliche Madame Rondel vom Bügelsalon in Grasse oder wie die freundliche Madame la Baronne Alice de Rothschild, die tagein, tagaus Blusen in der Farbe alten Goldes trug und die nur ausging, wenn es regnete. Diese Persönlichkeiten kamen ja in den Geschichten vor, die Memette ihr aus der Zeit erzählte, als sie selbst noch jung war, vor vielen, vielen, vielen Jahren. Jedenfalls kam es der kleinen Michèle so vor, als liege das alles schon so lange zurück. Aber für Memette selbst war das erst gestern gewesen.

Memette und Pepette auf dem Cap d'Antibes waren wieder, wie früher, fleißig bei ihren Rosen, die sie in ihren Gärten und Gewächshäusern heranzogen und zum Verkauf an ihre alten treuen Kunden zurechtmachten. Und in jeder Minute seiner freien Zeit beschäftigte sich Pepette auch weiterhin mit seinen eigenen Versuchen, eine neue und noch wundervollere Rose zu züchten, hoffte noch immer, eines Tages vor einer wahren Paolino-Prachtrose zu stehen und »Stupendo! Magnifico!« zu rufen. Einer Rose, mit Stielen so lang und stark wie sein Arm, einer Rose, die so ausdauernd war, daß sie auch in den wärmsten Räumen viele Tage lang anmutig und frisch blieb, die vollkommene Rose für einen Blumenhändler, der sie an Leute ohne Gärten verkaufen wollte.

O ja, sie waren sehr beschäftigt, die Tage flogen nur so dahin, aber natürlich wünschten sie sich oft, sie könnten ihre Großkinder etwas häufiger sehen. Memette sagte, sie seien ja schon ganz entsetzt, wie schnell ihre eigene Louisette aufgeschossen war, sich verliebt und geheiratet hatte, und wenn man erst einmal Enkel hat, dann vergeht die Zeit gleich noch einmal so schnell. Und übermorgen schon, ja, für sie war das übermorgen, dann würden auch ihre beiden Enkelkinder schon erwachsen sein und vom Heiraten reden. Und sie hätten dann so wenig von den Kindern gehabt, so sehr wenig.
Droben in Tassin bei Lyon – und besonders an trüben, regnerischen Tagen – stimmte Francis Louisette von ganzem Herzen zu, ja, es wäre wundervoll, drunten auf dem Kap, wo das Klima für die empfindlichen kleinen Rosensämlinge viel günstiger war, Rosengärten zu haben. Und Louisette dachte natürlich daran, wie wundervoll es wäre, wenn sie nur hinüberzulaufen brauchte, um Pepette und Memette einen Gutenmorgenkuß zu geben, statt erst sechs lange, langweilige Stunden im Zug zu sitzen und Alain und Michèle immer wieder fragen zu hören, ob sie denn nicht endlich da seien. Und wenn nicht, warum nicht? Und was war denn nur mit dem Zug los, der kroch ja wie eine Schnecke?
Aber nicht diese triftigen Gründe waren es, die schließlich die Familie Meilland dazu bewegten, an einen Umzug zum Cap d'Antibes zu denken. Es klingt absurd, aber der Grund war, daß dort oben in Tassin alles so sehr gut ging!
Es war im Jahre 1947, nur zwei bewegte, von Arbeit erfüllte Jahre nach der Ankunft jenes bedeutungsvollen Briefes aus Amerika. Sie waren sich inzwischen darüber klargeworden, daß sie eine große, eine sehr wichtige Entscheidung, ja, die größte, wichtigste Entscheidung ihres Lebens überhaupt treffen müßten. Entweder muß-

ten sie ihre ganze Zeit, ihre Kraft und Erfahrung opfern und erstklassige Rosen für den Verkauf heranziehen – dieser Zweig ihres Geschäfts blühte –, oder sie mußten ihre ganze Zeit und ihr ganzes Können darauf richten, neue Rosensorten zu züchten und auf den Markt zu bringen. Auch dieses Geschäft wurde immer wichtiger. Rosengärtner in der ganzen Welt wollten gern die neuen Rosen kaufen, die von Meilland und Sohn gezüchtet, getestet und geprüft worden waren.
Wie die Dinge lagen, waren sie in Gefahr, sich zwischen zwei Stühle zu setzen. Sie konnten nicht das eine zur vollen Zufriedenheit weiterführen, ohne das andere zu vernachlässigen. Wofür sollten sie sich entscheiden?
Es ist wohl besser, die langen Diskussionen in der Familie, die Prüfungen des eigenen Herzens, die Bedenken, die Vernunft und Klugheit vorbrachten, zu übergehen und einfach zu sagen, daß die Leidenschaft, neue und immer schönere Rosen zu züchten, hoch aufflammte, das Feuer, das auch schon Francis' Urgroßvater, sein Großvater und Papa Meilland so gut gekannt hatten, und das alles andere erstickte.
Sehr aufregend schien das vielen ihrer wohlmeinenden Freunde und Nachbarn, und sehr riskant! Ja, Papa Meilland sagt, man konnte es fast schon hören, wie sie dunkel argwöhnten – und nicht zum erstenmal –, daß Francis ganz gewiß noch einmal seinen Vater und seine ganze Familie »auf Stroh betten« würde! Und einen mitleidigen Blick hatten sie auch für Papa Meilland, einen Blick, der deutlich genug die Meinung verriet, daß die vielen amerikanischen Dollars wohl auch ihm zu Kopf gestiegen seien.
Als sie diesen Entschluß erst einmal gefaßt hatten, wendeten sie sich sofort an einen ihrer Konkurrenten, an Monsieur Francisque Richardier, der eine recht bedeutende Rosengärtnerei ebenfalls in der Nähe von Lyon

hatte, ein Mann und Rosengärtner, für den Papa Meilland immer die höchste Achtung gehabt hatte, und Papa Meilland hält sich für einen guten Menschen- und Rosenkenner.
Sie besuchten also Monsieur Richardier und fragten ihn, ob er daran interessiert sei, ihr gutgehendes Rosengeschäft in Tassin mit allem Drum und Dran zu kaufen, und legten ihm die nötigen Unterlagen und Zahlen vor. Monsieur Richardier, so scheint es, hörte sich aufmerksam und schweigend an, was sie ihm zu berichten hatten, und dann sagte dieser ausgezeichnete und kluge Mann: »Wenn Ihr Geschäft nur halb so gut ist, wie Sie mir sagen, wundert es mich, daß Sie nicht die Hälfte für sich behalten wollen.«
Er wunderte sich! Jetzt war es an Papa Meilland und Francis, sich zu wundern. Der Gedanke, sich zur Vorsicht mit fünfzig Prozent an dem Geschäft in Tassin zu beteiligen, war ihnen gar nicht gekommen, und je länger sie jetzt darüber nachdachten, desto vernünftiger, ja, geradezu ausgezeichnet erschien er ihnen.
Sie überlegten also gar nicht mehr lange, machten einen Vertrag, und Monsieur Richardier übernahm bewundernswert schnell und geschickt die Geschäfte. Ein neues Firmenschild wurde aufgerichtet, und die Rosenschule in Tassin bei Lyon hieß jetzt »Établissement Meilland-Richardier«.
Als Papa Meilland einen letzten Rundgang machte und sich dabei an vergangene Zeiten erinnerte, fühlte er sich auf einmal seltsam getröstet, so als wisse er ganz sicher, daß Claudia ihren kühnen Plan von Herzen gut geheißen hätte. Sie war immer so eifrig, so unternehmungslustig, so voll neuer Ideen, so voller Zuversicht.
Vor allem bewegte es Papa Meilland, daß sie jetzt dorthin kommen sollten, wohin sich Claudia immer so sehr gesehnt hatte. Es war, als sollte auch dieser Traum wahr

werden, sich für ihren Sohn erfüllen, und für ihn selbst, Papa Meilland.

Und plötzlich wußte er auch, daß nicht nur Sorgen und Angst vor der Zukunft ihn heimlich beunruhigt hatten, nein, nein, es war das Gefühl, daß es fast schon ein Verrat war, eine Lieblosigkeit, diese Rosengärten, die voller Erinnerungen steckten, einfach aufzugeben. Er blickte hinauf zu dem neuen Firmenschild »Meilland-Richardier«, da wurde ihm wohler, viel wohler.

Es war am ersten Tage des fröhlichen Monats Mai im Jahr 1948, da krempelte Memette die Ärmel auf und machte sich daran, die beste Pasta asciutta ihres Lebens zuzubereiten, und Pepette schnitt die schönsten Rosen und schmückte damit künstlerisch den Tisch zum Willkommen für Papa Meilland, Francis, Louisette und die Kinder in ihrem neuen Heim, in ihren neuen Gärten und Gewächshäusern dort unten auf dem Cap d'Antibes. Louisettes Traum, einst so hoffnungslos, und auch so hoffnungslos teuer, war Wirklichkeit geworden.

Doch dieser teure Umzug war natürlich nicht nur durch einen Wink mit dem Scheckbuch zu bewerkstelligen gewesen; hatte das Wunder von 3 - 35 - 40 ihn ermöglicht. Alle Rechnungen, und bei manchen sträubten sich Papa Meilland die Haare, wurden mit den Dollars, die noch immer aus Amerika angerollt kamen, bezahlt. Ja, es war überwältigend, ganz unfaßbar, daß all dies möglich geworden war dank der großartigen amerikanischen Loyalität gegenüber einem Rosengärtner im weit entfernten Frankreich.

Wenn Papa Meilland jetzt zurückschaut, wird es ihm klar, daß ihr eigenes glückliches Schicksal die Flammen nur um so heftiger anfachte, das Ziel, das Francis sich gesteckt hatte, noch erstrebenswerter machte: Gerechtigkeit für alle Züchter überall, für alle Schöpfer einer neuen und schönen Blumen- oder Pflanzensorte.

Und im folgenden Jahr fand Francis trotz schwerer unermüdlicher Arbeit, die der Umzug mit sich brachte, immer noch die Zeit, die Handelsrosengärtner in Frankreich nicht übel in Erstaunen zu versetzen. Und erstaunt war auch der Direktor für Industrielles Eigentum dort oben in Paris.

Der Direktor für Industrielles Eigentum, müssen Sie wissen, war und ist noch heute die maßgebende Persönlichkeit in Frankreich, bei der man ein »Brevet d'Invention«, ein Patent für eine Erfindung, beantragt. Und da kam nun dieser Rosengärtner Francis Meilland und beantragte ein Patent für eine neue Rose, die er gerade gezüchtet hatte: »Rouge Meilland«, als wäre diese »Rouge Meilland« irgendein neues Werkzeug, eine arbeitsparende Erfindung oder irgendein neuer Maschinenteil.

Ja, dieser Rosengärtner Francis Meilland hatte sogar einen tüchtigen Anwalt bestellt, einen Experten, der sich in den französischen Patentgesetzen sehr genau auskannte, und die beiden konnten dem Direktor für Industrielles Eigentum so überzeugende Beweise vorlegen, so viele Unterlagen, aus denen ganz eindeutig, ohne den Schatten eines Zweifels hervorging, daß Francis Meilland wirklich der Urheber von »Rouge Meilland«, einer völlig neuen Rose, der einzigen Rose ihrer Art in der ganzen Welt, war. Sie wiesen nach, daß er deshalb gesetzlich berechtigt war, ein Patent zu beantragen, das ihm und seiner neuen Schöpfung nach französischem Recht denselben gesetzlichen Schutz gewähren würde wie jedem, der irgendeine andere völlig neue und einzigartige Erfindung gemacht hat.

Der Direktor für Industrielles Eigentum, baß erstaunt über diesen bisher ganz unerhörten Fall, prüfte alle Unterlagen und erkannte die Berechtigung des Anspruchs an. Und zum erstenmal in der Rechtsgeschichte

Frankreichs erhielt einen Rosengärtner ein Brevet d'Invention für eine neue Rose.
Ein Sprichwort sagt: »Jedes Ding hat seine zwei Seiten.« Die bittere Wahrheit ist, daß dieser Triumph Francis viele Feinde schaffte. Die Handelsrosengärtner in ganz Frankreich waren wütend, sie schnaubten vor Zorn, dieses Patent war ganz und gar gegen jeden seit je geübten Brauch. Nie vergaß Francis den Gartenbaukongreß in Biarritz, den er bald darauf mit Monsieur Richardier besuchte. Es war ein stürmischer und sehr erregter Kongreß.
»Wir beide«, schrieb Francis später, »kamen sehr entmutigt und niedergeschlagen nach Hause. Unsere guten Freunde von gestern waren unsere bittersten Feinde geworden, weil sie nicht einsehen wollten, daß es gerecht ist, eine neue Pflanzen- oder Blumensorte unter Patentschutz zu stellen, weil sie nicht einsehen wollten, daß sie nun nicht mehr das Recht hatten, jede neue Sorte beliebig zu vermehren und zu verkaufen, wie sie es bisher getan hatten – weil nun die neue Sorte durch ein Patent geschützt ist.«
Die Züchter aus ganz Frankreich jedoch waren Francis dankbar. Francis Meilland hatte den moralischen Mut aufgebracht, den ersten und entscheidenden Schritt zu tun, »le premier pas qui coûte«, den man bisher für ganz aussichtslos gehalten hatte. Nach diesem Erfolg konnte jeder Züchter, der eine neue Pflanzen- oder Blumensorte geschaffen hatte, über Nacht ebenso glücklich werden wie ein anderer Erfinder. Auch er konnte jetzt ein Brevet d'Invention beantragen und gesetzlich an dem Gewinn beteiligt werden, den seine Arbeit anderen einbrachte.
Der Name »Rouge Meilland« war ja eigentlich viel zu poesielos und viel zu sachlich für eine neue wunderschöne rote Rose, aber Francis hatte gemeint, man müsse

ganz nüchtern und sachlich sein und nicht poetisch und phantastisch, wenn man zum erstenmal dem Direktor für Industrielles Eigentum gegenübertritt. Und wieder waren es ihre amerikanischen Freunde, die ihnen eine große Freude machten. Sie fanden genau den passenden Namen für »Rouge Meilland«, sie nannten sie »Happiness«, Glück. Sie waren alle glücklich darüber, daß Francis diese erste Schlacht in seinem Feldzug für das Recht aller Züchter siegreich gewonnen hatte, einen Feldzug, den er, wie er sich geschworen hatte, nicht aufgeben würde – gleichgültig, wie stark seine Gegner waren, gleichgültig, was er ihn kosten würde –, bis alle Züchter in allen zivilisierten Ländern der Erde Gerechtigkeit gefunden hatten.
Aber Gerechtigkeit für die Züchter war es nicht allein, um die es Francis ging. Er war ein ganz ungewöhnlicher Mann, er sah es ganz deutlich: Eine neue Rose ist wie ein Gedicht, eine Sinfonie, ein Kunstwerk. Sie ist nur dann von Dauer, wenn sie das Herz bewegt, wenn sie den Alltag schöner, anmutiger und froher macht.
So stimmte er Papa Meilland, der ja wie immer mit beiden Beinen fest auf Gottes Erdboden stand, aus ganzem Herzen zu, daß sie, wenn sie an einer neuen Rose arbeiteten, nicht an die wenigen Glücklichen denken sollten, die einen eigenen idealen Garten und die Zeit und das Geld dazu hatten, eine exotische, aber sehr anspruchsvolle Schönheit zu hüten und zu hätscheln, sondern an die Millionen anderer, die auch gern einmal eine neue Rose kaufen und in ihren einfachen Garten pflanzen wollen. Oder an die, die keinen eigenen Garten haben, aber doch gern an einem Festtag einen Menschen, den sie liebhaben, mit Rosen beschenken möchten.
Francis sah jetzt ganz deutlich den einzig möglichen Weg, um alle ihre Vorstellungen in die Wirklichkeit umzusetzen, er betrachtete die neuen Rosengärten und Ge-

wächshäuser auf dem Cap d'Antibes als das Zentrum einer Organisation der besten Rosengärtner, einer internationalen Organisation. Überall in der Welt würden sie ihre Gärtnereien haben.
Sie selber dort auf dem Kap würden ihre ganze Zeit und alle ihre Mittel opfern und alles tun, um neue bessere und schönere Rosen zu züchten. Sie würden noch mehr Gewächshäuser bauen und die zarten Rosensämlinge unter idealen Bedingungen aufwachsen lassen. Auf diese Weise konnte man die lange und langsame Prozedur der Auswahl und Befruchtung sehr beschleunigen.
Nur die vielversprechendsten neuen Rosen würden dann aus der Obhut der Gewächshäuser genommen und draußen ausgepflanzt werden, und zwar nicht nur auf ihrem eigenen Land drunten auf dem Cap d'Antibes, sondern auch oben unter dem kühleren Himmel in dem rauheren Klima der Rosenschule von Meilland-Richardier in Tassin bei Lyon.
So würden die Sämlinge unter den wachsamen Augen von Monsieur Richardier, Papa Meilland und Francis viele Jahre lang wachsen und blühen. Nur, wenn sie überzeugt waren, daß hier eine wirklich vielversprechende neue Rose heranwuchs, wollten sie eine Partie an die anderen Mitglieder der Organisation schicken.
Jeder Rosengärtner, der zu dieser Organisation gehörte, würde nun die neue Rose in ein Versuchsbeet in seinem eigenen heimatlichen Garten und unter seinem eigenen Himmel pflanzen, sie genau beobachten, und dies nicht nur einen Frühling und Sommer lang, sondern mindestens drei volle Jahre, bis sie sich endlich alle überzeugt hatten, daß sie diese neue Rose guten Gewissens in ihre Kataloge aufnehmen könnten. Oder auch, daß sie auf diese neue Rose verzichten müßten, wenn sie trotz eines vielversprechenden Anfangs die hohen Erwartungen doch nicht erfüllt hatte.

Francis plante, die Mitglieder dieser internationalen Organisation sollten sich jedes Jahr gegen Ende Mai auf dem Cap d'Antibes treffen, so daß sie selber sehen konnten, was Francis und Papa Meilland in diesem Jahr geleistet hatten. Gemeinsam wollten sie dann über den Erfolg – oder auch Mißerfolg – ihrer neuen Rosen sprechen, Pläne für die Zukunft machen und sich vergewissern, daß sie auf dem richtigen Weg waren.

»Wir müssen reisen«, schrieb Francis, »wir müssen mit den großen Gärtnern wie auch mit Leuten, die kleinere Gärten haben, in Kontakt bleiben, wir müssen immer auf dem Posten sein, für alles Augen und Ohren offenhalten, um zu erfahren, was die Menschen in aller Welt von einer neuen Rose erhoffen. Unser einziges Ziel muß es immer bleiben, alle, die einen Rosenstock pflanzen oder eine Rose bei einem Blumenhändler kaufen, immer mehr zufriedenzustellen und immer mehr Freude zu bereiten.«

Nun, es ist klar, daß eine internationale Organisation wie diese, die nur die hervorragendsten Rosengärtner zu ihren Mitgliedern zählt, nicht allein mit ein paar höflichen Briefen aufgebaut werden kann. Und Papa Meilland mußte noch oft an jenen längst vergangenen Abend denken, als Francis sich für den Kursus für Englische Sprache und Literatur fertiggemacht hatte und sich plötzlich in der Tür noch einmal umwandte: »Wißt ihr was«, hatte er gesagt, »ich glaube jetzt, daß ich eines Tages um die Welt reisen werde.« Und das hatte ein Junge gesagt, der noch nicht einmal in Paris gewesen war!

Und doch war es genau das, was er jetzt tat, und im Wirbelwindtempo dazu, glühend vor Begeisterung, Feuer und Flamme in seinem leidenschaftlichen Glauben an die Zukunft. Nacheinander flog er nach Italien und Marokko, in die Schweiz, nach England, Spanien und Algerien, nach Belgien, Holland, Deutschland und Kanada, in die Vereinigten Staaten und nach Mexiko und traf sich überall mit berühmten Rosengärtnern, diskutierte mit ihnen die Grundsätze, auf denen ihre Organisation aufgebaut werden müsse, und vereinbarte mit ihnen eine Satzung, nach der sie sich alle richten sollten. Und zwischen diesen »Voyages-Éclair«, diesen Blitztouren, wie Papa Meilland sie nannte, schaffte Francis viele Tage lang bis spät in den Abend in den Gewächshäusern und auf den Feldern.

Wie oft dankte Papa Meilland dem Himmel, daß Louisette Francis so gut verstand, daß sie alle seine Hoffnungen teilte, seinen Traum, seine Zukunftspläne! Sonst hätte es wohl schiefgehen können. Aber ihre Ehe war wirklich vollkommen. Louisette liebte sie alle und sorgte für sie, war immer fleißig in dem neuen Haus, im Garten und in den Gewächshäusern, oder sie hämmerte auf der Schreibmaschine, um bei der internationalen Korrespondenz mitzuhelfen. Aber das Allerschönste: Louisette war wie Memette, ihre eigene kleine Mutter, und wie Claudia, die Schwiegermutter, die sie gar nicht gekannt hatte. Auch sie verstand es, um sich herum eine gemütliche Atmosphäre zu verbreiten, ein behagliches und gastfreundliches Haus zu führen, in dem sich alle wohlfühlten, die zu ihnen kamen.

Für Alain und Michèle war Cap d'Antibes das reinste Paradies: der lustige Sonnenschein, das warme blaue Meer, die Gärten und Memette und Pepette, die nur zehn Minuten entfernt wohnten, sie maßlos verwöhnten und ihnen Geschichten erzählten von ihrer Urgroßmamma Paolino und Papa Korporal, von Pepettes Krick-Krack-Schuhen und Stiefeln und von dem abscheulichen Hund Perla, der Memettes erste Pasta asciutta verschmäht hatte.

Und es tat Papa Meillands Großvaterherzen gut, wenn er sah, wie braungebrannt sie waren und wie gesund sie ausschauten, und wie aufgeschlossen und geschickt Alain war, der geborene junge Rosengärtner, wie er im Buche steht.

Eines glorreichen Tages im Juni 1950, nur zwei Jahre nach dem großen Umzug zum Cap d'Antibes, saßen achtzehn bedeutende Rosengärtner aus achtzehn verschiedenen Ländern um den langen Tisch auf der schattigen Terrasse vor dem neuen Haus. Jenseits der Rosenfelder blitzte das Meer, und der Himmel über ihnen war blau und wolkenlos, als diese achtzehn Rosengärtner ihre Gläser erhoben und auf das Wohl der »Universal Rose Selection« tranken, der ersten internationalen Organisation für die Züchtung und Verbreitung neuer Rosen.
Wieder war ein Traum Wirklichkeit geworden. Dort saßen sie, die Mitglieder der Organisation, um deren Zustandekommen Francis sich so sehr bemüht hatte, und jeder einzelne verpflichtete sich, »alle, die einen neuen Rosenstock pflanzen oder eine Rose bei einem Blumenhändler kaufen, immer mehr zufriedenzustellen«.
Papa Meilland, der auch mit dabeisaß, weiß heute noch nicht, wieso und warum, aber in jenem Augenblick wanderten seine Gedanken zurück, um ein ganzes Jahrhundert zurück bis ins Jahr 1850, zu dem braven Gärtner Joseph Rambaux, der zwölf Stunden am Tage im Tête-d'Or-Park in Lyon arbeitete und dann zu Hause noch das letzte Tageslicht ausnutzte, um unter seinen Rosen, die er mit so viel Liebe in seinem eigenen kleinen Garten zog, zu arbeiten. Und der daneben noch immer Zeit hatte und die Geduld, zehn wunderschöne eigene Rosen zu züchten.
Und heute, hundert Jahre später, saß hier auf dem Cap d'Antibes Josephs Urenkel, Francis Meilland, der Gründer dieser einzigartigen Organisation, der Universal Rose Selection.

Dann wanderten Papa Meillands Gedanken weiter zu den schweren Jahren, den Kämpfen und Enttäuschungen, zu vielen dunklen Stunden in der Vergangenheit. Und sein Gewissen fragte ihn anklagend und vorwurfsvoll: »Nun . . . ?« Und Papa Meilland folgte seinem Gewissen und gestand sich reumütig ein, daß der Glaube wirklich Berge versetzen könne und daß er, der Himmel verzeihe es ihm, das so oft bezweifelt hatte. Ach ja, man lernt im Leben niemals aus.
Man mußte auch arbeiten, natürlich, der heilige Jakobus wußte das. »Der Glaube ohne Werke ist tot«, hatte dieser einsichtige Heilige erklärt, der gute Monsieur le Curé hatte das den jungen Köpfen in seinem Katechismusunterricht immer wieder gut und richtig eingehämmert. Und nun, so viele Jahre später, an diesem glorreichen Junitag, saß Papa Meilland da und erinnerte sich wieder daran.
Und als Papa Meilland mit den anderen sein Glas erhob, wußte er, daß auch der gute Heilige fröhlich sein himmlisches Glas erhoben und mit ihm angestoßen hätte, nicht im geringsten beleidigt, weil ein alter fleißiger Rosengärtner ihn wörtlich genommen hatte.

In diesem selben Jahr 1950 kam eine neue Rose auf den Markt und wurde ohne großes Aufsehen ein guter Freund für manchen Gartenliebhaber in manchem Land. Es war etwas an dieser Rose, das die französischen Rosenkataloge sehr volltönend mit »épanouissement généreux et vigoureux« beschreiben, und wenn man die schlichte Wahrheit hinter diesen Worten sucht, so heißt das nichts anderes, als daß sie gar nicht zimperlich und mit allem zufrieden ist und zu einem dankbar blühenden und zuverlässigen Stock heranwächst.
Sie steht sehr aufrecht, die hellgelben Knospen lassen nicht müde die Köpfe hängen, sie stehen stets stolz und

gerade zwischen dem sauberen blanken Laub und öffnen sich zu den üppigen Blüten, deren blaßgoldene Blütenblätter in ein tiefes Rosa spielen, ein Rosa, wie wir es manchmal bei der einfachen Kapuzinerkresse in einem Landhausgärtchen finden. Und ihr Duft ist sehr frisch, süß und rein.

Der Name dieser Rose ist »Grandmère Jenny«. Vielleicht haben Sie selber einen Stock in Ihrem Garten, oder Sie finden ihn im Garten eines Freundes oder in einem öffentlichen Park. Wenn Sie vor ihm stehenbleiben und ihn bewundern, denken Sie doch bitte für einen Augenblick an die aufrechte Grandmère Jenny, die mit ihrer einen gesunden Hand für zwei geschafft und vor vielen Jahren so tapfer gearbeitet hat, damit ihre vier Kinder die kleine Schule in dem französischen Dörfchen Chamboeuf besuchen konnten, bis sie zwölf Jahre alt waren, und die so sehr stolz und glücklich war, als sie alle vier, einer nach dem anderen, ihr Certificat d'Études nach Hause brachten, wo diese Dokumente gerahmt und an die Wand gehängt wurden, so daß jeder sie sehen und bewundern konnte.

Nie hätte sich Grandmère Jenny träumen lassen, daß einmal eine schöne, süßduftende Rose ihrem Andenken gewidmet würde und daß diese gleich zwei stolze Ehrendiplome und zwei schöne Goldmedaillen gewinnen würde, alle in einem Jahr, auf vier der größten internationalen Rosenschauen.

Grandmère Jenny, meint Papa Meilland, wäre wohl unendlich viel stolzer, wenn sie wüßte, daß man sich noch immer der vier Certificats d'Études erinnert, die einmal nebeneinander auf dem Ehrenplatz an der Wand ihres Wohnzimmers gehangen haben, auf einem kleinen Bauernhof in dem stillen, so wenig bemerkenswerten französischen Dörfchen Chamboeuf.

Von nun an brachte jede Post, wie Francis selber schrieb, Einladungen, »Einladungen von allen Seiten, zur Eröffnung städtischer Rosengärten, zu internationalen Rosengärtnerkonferenzen oder zu Zusammenkünften von Züchtern aus aller Welt«.

Es war natürlich ganz unmöglich, alle diese Einladungen anzunehmen, aber trotz der schweren Arbeit und Verantwortung, die auf ihm lasteten, nahm Francis immer an, wenn er nur konnte. Es machte ihm große Freude, mit Menschen zusammenzukommen und zu sprechen, die Rosen liebten. Aber keine geplante Zusammenkunft, kein offizielles Fachgespräch hat ihm jemals soviel Vergnügen gemacht, wie eine ganz zufällige Begegnung – in einem amerikanischen Einkommensteueramt!

Louisette erzählt, daß Francis in die Staaten geflogen war. Es war eine jener Voyages-Éclair, wie Papa Meilland sie nannte; und es waren wahrhaftig »Blitzreisen«, denn am Morgen arbeitete Francis noch mitten unter ihnen bei den Rosen auf dem Cap d'Antibes, und am Abend des nächsten Tages war er schon Hunderte von Meilen weit weg, vielleicht sogar am anderen Ende der Welt, und spazierte und redete mitten unter den Rosen eines ihrer Freunde von der Universal Rose Selection. Und vierundzwanzig Stunden später, manchmal auch schon früher, war er wieder zu Hause und fest bei der Arbeit bei den Rosen auf dem Cap d'Antibes und beschrieb seine letzte »Blitzreise« so anschaulich, daß die Zuhörer meinten, sie sähen und hörten, was Francis erst gestern – so viele, viele Meilen weit weg – gesehen und gehört hatte.

Papa Meilland pflegte dazu oft zu bemerken, daß diese modernen Blitzflüge um den Erdball ja ganz schön Zeit sparten, aber es habe doch etwas Beunruhigendes, wie sich die Welt dadurch veränderte. Einst, als er ein Junge war, habe er sie sich als ein unendliches herrliches Universum vorgestellt, aber nun schrumpfte sie buchstäblich zu Taschenformat zusammen.

Nun, am letzten Nachmittag einer dieser »Blitzreisen« – diesmal nach Amerika – mußte Francis eine Behörde an der Lexington Avenue in New York aufsuchen – Louisette glaubt sich zu erinnern, daß diese Behörde sich »Einkommensteuerinspektion« nannte – und mußte dort, wie alle dollarverdienenden Ausländer, wenn sie die Vereinigten Staaten verlassen wollen, eine unterschriebene Erklärung abgeben.

Der Inspektor, dem Francis das unterschriebene Schriftstück gab, sah es einen Augenblick lang an und wandte sich dann an einen Kollegen, einen höflichen, aber sehr ernsten Mann, der neben ihm saß.

»Dieser Herr ist ein französischer Rosengärtner«, sagte er mit solchem Nachdruck, daß Francis einen Moment überlegte, ob selbst amerikanische Steuerinspektoren wohl solche Steuerzahler vorziehen, die einer weniger riskanten Beschäftigung nachgehen, solche, die so wunderbar einfache Einkommensteuererklärungen abgeben, daß die Beamten weder Kopfschmerzen noch Magengeschwüre davon bekommen.

Aber er hatte sich geirrt, denn der andere Inspektor schaute auf, und beinahe lächelte er.

»So?« sagte er. »Wie heißt er denn?«

»Francis Meilland.«

»Francis Meilland . . . « , wiederholte der zweite Inspektor, als erinnere ihn der Name an irgend etwas. Er wandte sich an Francis und fragte: »Kennen Sie den Mann, der die Rose ›Peace‹ nach Amerika gebracht hat?«

»Gewiß«, sagte Francis. »Sehr gut sogar. Ich bin's nämlich selber.«

Es war, als habe Francis ein Zauberwort gesprochen, ein »Sesam-öffne-dich«. Plötzlich waren alle amtlichen Formalitäten vergessen, und Francis erfuhr, daß diese beiden Herren leidenschaftliche Gärtner waren und Rosen vor allen anderen Blumen liebten. Und »Abrakadabra« verschwunden waren die beiden zwar höflichen, aber doch sehr beflissenen amerikanischen Steuerinspektoren und der französische Dollarverdiener und Einkommensteuerzahler, und statt dessen schwatzten da drei tüchtige Gärtner, drei feurige Rosenliebhaber, freundschaftlich miteinander, als lehnten sie an einem Gartenzaun und nicht am ehrfurchtgebietenden Schalter des Einkommensteueramts. Und ihr Gespräch drehte sich natürlich nur noch um Rosen; über Steuern wurde auch nicht mehr ein einziges unnützes Wort verloren.
Louisette erzählt, daß Francis, als er nach Hause kam, ganz erfüllt war von dieser zufälligen und freundlichen Begegnung. Nicht nur, weil es ein ganz und gar unerwartetes Vergnügen war, ausgerechnet im Einkommensteueramt über Rosen zu sprechen. Nein, dieses Gespräch bedeutete Francis viel mehr als nur dies. Es kam gerade im rechten Augenblick. Es war eine rechte Erfrischung nach all der ermüdenden Arbeit, den vielen anstrengenden Reisen, die er für die Universal Rose Selection gemacht hatte. Dies waren zwei von den vielen Millionen unbekannter Rosenfreunde, an die er gedacht hatte, als er das erste und wichtigste Ziel der Universal Rose Selection formuliert hatte: »Alle, die einen Rosenstock pflanzen oder eine Rose bei einem Blumenhändler kaufen, immer mehr zufriedenzustellen und immer mehr Freude zu bereiten.«
Doch wenn Louisette heute daran denkt, wieviel diese Begegnung Francis bedeutet hat, wenn sie in Gedanken heute wieder diese ersten Jahre auf dem Cap d'Antibes erlebt, die stolze Entwicklung der Universal Rose Selec-

tion, wenn sie sich an das Tempo erinnert, mit dem sie alle arbeiteten, dann kann sie sich der schmerzlichen Gewißheit nicht erwehren, daß Francis besessen war von dem Gefühl, daß er eilen, eilen müsse, und daß er nicht einen Augenblick verlieren dürfe, wenn er alles das schaffen wollte, was er sich vorgenommen hatte, um seine Zukunftspläne, seine Träume zu verwirklichen.

Wie anders kann man es sich erklären, daß sie in so wenigen Jahren so viel erreichten? Es war, als steckte Francis sie alle an mit seiner glühenden Begeisterung, seiner schnellen, wachen Phantasie, seinem brennenden Eifer. Und in Rekordzeit waren sie mit allem fertig und so gut eingerichtet, daß Besucher aus der ganzen Welt kamen, um ihre neuen Gewächshäuser zu besichtigen. In diesen Gewächshäusern konnten sie jetzt viele zarte neue Rosensämlinge in lange Betonkästen pflanzen; jeder Kasten war ungefähr fünfundzwanzig Zentimeter tief und in so bequemer Höhe angebracht, daß man sich nicht mehr unnötig bücken und dabei schier das Rückgrat abbrechen mußte. Diese Kästen waren mit grobem sauberem Sand gefüllt, und in diesem Sand zirkulierte die genau richtige Menge einer Nährlösung; ja, es war genauso, wie wenn man ein zartes Baby mit einer Flasche aufzieht, aber hochwissenschaftliche Flaschen waren das, gefüllt mit der genau abgemessenen Menge sorgfältig aufeinander abgestimmter Nahrung.

In diesen Gewächshäusern war nichts mehr dem Zufall überlassen: Luft, Temperatur, Luftfeuchtigkeit, alles war automatisch geregelt und wurde ständig automatisch kontrolliert. Wenn Papa Meilland um diese sandgefüllten Kästen herumspazierte und die Tausende neuer Rosensämlinge betrachtete, die da fröhlich vor sich hinwuchsen, dann mußte er immer wieder an die alten Zeiten dort oben in Tassin bei Lyon denken. Jedes Stückchen Brachland mußten sie damals umgraben und bearbeiten,

wenn sie ein neues Versuchsbeet für fünfzig oder mehr Sämlinge brauchten. Und sie hatten von Glück sagen können, wenn eine Handvoll durchkam.
Er erinnerte sich dann wieder an jenen wirklich denkwürdigen Tag – wie lange schien das schon her zu sein! –, als Monsieur Mallerin geschrieben hatte, daß er noch in derselben Woche den berühmten amerikanischen Rosengärtner Mister Robert Pyle nach Tassin schicken werde, damit er sich ansehen könne, woran der vielversprechende junge Züchter Francis Meilland gerade arbeitete. Das Wetter war – vielleicht erinnern Sie sich noch – damals ganz abscheulich, und Papa Meilland und Francis waren in den Garten gestürzt und hatten über einem kleinen Versuchsbeet mit fünfzig jungen Rosenpflanzen ein kleines Zeltdach aufgestellt, als Schutz vor dem peitschenden Wind und dem Regen. Und wie jämmerlich hatten sie ausgesehen, diese winzigen Rosensämlinge! Aber sie waren alles, was Francis nach vielen Monaten schwerer und geduldiger Arbeit vorweisen konnte; und während sie das Zeltdach aufstellten, beteten sie, daß sie sich halten möchten, wenigstens so lange, bis Mister Robert Pyle aus Amerika sie besichtigt hatte.
Wie sich doch alles geändert hat, dachte Papa Meilland. Ihre Sämlinge waren nun nicht mehr der grausamen Gewalt eisiger Winde ausgesetzt, dem Hagel, dem Schnee oder plötzlichen Nachtfrösten, auch nicht gefräßigen Insekten und anderen verheerenden Plagen, übrigens aber auch nicht mehr der ebenso schrecklichen Gefahr, die ihnen von dem vorsorglichen einäugigen Caddy drohte, der überall nach einem sicheren, bequemen Versteck für einen guten Knochen suchte.
Nein, in diesen paradiesischen Gewächshäusern drohte ihren zarten Rosensämlingen keinerlei Gefahr. Sie brauchten bloß zu wachsen »en toute béatitude«, wie Papa

Meilland es poetisch ausdrückte – in himmlischer Seligkeit.

Wie einfach und bequem war es, um die sandgefüllten Kästen herumzugehen und festzustellen, welche Babyrose nun schon so weit war, daß man sie auspflanzen konnte. Ein vorsichtiger kleiner Ruck, und schon hatte man sie mit allen Würzelchen aus dem groben sauberen Sand herausgezogen, ohne auch nur die Wurzeln und das Wohlbefinden ihrer Nachbarinnen zu stören.

Diese wissenschaftliche Vereinfachung ihrer Arbeit war natürlich sehr sorgfältig überlegt und vorbereitet worden und hatte viel Zeit und Mühe gekostet, und doch hatte Francis immer noch die Kraft und auch ein paar freie Stunden gefunden, um für das Recht der Züchter zu kämpfen. In Amerika und Frankreich standen neugezüchtete Rosen jetzt unter gesetzlichem Schutz, aber nirgends sonst in der Welt. Also studierte Francis Völkerrecht, wälzte dicke Bücher über die verzwickten Patentgesetze in anderen Ländern und mußte feststellen, daß diese Gesetze alle ganz verschieden waren. Es war, um aus der Haut zu fahren! Auch nicht zwei Länder schienen sich in den Grundsätzen einig zu sein, geschweige denn in ihrer Anwendung.

Wahrhaftig, man brauchte die Kühnheit des heiligen Georg, um allein schon daran zu denken, gegen solch ein Bataillon tückischer Paragraphendrachen ins Feld zu ziehen, meinte Papa Meilland zusammenfassend. Und die Haare sträubten sich einem, wenn man bedachte, was die Prozesse alles kosten würden, denn natürlich mußten sie ausländische Rechtsanwälte zu Rate ziehen, Experten, die sich in allem, was mit dem Patentrecht ihres Heimatlandes zusammenhing, gründlich auskannten.

Aber Francis hatte jetzt prächtige Verbündete – alle Mitglieder der Universal Rose Selection standen ge-

schlossen hinter ihm, und mit ihrer Hilfe und ihrem Ansporn gewann er die notwendigen Rechtsanwälte, führte energisch in vielen Ländern kostspielige Prozesse, wiederholte hintereinander in vielen Sprachen immer dieselben unwiderlegbaren Tatsachen und legte überall die gleichen überzeugenden Beweise vor.
Er wollte sich nicht den Mut nehmen lassen, noch viel weniger sich geschlagen geben, wenn ein Prozeß sich unabsehbar in die Länge zog und die Kosten immer höher stiegen und wenn das Recht es noch immer beharrlich als gegeben »annahm«, daß ein Züchter niemals den Anspruch erheben könne, ein Erfinder zu sein.
Oft, oft mußte Francis an Mister Bumble in Charles Dickens' unsterblichem Roman »Oliver Twist« denken – von dem er in Lyon im Abendkurs für Englische Sprache und Literatur etliche passende Kapitel gelesen hatte.
»Wenn das Recht das als gegeben annimmt«, sagte Mister Bumble, »dann ist das Recht ein Esel – ein Idiot.«
Wie der sehr korrekte Professor dieses Abendkurses seine Schüler gewissenhaft belehrt hatte, sprach Mister Bumble nicht gerade das beste Englisch, aber nichtsdestoweniger äußerte er ganz unmißverständlich seine wohlüberlegte Meinung, eine Meinung, die auch Francis oft gar zu gerne selbst laut geäußert hätte. Tapfer kämpfte er weiter, und 1954 hatte er in Belgien, Deutschland, Spanien, Marokko, Italien und Südafrika gewonnen. Alle diese Länder erkannten schließlich an, daß ein Züchter das Recht auf gesetzlichen Schutz habe, daß er für eine neue Pflanze oder Blume, die er mühsam herangezüchtet hat, Patentschutz bekommen könne. Und Francis schrieb in sein Tagebuch: »Wenn ich auch sehr stolz bin, der geistige Vater der ›Peace‹ zu sein, viel wichtiger ist es für mich, die bedeutendsten Juristen die-

ser Länder endlich so weit gebracht zu haben, daß sie eine Realität anerkennen, die bisher nur ich allein erkannte und die niemand sonst wahrhaben wollte, sooft ich auch darauf hinwies.«

Mit neuem Schwung wandte sich nun Francis dem britischen Recht zu, und mußte bald enttäuscht erfahren, daß – in Sachen Patentschutz – der großartige streitbare Charles Dickens den Züchtern einen guten Dienst erwiesen hatte, als er Mister Bumble jene Worte in den Mund legte.

Das britische Recht »nahm als gegeben an«, daß die Züchter in Großbritannien keinen Patentschutz brauchten. Sie hatten einfach mit den britischen Gärtnern ein traditionelles »Gentleman's Agreement« zu treffen, und diese – so argumentierte man – würden nach dem traditionellen Brauch des Fair Play ihnen freiwillig einen Anteil am Gewinn für alle neuen Pflanzen oder Blumen zahlen. Die meisten großen Gärtner taten das auch sehr gewissenhaft. Aber weh und ach über das Gentleman's Agreement, denn viele andere wollten einfach nicht »ehrlich spielen«, wie die Briten sagen, sondern sie verstanden es immer wieder, sich auf Umwegen einige Exemplare einer neuen Sorte zu beschaffen und sie schleunigst zu vermehren. Und innerhalb weniger Monate verkauften sie die neue Sorte schon zu Tausenden und dachten gar nicht daran, sich als »Gentlemen« zu zeigen und dem Mann, der vielleicht viele lange Jahre gebraucht hatte, bis er diese Sorte gezüchtet und vervollkommnet hatte, auch nur einen Penny von dem Gewinn zu zahlen, den sie selbst erzielten.

Aber das britische Recht verschloß die Augen vor dem, was es nicht sehen wollte, und stellte sich auf den Standpunkt, daß ein Gentleman's Agreement für die Züchter völlig ausreiche. Und es hielt sich auch die Ohren zu, wenn die wahren Gentlemen unter den britischen Gärtnern immer wieder ein neues Gesetz forderten, um endlich der schamlosen und ganz und gar unbritischen Ausbeutung der mühseligen Arbeit anderer durch »Piraten« ein Ende zu machen. Jetzt aber, nachdem Francis die siegreichen Schlachten in Europa geschlagen hatte, bekamen sie neuen Auftrieb und zudem etliche Präzedenzurteile an die Hand, die sie ihrer Regierung vor die Nase halten konnten, mit der berechtigten Frage, ob denn Großbritannien hinter all diesen anderen zivilisierten Ländern herhinken wolle und wann es sich endlich dazu entschließen werde, die Arbeit der Züchter durch ein wirksames Patentgesetz zu schützen.

Aber die Mühlen des britischen Rechts – ebenso wie »die Mühlen Gottes« – mahlen langsam. Trotzdem: Man respektierte dies, und so hoffte und kämpfte man weiter.

Nun dürfen Sie aber nicht glauben, daß jetzt, nachdem die neuen Rosen in vielen Ländern ausgiebig geschützt waren, aus den Treibhäusern und von den Versuchsbeeten auf dem Cap d'Antibes die Neuzüchtungen so regelmäßig und automatisch herangerollt kamen, als seien sie am Fließband produziert.

Nichts wäre falscher als das. Papa Meilland sagt, man mag geradezu ideale Bedingungen haben, die neuesten Methoden anwenden, und doch braucht man Zeit, unendliche Geduld und die Augen, die einem der liebe Gott geschenkt hat, um eine neue Rose zu züchten, die es verdient, vermehrt zu werden. Es gibt keine wissenschaftliche Methode, mit der man die Ergebnisse einer Kreuzung vorausberechnen könnte, selbst wenn man die Elternrosen noch so sorgfältig und fachmännisch auswählt.

Für Papa Meilland ist es darum auch immer der bewegendste, der erregendste Augenblick, wenn er die »Erstgeborenen«, die ersten Knospen einer neuen Familie winziger Rosenstöcke, betrachtet. Früher, als noch so viele ihrer zarten Rosensämlinge wieder eingingen, hatten sie manchmal betrübt gedacht, ob nicht vielleicht eine wunderbar schöne neue Rose darunter gewesen und nun für immer verloren sei. Aber in den paradiesischen Gewächshäusern blieben alle achthundert oder mehr Sprößlinge einer neuen Familie am Leben, gediehen prächtig und brachten Blüten.

Natürlich waren sie alle verschieden, denn inzwischen waren die Vererbungsgesetze bekanntgeworden – wenn man von »Gesetzen« sprechen darf, meint Papa Meilland, denn jede neue kleine Rose scheint sich aus dem großen weitverzweigten Familienstammbaum ganz nach Belieben bestimmte Ahnen auszusuchen, denen sie am liebsten gleichen möchte.

Freilich ist dies auch der Augenblick, in dem man gewärtig sein muß, daß die meisten der achthundert Sprößlinge der neuen Familie wieder so enttäuschend durchschnittlich sind. Vielleicht aber sind doch ein paar dabei, bei deren Anblick es einem den Atem verschlägt. Etwas in diesen neuen Rosen hat weit in die Vergangenheit zurückgegriffen und sich die liebliche Eigenschaft des einen oder anderen langvergangenen, langvergessenen Ahnen wieder angeeignet: eine zauberhafte Blütenform oder eine anmutige Farbe, wie man sie schon lange nicht mehr gesehen hat, oder – und das ist immer das schönste für Papa Meilland – einen so frischen Duft wie in alten Zeiten, so daß man sich leicht vorstellen kann, daß seit den Tagen der rosenliebenden Kaiserin Josephine niemand mehr das Glück hatte, eine solche duftende Blüte an die entzückte Nase zu halten.

Dann sind da vielleicht ein oder zwei Sämlinge, die von ihren entfernten Verwandten wunderliche Eigenheiten geerbt haben und sich zu regelrechten Sonderlingen auswachsen, mit grellfarbigen Streifen zum Beispiel oder bizarren Flecken. Ja, meint Papa Meilland, diese Zigeuner unter den neuen Rosen scheinen einen anzuschauen und zu sagen: »Nun, wie sieht's jetzt aus mit der Vererbung?«

Aber es kann auch eine einzige neue Babyrose dabeisein, die die schönsten aller schönen Eigenschaften der begehrtesten aller Ahnen in sich vereinigt. Und schon steigen die Hoffnungen wie kochende Milch in einem Tiegel.

Kurz, man weiß niemals, was man alles zu sehen bekommt, wenn eine neue Familie winziger Babyrosen zum erstenmal aufblüht. Aber man weiß ganz gewiß, daß es auch jetzt keinen kürzeren Weg gibt. Nur die Zeit kann den wahren Wert selbst der vielversprechendsten neuen Rose offenbaren. Wieder und wieder okulierten die Meillands eine wunderschöne neue Rose; wieder und wieder schickten sie voller Hoffnungen Exemplare dieser veredelten Rose an die Mitglieder der Universal Rose Selection, die sie ebenso hoffnungsvoll in ihre Versuchsbeete pflanzten und sie dort wachsen und sich bewähren ließen. Und das konnte gut fünf Jahre dauern, aber ebensogut auch bis zu neun Jahren. Und zuletzt hielt die Rose vielleicht doch nicht, was sie anfangs versprochen hatte, zeigte enttäuschende Schwächen, und alles war umsonst gewesen: die Zeit, die mühevolle Pflege und die Geduld.

Aber natürlich konnten sich die Meillands auch über Erfolge freuen, und dann vergaßen sie prompt alle Fehlschläge und Enttäuschungen. 1955 zum Beispiel war es endlich soweit! Da warf Pepette beide Arme in die Luft und rief: »Stupendo! Magnifico!«, als er vor einer neuen Rose stand. Sie war geranienrot – und das ist ja immer eine sehr fröhliche Farbe –, und sie hatte lange, gerade und kräftige Stiele, fast ohne Dornen, und die Blätter zeigten ein schönes glänzendes Grün. Aber am meisten entzückten Pepette die Blüten dieser neuen Rose, die nicht nur in ihren Gärten unter der heißen Sonne von Antibes lange, lange frisch blieben, sondern auch in der Vase auf Memettes Tisch. Ja, diese liebenswürdige Rose behielt ihre Frische und ihre fröhliche Farbe viele Tage lang.

Nun, Pepette schaut bei einer neuen Rose vor allem darauf, ob sie sich auch gut schneiden und zu Sträußen binden läßt, ob sie auch im warmen Zimmer lange frisch bleibt und Freude macht. Papa Meilland dagegen denkt vor allem immer daran, ob eine neue Rose draußen im Garten gut aussieht und Freude macht. Und jetzt endlich hatten sie eine neue Rose, die ihrer beider Wünsche erfüllte. Und da fiel jemandem das französische Kartenspiel »Baccara« ein.

Im Baccara spielen die Pointeure gemeinsam gegen einen Einzelspieler, der sich großsprecherisch Bankhalter nennt. Und wenn es – was selten geschieht – wirklich einmal vorkommt, daß die Pointeure miteinander Karten in der Hand haben, die zusammen genauso viele Augen zeigen wie die Karten, die der Bankhalter gezogen hat, ruft man – oder murmelt auch höflich, je nach Temperament und Umgebung: »Baccara!«

Und hier war eine neue Rose, die beiden, Pepette und Papa Meilland, Karten mit gleicher Augenzahl zuzuteilen schien. So nannten sie diese anmutige Rose »Baccara«. Rosenfreunde in der ganzen Welt waren glücklich, wenn sie einen Stock der widerstandsfähigen, unermüdlich blühenden »Baccara« in ihren Garten pflanzen konnten, aber natürlich waren es vor allem auch die Blumenhändler der ganzen Welt, die diese neue Rose mit offenen Armen aufnahmen. Und heute sind, so schätzt man, achtzig Prozent aller Schnittrosen, die in Blumenhandlungen verkauft werden, Baccara-Rosen – lauter Nachkommen jenes einen winzigen Samenkorns, nicht größer als ein

Stecknadelkopf, aus dem in den paradiesischen Treibhäusern auf dem Cap d'Antibes ein winziger Sämling herangewachsen war, der vermehrt und ausgepflanzt und dann viele Jahre lang in den weit und breit verstreuten Gärten der Universal Rose Selection getestet und geprüft worden war.

Aber ganz unter uns, meint Papa Meilland, da lobe er sich doch noch mehr eine andere Rose aus dem erfolgreichen neuen Sortiment dieses Jahres: eine herrliche butterblumengelbe Rose mit glänzenden grünen Blättern und einem sauberen, frischen Duft, einem Hauch wie von einer Zitronenblüte. Jedenfalls sagt Papa Meilland, daß ihn ihr Duft ein wenig an Zitronenblütenduft erinnere. Sie nannten diese neue Rose »Belle Blonde«, und eine hübsche und auch sehr sittsame Blondine ist sie, sagt Papa Meilland, und habe absolut nichts mit der unseligen »Blondine« gemein, die in dem Bestsellerroman einer amerikanischen Autorin von den Herren gar sehr bevorzugt wird.

Noch eine andere ihrer neuen Rosen steht Papa Meillands Herzen besonders nahe, vielleicht, weil er auf einem kleinen Bauernhof in dem stillen, unscheinbaren Chamboeuf geboren und groß geworden ist und genau weiß, wie das so ist auf dem Land, kurz bevor der Morgen dämmert. Plötzlich, beim ersten schwachen Morgenlicht, kräht ein Hahn, ganz in der Ferne, fröhlich klingt es und triumphierend, und einen Augenblick später kommt von weither aus dem kühlen nebligen Morgendunst die Antwort von einem zweiten und dann von einem dritten Hahn. Und die Vögel bewegen sich, erwachen aus dem Schlaf und fangen alle gleichzeitig zu singen an. Und nur wer diesen ersten wunderschönen Augenblick des Tages erlebt hat, kennt auch die seltsame Verzauberung, wenn der erste ferne Hahn kräht, der Morgenchor jubelnd losbricht und der neue Tag über der Welt anhebt.

Für Papa Meilland schien diese neue kleine Rose etwas von der frischen unschuldigen Fröhlichkeit des frühen Morgens zu haben, und auch ihr Name war im Nu gefunden: »Cocorico!«

Und warum »Cocorico«? Nun ja, Papa Meilland gibt zwar zu, daß man behauptet, die englischen Hähne krähten »Cock-a-doodle-oo!« und die deutschen Hähne »Kikeriki!«. Aber ganz sicher scheint ihm das nicht, er hatte noch niemals das Vergnügen, einen englischen oder einen deutschen Hahn zu hören. Und jedes Kind in Frankreich wird Ihnen sagen, daß die französischen Hähne den Morgen mit einem schallenden »Co-co-ri-co! Co-co-ri-co!« begrüßen.

Wenn Sie einmal in Frankreich auf dem Land schon vor der Morgendämmerung wach sein sollten und hinausgehen, dann werden auch Sie es hören, sagte Papa Meilland; zuerst ganz weit, weit in der Ferne, dann näher und näher, so als wollten alle Hähne auf allen Höfen in der Runde einander und den blanken neuen Tag mit diesem triumphierenden »Cocorico!« begrüßen. Das war genau der richtige Name für diese fröhliche, frische kleine Rose.

Es ist wahr, sie hatten natürlich auch ihre Erfolge. Jedes Jahr konnten sie ein kleines, aber ausgezeichnetes Sortiment neuer Rosen anbieten, die von den Mitgliedern der Universal Rose Selection getestet und empfohlen worden waren, die Erfolg hatten und den Weltmarkt eroberten.

Sie können es sich sicher vorstellen: Wenn jeder Tag in der Woche bis zum Bersten mit Arbeit angefüllt ist, dann fliegen die Stunden, die Tage und die Wochen nur so vorbei. Schon war wieder der Monat Mai gekommen, und die Treibhäuser, der Garten und das Haus auf dem Cap d'Antibes hallten von vielen Stimmen und vielen Sprachen wider. Und Louisette, diesmal mit Memettes erfahrener Hilfe und gutem Rat, bereitete für die Mitglieder der Universal Rose Selection, die von nah und fern zu ihrem Jahrestreffen gekommen waren, wieder ein ausgezeichnetes und festliches Essen. Jetzt waren es schon fünfundzwanzig Abgesandte, »Vereinte Nationen der Rosengärtner«, sagte Francis glücklich, und im wahrsten Sinne des Wortes »universal«, denn sie hatten Rosengärten in aller Welt. Die Jahre vergingen, und allmählich nahmen auch die beiden Kinder an diesem großen Ereignis im Mai jeden Jahres teil. Michèle half den Kaffee auftragen, und Alain saß neben seinem Vater. Alle Gäste staunten, wie sie gewachsen waren, und machten Michèle in vielen Sprachen charmante kleine Komplimente. Alle sagten, daß Alain sie wahrhaft verblüffte. Er war ganz der Vater. Und wieviel er schon gelernt hatte, und wie genau er über die neuen Rosen Bescheid wußte! Man sah es ihm an, daß auch er aus ganzem Herzen die Rosen liebte – ja, die fünfte Generation einer großen Familie von Rosengärtnern und Rosenliebhabern wuchs da heran.

Es war grausam, ja tragisch, daß jetzt, als beide Kinder sich so entwickelten, wie es ihr Vater sich nur wünschen konnte, als die Universal Rose Selection nach so vielen Jahren hingebungsvoller Arbeit endlich verwirklicht und in der ganzen Welt bekannt geworden war, daß jetzt, als die Zukunft so voller Hoffnungen schien, plötzlich eine bedrohliche tiefschwarze Wolke ihr Glück überschattete.

Francis war körperlich nie sehr stark gewesen. Vielleicht erinnern Sie sich noch, daß er bei Ausbruch des Zweiten Weltkrieges vom französischen Heer zurückgestellt worden war. Aber er wollte nicht, daß jemand das erwähnte. Ja, es war schwer, sich überhaupt vorzustellen, daß Francis nicht kräftig war, er strotzte doch von rastloser Energie, war immer flink und tätig, fröhlich und immer übersprudelnd von heller Begeisterung. »Er lebt im siebenten Himmel«, hat einmal der bekannte und sehr kluge englische Rosengärtner Harry Wheatcroft von ihm gesagt. Aber jetzt auf einmal war Francis so beunruhigend oft müde und überanstrengt. Sie versuchten, sich selbst zu beruhigen und auch einander einzureden: War es denn ein Wunder? Ja, wie konnte man denn auch etwas anderes erwarten? Er hatte so lange so schwer gearbeitet, und viel zu gehetzt viel zu viele Jahre. Und sie baten ihn, sich einmal richtig auszuruhen.

Aber bald wurde ihnen das Herz wirklich schwer. Strapazen, Überanstrengung waren nicht die Ursachen, Francis war krank, schwer krank. Ruhe war wichtig, aber sie allein konnte ihn nicht mehr heilen.

Ihr Hausarzt war die Güte in Person, und er tat das einzig Richtige, was er jetzt noch tun konnte: Er traf für Francis eine dringende Verabredung mit einem bekannten Spezialisten in Paris, einem Krebsspezialisten.

Louisette begleitete Francis natürlich nach Paris. Als sie in das Wartezimmer geführt wurden, traute sie ihren Augen nicht: Dort auf dem Schreibtisch in der Ecke ihnen gegenüber stand eine Vase mit herrlichen Rosen: »Peace«. Zum erstenmal seit vielen Wochen wurde es Louisette wieder leichter ums Herz. Es kam völlig unerwartet, es war, als stünden diese geliebten Rosen nur für sie dort, zu ihrem Trost und zu ihrer Beruhigung.

Louisette wandte sich zu Francis um, aber die frohen Worte erstarben ihr auf den Lippen, als sie sein Gesicht sah, und sie konnte nur noch stammeln: »Mais . . . mais qu'as-tu?«

Er schien sie nicht zu hören. Er schien nicht einmal die Rosen zu sehen. Still und stumm stand er dort, sein schmales müdes Gesicht war wie umgewandelt, leuchtend von einer seltsamen schmerzlichen Ergriffenheit.

Dann öffnete sich die Tür. Das Schweigen war gebrochen, und eine höfliche Stimme bat sie hereinzukommen. Der Spezialist wartete schon auf sie.

Einige Tage später erst gab Francis eine Antwort auf das ängstliche: »Mais . . . qu'as-tu?«

»Louisette«, sagte er, »damals, als wir den Spezialisten besuchten, hörte ich, wie du mich fragtest, was denn mit mir sei. Da wußte ich, daß du nur die Rosen in dem Wartezimmer gesehen hast. Aber, Louisette, dort warteten nicht nur die Rosen auf uns. Meine Mutter war auch da. Sie stand neben ihren Rosen und lächelte mich an. Ich sah sie, Louisette. Ich sah sie deutlich, ganz, ganz deutlich.«

Noch nie hat Louisette das bisher jemandem erzählt. Aber auch jetzt, nach all den Jahren, die inzwischen vergangen sind, kann sie nicht glauben, daß es nur eine quälende Sinnestäuschung eines Menschen war, der wußte, daß er sterben müsse.

Sie kann es nicht glauben, wenn sie sich der Ergriffenheit in Francis' Gesicht erinnert, seiner ruhigen festen Stimme, als er wiederholte: »Ich sah sie deutlich, ganz, ganz deutlich.«

Sie ist überzeugt, daß Francis an jenem Tage seine Mutter, die er so sehr liebte, wirklich neben den Rosen, die er ihrem Andenken gewidmet hatte, stehen sah. Und bei diesem Gedanken fand er ganz gewiß Hilfe, Mut und Trost für die schweren Tage, die kommen sollten.

Alles, was menschenmöglich war, was die Liebe der Seinen tun konnte, wurde für Francis getan, aber er sollte sich nicht mehr erholen. Er starb im Juni 1958, als die Rosen gerade am schönsten blühten. Und alle Freunde und Nachbarn plünderten ihre Gärten, als fühlten sie, wie es Louisette ums Herz war; sie schnitten sämtliche Friedensrosen ab, und eingebettet in Friedensrosen, nichts als Friedensrosen, wurde Francis am 15. Juni auf dem stillen Friedhof von Antibes zur letzten Ruhe gebracht. Er war nur sechsundvierzig Jahre alt geworden.

Wie es in Frankreich der Brauch ist, wurden vor den Trauernden am offenen Grab viele Abschiedsreden gehalten, manche Huldigung ausgesprochen. Harry Wheatcroft, der englische Rosengärtner, war da mit den anderen Mitgliedern der Universal Rose Selection, und plötzlich erinnerte er sich, daß er ja versprochen hatte, für sie alle zu sprechen. Aber es war ihm nicht bewußt gewesen, daß er dort, vor dem rosengefüllten Grab, sprechen sollte. Ergriffen und schmerzbewegt faßte er in einem einzigen kurzen Satz zusammen, was sie alle empfanden:

»Wir beklagen heute den Verlust eines lieben Freundes, der mit seiner Arbeit die Gärten der Welt schöner und duftreicher gemacht hat und dessen Namen man mit den größten unserer Zeit nennen wird, wenn man an Rosen denkt!«

Harry Wheatcroft hatte recht. Der Name Francis Meilland wird immer, wenn man an Rosen denkt, genannt werden. Der kleine Junge, der einst seiner tapferen Mutter geholfen hatte, den schweren, mit Gemüsen vollbeladenen Handwagen über die Landstraßen zu schieben, der Vogelmiere gepflückt und zu hübschen kleinen Sträußen gebunden hatte, um sie auf dem Markt zu verkaufen, hat der Welt die geliebte »Peace« und viele andere anmutige und treue Rosen geschenkt.

Sicherlich werden auch die Züchter der Zukunft dankbar seinen Namen nennen.

1961, drei Jahre nach Francis' Tod, wurde in Paris ein internationales Abkommen unterzeichnet, und heute kann, dank diesem internationalen Abkommen, fast in der ganzen zivilisierten Welt jede neue Pflanze oder Blume patentiert, gesetzlich geschützt werden und so dem

Mann, der den Einfall hatte und das Geschick und die große hingebungsvolle Geduld, sie zu züchten, seinen ehrlich verdienten Anteil am Gewinn einbringen. Drei Jahre später erkannte auch Großbritannien die Rechtmäßigkeit dieses Anspruchs an; ein neues Pflanzen- und Samenschutzgesetz wurde erlassen und damit endlich der eines »Gentleman« durchaus unwürdigen, aber recht einträglichen »Piraterie« ein Ende gemacht.
Francis erlebte es nicht mehr, wie sein Wunsch, der ihm so lange auf der Seele gebrannt hatte, so herrlich in Erfüllung ging, aber es ist kein Zweifel, er war es, der mit aller Kraft den Spaten ansetzte und dem Triumph der guten Sache den Weg bereitete. Sein Traum, sein glühender Glaube an die Gerechtigkeit, seine unablässige harte Arbeit gewannen die ersten entscheidenden Schlachten und – trotz aller bergehoch sich türmender gesetzlicher Hindernisse – den endgültigen Sieg, der allen Züchtern Gerechtigkeit verschaffte.
Papa Meilland sagt: Wenn Glaube und Tatkraft diesen von Menschen aufgerichteten Berg versetzen konnten, warum dann nicht auch alle anderen Berge von Menschenhand, die noch immer den Weg zu gegenseitigem Verständnis und zur Gerechtigkeit unter den Völkern versperren?

Es hat keinen Sinn, ja, es fehlen die Worte, zu beschreiben, wie sehr die Familie Francis überall und zu jeder Stunde vermißte. Aber wie hätten sie, verloren in ihren eigenen selbstsüchtigen Kummer, die Hände in den Schoß legen und zusehen können, wie alle seine Pläne, seine Hoffnungen, alles, was er geleistet hatte, Not litt, verkümmerte und keine Früchte mehr brachte?
Alain war erst achtzehn, sein Herz hing an den Rosen, an allem, was sein Vater so großartig erdacht und aufgebaut hatte. Um seinetwillen, und auch um ihrer selbst

willen, nahmen sie die Fäden wieder in die Hand und gingen an die Arbeit.

Bald schlief Louisette nachts wieder ein wenig besser, nicht etwa, weil sie einen ganzen langen Tag in Haus, Büro und Gewächshäusern geschafft hatte – Arbeit allein ist kein Schlafmittel –, sondern weil sie sich in ihrer Verzweiflung sagte, daß sie den Mut aufbringen müsse, mit ihrem Kummer zu leben: sich umzudrehen und Francis nicht mehr an ihrer Seite zu finden.

Francis hatte nur einen Raum zu betreten brauchen, und gleich schien er viel heller zu werden. Sie hatten einander so gut verstanden. »Louisette«, hatte er gesagt, »wir müssen jetzt schwer arbeiten, aber du wirst sehen, es lohnt sich. Und einmal, später, wenn wir mit allem fertig und die Kinder älter sind, dann werden wir miteinander überallhin reisen. Überallhin. Auch du mußt um die Welt reisen – mit mir.«

Aber jetzt ...

Aber jetzt mußte sie mit Gewalt ihren Schmerz bezwingen, sich jedes Mitleid mit sich selbst versagen. Und Louisette betete um Beistand. Sie wußte, was sie tun mußte, was Francis wünschte und von ihr erwartete. Sie mußte ein freundliches warmes Zuhause schaffen, nicht nur für ihre Kinder, sondern auch für Papa Meilland, der jetzt zum zweitenmal in seinem Leben vom Schmerz ganz betäubt und überwältigt war. Und in den Tagen und Jahren, die nun folgten, nahm Louisette ihren ganzen Mut zusammen und tat genau das.

Aber das wird Sie wohl kaum überraschen, denn inzwischen werden Sie schon gemerkt haben, was für eine wichtige Rolle die Frauen in dieser Familiengeschichte spielen: die gute Madame Mivière, Grandmère Jenny und Claudia droben bei Lyon, und drunten auf dem Cap d'Antibes Mamma Paolino, die kleine Memette und Louisette – vor allem Louisette – bis zum heutigen Tag.

In der langen und faszinierenden Geschichte der Rose spielt die Universal Rose Selection wirklich eine einzigartige Rolle. Diese »Vereinten Nationen der Rosengärtner«, wie Francis einmal stolz und glücklich gesagt hat, haben ihre Versuchsbeete in fast allen Ländern der Erde, wo Rosen blühen. Und das Forschungszentrum für die Züchtung und Vervollkommnung neuer und immer schönerer Rosen ist noch immer dort, wo es einmal begann, auf dem sonnigen Cap d'Antibes.

Kurz, alles geht genauso, wie Francis es geplant und wofür er so hart gearbeitet hat.

Und die Familie? Nun, wir wollen so höflich sein und mit dem ältesten Rosengärtner auf dem Cap d'Antibes beginnen, mit Monsieur Francesco Paolino, wie die Fremden sagen, Pepette, wie ihn alle seine Freunde nennen. Jeden Tag in der Woche, beim ersten Morgengrauen, ist er schon auf den Beinen und arbeitet immer noch emsig in den geradezu musterhaften Treibhäusern unter seinen langstieligen und langausdauernden Rosen. Mamma Paolinos »trôppo piccolo, trôppo gracile« Sohn ist jetzt der jüngste Zweiundachtzigjährige, den Sie je gesehen haben, frisch wie ein Fisch im Wasser und braun wie eine Haselnuß, und kein Zweifel kann darüber bestehen, daß Mamma Paolinos Lieblingsheilige ihn auch heute noch pflichtschuldigst vor den Gefahren von allzuviel frischer Luft und Sonne drunten auf dem Kap bewahren.

Noch immer steckt Francesco Paolino voller Pläne für seine jugendliche Zukunft. Kam doch zum Beispiel Alain kürzlich von einem Urlaub aus Kalabrien zurück und schwärmte überschwenglich von der großartigen Landschaft und den freundlichen Menschen, die er dort getroffen hatte. Woraufhin Pepette wissen wollte, was denn sein Enkel anderes erwartet habe? Räuber, die die Bergwälder »verpesteten«? Dann fügte er hinzu, er selber habe noch nie die Zeit gehabt, eine sentimentale Reise zurück nach Kalabrien zu machen, aber er wolle das noch nachholen – und sehr bald sogar. Aber nicht mehr in diesem Jahr, denn es sollte ein neues großes Faß für den Wein des nächsten Jahres aufgestellt werden, eins, das nach seinen eigenen Entwürfen und Angaben angefertigt wurde. Und man muß doch selbst auf alles ein Auge haben.

Memette schlägt bei solchen Gelegenheiten nur die Hände über dem Kopf zusammen und möchte wissen, für wie alt Pepette sich denn eigentlich halte.

Aber auch sie ist noch genauso temperamentvoll, genauso herzlich und gastfreundlich, wie sie es schon immer gewesen ist. Noch immer krempelt sie die Ärmel auf, um wieder ihre berühmte Pasta asciutta zu bereiten, und natürlich erwartet sie noch immer, daß alle, auf die Minute genau, wenn sie fertig ist, am Tisch sitzen und es sich schmecken lassen, pronto!

Memette verläßt jetzt allerdings nur noch sehr selten das Haus und den Garten. Warum sollte sie auch? Louisette und die Familie Meilland leben nur einen Steinwurf weit weg, und bald kommt der eine, bald der andere, um nach ihr zu schauen, oder auch alle zusammen, und, ja, auch mancher alte Freund! Alle kommen sie zu ihr und besuchen sie. Also *muß* sie doch zu Hause bleiben, denn sonst könnte sie ja die Besuche verpassen.

Es ist wundervoll, auf der schattigen Terrasse vor dem behaglichen Haus zu sitzen, über die Rosenfelder zum blauen Meer zu schauen und mit der kleinen Memette eine Tasse Kaffee zu trinken und zu plaudern.

Vor allem über alte Zeiten. Dann rollen die Jahre vorüber, und so deutlich, als wäre es gerade eben erst gewesen, sieht man alles vor sich, was Memette schildert: die duftenden Blumenberge in der Parfumfabrik von

Grasse, die jungen Damen in Madame Rondels untadeligem Bügelsalon, die jeden Abend beim letzten Glockenschlag acht, und auch nicht eine Sekunde früher, mit schriller Stimme traurige Lieder anstimmten und selbst dann noch die stattliche Madame Rondel ehrerbietig und respektvoll im Auge behielten, Madame Rondel, die einmal die Ehre gehabt hatte, die Wäsche ihrer Untadeligen Majestät der traurigen würdevollen kleinen Königin Viktoria zu bügeln.

Früher oder später kommt Memette natürlich immer auf Mamma Paolino zu sprechen, die gearbeitet und gespart und dafür gesorgt hatte, daß auch all die anderen Paolinos – von Geburt oder durch Heirat – arbeiteten und sparten, damit sie einmal ein Stück von dem wilden, rauhen Land kaufen konnten, ein Stück von dem spottbilligen Land, auf dem jetzt ihre Gewächshäuser stehen und ihre Gärten blühen. Aber das Land ist nun nicht mehr spottbillig. Ach nein, ganz und gar nicht.

Und wenn Memette so von Mamma Paolino spricht, wischt sie sich die Augen und erklärt, daß nun alle Paolinos von Geburt oder durch Heirat Gott dafür danken müssen, daß es diese Mamma gegeben hat, dies wahre Finanzgenie, wie es selten eines gibt, diesen liebevollen Engel mit einem großen Herzen – selbst wenn jene massenfabrizierten Paolino-Kleider noch immer nicht ganz vergessen sind.

Memette und Pepette sind natürlich auch sehr stolz auf ihre Großkinder: Alain und Michèle. Wenn man Alain ansieht und ihm zuhört, sagt Memette, so ist es, als sehe und höre man Francis selbst, seinen begabten Vater. Und Pepette fügt dann hinzu, daß Alain sie nicht enttäuscht habe.

Nein, das hat Alain wirklich nicht getan. Natürlich ist es nicht besonders verwunderlich, daß er von beiden Seiten der Familie eine so echte Liebe zu den Rosen geerbt hat, aber es ist doch erstaunlich, ja, eigentlich ergreifend, zu sehen, daß er auch Francis' Träume, seinen Schwung, seine Freude an der Arbeit mitbekommen hat, so daß der Name Alain Meilland bald ebenso bekannt sein wird wie der seines Vaters Francis.

Und Michèle tat genau das, was Memette immer schon prophezeit hatte. Auch sie schoß auf, wie einmal Louisette, ihre Maman, aufgeschossen war, und Memette traute ihren Augen und Ohren nicht, als Michèle, auf einmal sehr erwachsen, sich verliebte und ganz entschieden erklärte, es sei jetzt Zeit, daß sie heirate. Und Pepettes Meinung war: Von Tassin bei Lyon kam wieder so ein junger Räuber von einem Rosengärtner und schleppte seine einzige Großtochter fort.

Aber dieser junge Räuber von einem Rosengärtner war kein anderer als der sehr sympathische Sohn ihres Freundes und Partners Monsieur Francisque Richardier, der, wie Sie sich erinnern werden, Papa Meilland und Francis aufs höchste verwundert hatte, als er ihnen den vernünftigen Vorschlag machte, sich weiterhin zur Hälfte am Geschäft und der Gärtnerei in Tassin bei Lyon, die sie ihm zum Verkauf angeboten hatten, zu beteiligen. Sie hatten gern zugestimmt, und das neue Schild: Établissement Meilland-Richardier war aufgezogen worden – zur heimlichen Erleichterung von Papa Meilland.

So wiederholt sich nun die Familiengeschichte: Denn genau wie ihre Mutter Louisette zog nun auch Michèle mit ihrem Rosengärtner zu den Rosen in die Nähe von Lyon, oder trat, wie es ein Gast auf Louisettes eigener Hochzeit so poetisch ausgedrückt hatte, von einer Rosenwelt in eine andere. Was, wie Michèle selbst ganz trokken bemerkt, auch ganz in Ordnung ist, denn wie könnte eine hübsche junge Braut sonst wohl jemals hoffen, bei den Familiendiskussionen auch ein Wörtchen mitzureden.

Überdies beschlossen Michèle und ihr Mann, sich unverzüglich eine kleine Familie zuzulegen. Und nun kommen oft zwei reizende kleine Enkelkinder zu Louisette und folgen ihr überallhin, genauso getreulich und anhänglich, wie einst Alain Grandmère Jenny überallhin nachgetrabt war. Für Louisette ist das natürlich ein großer Trost und eine wahre Freude. Und auch für die jugendlichen Urgroßeltern: Pepette, Memette und Papa Meilland.

Und jetzt, da diese lustigen kleinen Meilland-Richardiers in den Rosengärten in Tassin bei Lyon spielen, ist das Schild über dem Eingang erst richtig zu einem Familienschild geworden. Jetzt ist es wirklich das Établissement Meilland-Richardier.

Wenn Papa Meilland spät abends, wenn es schon kühl ist, dort unten auf dem Cap d'Antibes durch die Gärten streift, denkt er oft an die geliebten Gärten droben in Tassin, und wenn er sich dann umschaut und die Treibhäuser voller Rosen sieht, die Rosenfelder, die sich jetzt fast bis ans Meer erstrecken, und dann auch an die Rosenfelder ihrer Freunde von der Universal Rose Selection in der ganzen Welt denkt, dann wundert er sich, wie einfach, wie bescheiden doch alles einmal angefangen hat.

Vor siebzig Jahren etwa waren sie alle vier noch Kinder und kannten sich gar nicht: »piccolo, gracile« Francesco Paolino, der von Mamma Paolino in allerbester Absicht auf einem Schusterschemel festgenagelt worden war und dabei immer davon träumte, Rosen zu pflanzen, nichts als Rosen. Die kleine Marie-Elisabeth Greco, die Körbe voller Jasmin in der Parfumfabrik von Grasse herumgetragen und dabei ihr zierliches Näschen gerümpft hatte, denn Rosen waren doch viel romantischer als Jasmin; ja, Rosen waren die Aristokraten aller duftenden Blumen, hatte sie gemeint. Claudia Dubreuil, die sich die

Treppe hinunter in den betauten Garten ihres Vaters am Rande von Lyon gestohlen hatte, um Rosen zu schneiden, solange noch der Tau auf ihnen lag, und sie zu Sträußen band und dann auf dem Markt am Quai Saint Antoine verkaufte. Und er selber, Antoine Meilland, aus dem stillen, unscheinbaren Dörfchen Chamboeuf, ein derber junger Taugenichts, der nur dann stumm und still wurde, wenn er verloren in Staunen und Liebe vor den wunderschönen alten Rosen stand, die im Garten der guten Madame Mivière so herrlich blühten.

Wie seltsam, sich in die Vergangenheit zu versetzen und sich zu erinnern, wie diese vier Kinder zusammengeführt und für immer zu einer Familie verbunden worden sind – und alles aus Liebe zu den Rosen.

Und da behauptet man, daß es keine Romantik mehr im Leben gebe! Was für ein Unsinn, was für ein blanker Unsinn!

Dann schaut Papa Meilland an sich hinunter und an der blauen Drillichjacke und -hose, die er immer noch trägt, allerdings jetzt um ein paar Nummern größer als noch vor etwa sechzig Jahren. Gott sei gedankt, er trägt sie noch, seine Gärtnerkluft, und schafft auch immer noch sein volles Tagespensum draußen in den Gärten und Treibhäusern. Und Leute, die aus Chamboeuf stammen, die übertreiben nicht so leicht: Er mag jetzt über achtzig sein, aber mindestens die Augen, die ihm der liebe Gott geschenkt hat, sind noch immer ausgezeichnet. Und wenn die Zeit wieder gekommen ist, die vielversprechendsten unter den vielen Tausenden neuer Rosen, die sie jetzt jedes Jahr heranziehen, auszuwählen, ja, dann zeigt sich wieder, daß Papa Meilland natürlich die längste Erfahrung hat, aber es ist doch sehr nett, obwohl nicht so ganz zutreffend, wenn Alain dann erklärt, Papa Meilland mache niemals einen Fehler, niemals!

Und wenn es heißt, er solle sich »zurückziehen«, »sich die wohlverdiente Ruhe gönnen«, nein, dann dankt er, das ist nichts für Papa Meilland. Er hat seine tapfere alte Mutter, Grandmère Jenny, noch nicht vergessen. Als sie sich das erstemal Ruhe gönnte, starb sie.
Dann schaut Papa Meilland zu den Sternen auf, die jetzt am tiefsamtenen Himmel zu tanzen beginnen, und beugt sich hinunter, um an einer Rose zu riechen. Und wieder füllen Seligkeit und Verwunderung ihm das Herz wie einst. Seine Gedanken wandern zurück, er sieht sich wieder, wie er an jenem fernen Tage in einem nagelneuen Anzug zur Erstkommunion ging, eine weiße Kerze fest in der Hand und – das blinkende neue Okuliermesser sorgfältig versteckt in der Hosentasche.
Und wieder hört er den guten Monsieur le Curé so wunderschön predigen, daß sich alle Mütter die Tränen aus den Augen wischen. Aber er selbst hatte nicht so recht zugehört, er war weit, weit fort, er bepflanzte die schimmernden Weiten des Himmels mit den schönsten Rosen aus den kleinen Rosenkatalogen, die ihm die gute Madame Mivière freundlich geliehen hatte.
Papa Meilland ist nicht der Mann, der sich etwas vormacht. Er *ist* nun einmal über achtzig, wenn auch nette Leute manchmal fragen, ob sie seinen Geburtsschein sehen dürften, damit sie ihm glauben können.
Und so denkt er auch manchmal in stillen Stunden ans Jenseits. Er weiß, wenn sich ihm einmal der Himmel öffnet, wird alles so sein, wie er es sich damals an seinem Festtag ausgemalt hat: Der Himmel voller Rosen, ein Himmel, wie er für Papa Meilland nicht schöner sein könnte, voll der schönsten Rosen zur Ehre Gottes.
Möge Gott auch uns, den vielen Millionen, die wir Rosen von Herzen lieben, seinen Rosenhimmel öffnen.

Margot Benary-Isbert

Die Arche Noah / Der Ebereschenhof

Zwei Romane in einem Band. Sonderausgabe.
496 Seiten, Geb., DM 26,–. ISBN 3-431-02898-5.

Die Leser von heute werden wieder zu Kindern von damals, die 43 Jahre zurückliegende Flucht aus den Ostgebieten wird wieder lebendig.

Horst Biernath

Eine Jugend in Ostpreußen

Abschied und Wiedersehen. Zwei Romane in einem Band.
Sonderausgabe, 500 S., Geb., DM 24,–. ISBN 3-431-02546-3.

Heitere, nachdenkliche, deftige und zarte, unheimliche, selbsterlebte und überlieferte Geschichten, wie sie nur in Ostpreußen zu Hause sein können.

Eduard Dietz

Steinlese

Roman. 228 Seiten, Geb., DM 16,80. ISBN 3-431-02604-4.

„Das exemplarische Schicksal eines Mannes, der als Tagelöhner, Bauarbeiter, Krippenschnitzer ums Überleben kämpfte und in zwei Kriegen von der großen Weltgeschichte eingeholt wurde."
Nürnberger Nachrichten

Lise Gast

Nichts bleibt, mein Herz, und alles ist von Dauer

Roman. 2. Aufl., 264 S., Geb., DM 32,–. ISBN 3-431-02969-8.

Lise Gasts Buch der Erinnerung an ihre schlesische Heimat.

E. G. Stahl

Die Mücke im Bernstein

Ein Ostpreußenroman.
11. Aufl., Sonder., 408 S., Geb., DM 24,–. ISBN 3-431-02319-3.

„Ein großer Ostpreußenroman, ein wirkliches Epos, in dem alle großen Themen anklingen. Liebe und Mord, Krieg und Kampf gegen die unwirkliche Natur." *Südd. Rundfunk*

Preisänderungen vorbehalten.

Ehrenwirth Verlag München

Pamela Oldfield

Zwischen Ebbe und Flut

Eine Familien-Saga.
Roman. Aus dem Englischen von Constanze Elsner.
552 Seiten, Geb., DM 44,–. ISBN 3-431-02918-3.

„Das dramatische Leben der Julia Couldsen zieht sich wie ein roter Faden durch den klassischen Familienroman. Mit viel Schwung geschrieben.“ *Schweiz. Bibliotheksdienst*

Pamela Oldfield

So wie der Nacht ein Tag folgt

Ein Familienroman. Aus dem Englischen von Monika Seeger.
500 Seiten, Geb., DM 44,–. ISBN 3-431-02998-1.

„Der Autorin ist es gelungen, bewegende Spannung zu erzeugen. Ein glänzend lesbarer Roman.“ *ekz-informationsdienst*

Rosamond Lehmann

Aufforderung zum Tanz

Roman. Aus dem Englischen von Christine Frick-Gerke.
192 Seiten, Geb., DM 32,–. ISBN 3-431-02973-6-

Mit meisterhafter Beobachtungsgabe beschreibt Rosamond Lehmann das Erwachsenwerden und zeichnet gleichzeitig mit subtiler Ironie ein Abbild Englands in den Zwanziger Jahren.

Mark Mathabane

Kaffern Boy

Ein Leben in der Apartheid.
Eine Autobiographie. Übersetzt von Constanze Elsner und Monika Seeger.
404 Seiten mit Fotos, Sonderausgabe, Geb., DM 19,80.
ISBN 3-431-02915-9.

Der Leser wird zum betroffenen Augenzeugen des verzweifelten Kampfes eines Schwarzen um Gleichberechtigung und Menschlichkeit.

Preisänderungen vorbehalten.

Ehrenwirth Verlag München